城市生活垃圾焚烧工程与环境管理

崔小爱　李 钢　严小菊◎著

·南京·

图书在版编目(CIP)数据

城市生活垃圾焚烧工程与环境管理 / 崔小爱，李钢，严小菊著. --南京 ：河海大学出版社，2022.3

ISBN 978-7-5630-7496-9

Ⅰ. ①城… Ⅱ. ①崔… ②李… ③严… Ⅲ. ①城市－生活废物－垃圾焚化－环境管理 Ⅳ. ①X799.305

中国版本图书馆 CIP 数据核字(2022)第 047787 号

书　　名　城市生活垃圾焚烧工程与环境管理
书　　号　ISBN 978-7-5630-7496-9
责任编辑　卢蓓蓓
责任校对　张心怡
封面设计　徐娟娟
出版发行　河海大学出版社
地　　址　南京市西康路 1 号(邮编:210098)
电　　话　(025)83737852(总编室)
　　　　　　(025)83722833(营销部)
经　　销　江苏省新华发行集团有限公司
排　　版　南京布克文化发展有限公司
印　　刷　江苏凤凰数码印务有限公司
开　　本　718 毫米×1000 毫米　1/16
印　　张　15.75
字　　数　295 千字
版　　次　2022 年 3 月第 1 版
印　　次　2022 年 3 月第 1 次印刷
定　　价　122.00 元

前　言

垃圾是失去使用价值、无法利用的废弃物品，是物质循环的重要环节，是不被需要或无用的固体、流体物质，既是人类文明的副产品，又是人类生存的“污染物”。随着我国城市化的快速发展和人民生活消费水平的不断提高，我国城市生活垃圾的产生量和处置量都在快速上升。生活垃圾的堆放对环境的影响不容小觑，占用土地资源，污染大气、土壤和地下水，传播疾病都可能对人民的生活环境和身体健康水平带来不利影响，因此，有必要对其进行无害化处置。生活垃圾焚烧是一种可靠性高、占地面积小、可用于发电的无害化处理方式，因此，在不少城市中成为生活垃圾处置的首选。

生活垃圾焚烧项目是城市开发建设的重要项目之一，生活垃圾焚烧项目的顺利建设和规范运营对于城市发展十分重要，关系到人民生活环境质量的提升。但此类项目也会产生一定的废气、废水、固体废弃物等污染物，若不能进行合理有效的控制，可能造成环境污染问题。因此，有必要在项目建设前进行工艺比选、在项目建设中进行污染管控、在项目运营时进行有效监管，确保项目的建设和运行能够满足国家和地方的管理要求，并且尽可能减少对环境的污染。

目前，对于城市生活垃圾焚烧的处置技术及其相应的环境管理要求的书目相对较少。因此，本书基于城市生活垃圾的特点、分类收运、处理处置等现状，对城市生活垃圾焚烧工程的相关技术进行了介绍，重点着眼于相关项目全过程的环境管理要求，并提供了相关工程案例，旨在为城市生活垃圾焚烧工程相关的环境管理、生产建设、环境咨询等领域的从业人员和研究人员提供参考。成智阳、吴文祥、李乐、徐鑫、魏志成等同志也参加了本书部分内容的编写和校对工作，编者在此一并表示感谢。

由于编者对城市生活垃圾相关内容的了解和认知存在局限，本书可能存在一定的疏漏，若发现不当之处，恳请广大读者批评指正。

目录 Contents

第一章　城市生活垃圾概述

垃圾，既是人类文明的副产品，又是人类生存的“污染物”。垃圾是失去使用价值、无法利用的废弃物品，是物质循环的重要环节，是不被需要或无用的固体、流体物质。随着我国城市化的加速发展，人口增多，人们生活消费水平不断提高，垃圾量猛增，许多城市形成了“垃圾围城”的局面。在人口密集的大城市，垃圾处理是一个令人头痛的问题。常见的做法是将垃圾收集后送往堆填区进行填埋处理，或是用焚化炉焚化，但两者均会制造生态环境问题。堆填区中的垃圾处理不当会发出臭味和污染地下水，而且很多城市可供堆填的区域面积已越来越少。将垃圾焚化则不可避免地会产生有毒气体，对生物体造成危害。很多城市都在研究减少垃圾产生的方法并鼓励资源回收。垃圾问题，尤其是城市生活垃圾问题开始受到越来越广泛的关注。

随着城市的发展和人民生活水平的不断提高，我国城市生活垃圾产生量逐年增加，其引起的环境污染问题越来越严重。城市生活垃圾相对于其他垃圾来说，具有产生量大、组成复杂等特点，因而，处置的难度相对较大。高分子合成材料、有毒工业原料的大量应用，也使得城市生活垃圾所带来的生态环境问题更加严重。城市生活垃圾产生量的日益增长，不仅给城市的环境造成了一定程度的危害，而且也严重阻碍了城市经济的可持续发展。城市生活垃圾带来的危害不仅体现在占用太多的土地，形成垃圾包围城市的恶劣局面，而且会对大气环境、地下水源和土壤造成污染。垃圾中的有机物变质所散发的大量有害气体会严重污染大气环境，影响到人们的生活与健康；垃圾中的有害物质溶入地下水、渗入土壤，会对地下水源及土壤造成污染，危及周围地区居民的健康，并且此类污染的危害很难消除。另外，城市垃圾中有机物含量较高，垃圾发酵后会产生沼气，沼气的主要成分是甲烷和二氧化碳，这两种温室气体排放增加，会阻碍植被生长，破坏臭氧层。更危险的是，垃圾集中堆放产生的甲烷是可燃气体，当甲烷与空气混合达到一定比例时，遇火花会爆炸，直接威胁人们的生命财产安全。垃圾中还含有致病菌和寄生虫卵等，如果处理不当会造成疾病的传播，危害人类的健康。

1.1 城市生活垃圾的特点

1.1.1 城市生活垃圾来源

城市生活垃圾是指城市里的居民在日常生活中或者为日常生活提供服务的活动中所产生的固体废物,以及法律、行政法规规定视为生活垃圾的固体废物,主要包括居民生活垃圾、商业垃圾、集贸市场垃圾、街道垃圾、公共场所垃圾,机关、学校、厂矿等单位的垃圾(工业废渣及特种垃圾等危险固体废物除外)。建设部、生态环境部和科技部定义的城市废弃物是指在城市的日常运转中产生的固体废弃物以及为城市运转提供服务的过程中所产生的固体废弃物,主要包括居民生活垃圾、集市贸易与商业垃圾、公共场所垃圾、街道清扫垃圾及企事业单位垃圾等。具体如表 1-1 所示。

表 1-1 城市生活垃圾的构成来源

来源	构成物
居民生活垃圾	食物垃圾、纸屑、布料、木料、金属、玻璃、塑料、橡胶、陶瓷、燃料灰渣、碎砖瓦、废器具、杂品等
清扫垃圾	公共场所产生的废弃物,包括泥沙、灰土、枯枝败叶、商品包装等
社会团体垃圾	商业、工业事业单位和交通运输部门产生的垃圾,不同部门差异较大

作为固体废物的一种,生活垃圾一般具有如下特性:危害性,对人们的生产和生活造成不便,危害人体健康;错位性,在一个时空领域可能是废物而在另一个时空领域可能是宝贵的资源;无主性,即被丢弃后不易找到具体负责者;分散性,丢弃、分散在各处,需要收集。城市生活垃圾一般具有价值的相对性、时空的错位性、投放的分散性、成分的复杂性和危害的隐蔽性等特征,如果不能妥善处理,会对周边环境产生严重的危害,尤其是污染土壤环境与地下水环境,就可能进一步危害人类的生命健康。

1.1.2 城市生活垃圾产量

在我国的城市中,垃圾的产量是由许多因素决定的,每一个城市的消费水平不同,产业结构不同,垃圾的产量也不同。当一个城市的生活水平较高时,垃圾产量也会增加。伴随着人们环保意识的提高和市政管理水平的不断提高,人们对于垃圾的处理意识正在不断增强,垃圾的清运措施也在不断优化,这使得垃圾的清理工作更加有序。

生活垃圾的产生量受多种因素影响，各种因素对垃圾产生量的影响程度也不同。影响生活垃圾产生量的主要因素有：(1)人口数量。随着城市的不断发展，人口数量不断增加，而人口增加必然形成更多的生产活动和消费资料，产生大量的生活垃圾。(2)经济发展水平。随着城市经济发展水平的提高，人们的生活水平不断提高，购买力增加，进而促进消费的数量和种类增多，从而产生较多的生活垃圾。(3)居民收入水平。随着居民收入水平不断提高，人均可支配收入和支出增加，城市垃圾的产生量和清运量不断增加。(4)城市建设发展状况。城市建设水平的提高以及规模的扩大，使得生活垃圾收运设施不断完善，扩大了生活垃圾的收运范围，也会增加生活垃圾产生量。

我国2001年至2019年城市生活垃圾的清运量如图1-1所示(数据来源：国家统计局)，该图显示出我国城市生活垃圾的增长速率总体呈扩大趋势。

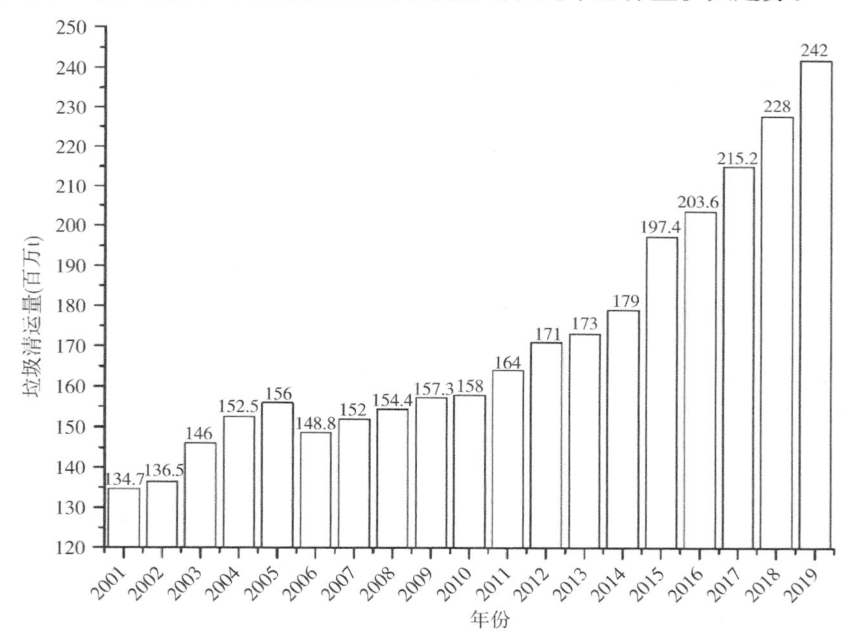

图1-1　我国2001年至2019年城市生活垃圾清运量[①]

1.1.3　城市生活垃圾组分

城市生活垃圾的组成成分比较复杂。由于工业的发展不平衡，城市现代化

---

① 因四舍五入原因，全书数据存在一定偏差。

程度不同，以及生活习惯不同等原因，不同地区垃圾的组成成分也有差别，但大体上可分为有机物和无机物两大类。有机物和无机物比例构成因地区不同而有所差别。一般来说，发达国家生活垃圾组成是有机物多、无机物少，发展中国家则是无机物多、有机物少。在我国，南方城市生活垃圾中的有机物多、无机物少，北方城市则相反。在国内外生活垃圾组分比较（表 1-2）中可以发现：美国等发达国家生活垃圾中占比最多的是有机物和纸类，基本都在 50%以上；中国等发展中国家（印度、泰国、巴西等）占比最多的是厨余垃圾。另外，同一城市不同地区的垃圾成分也有所不同。高级住宅区的垃圾中可回收废品明显多于普通住宅区，厨余和砖瓦则明显低于普通住宅区。值得注意的是，垃圾的成分受多种因素的影响，其组成比例不断发生变化，主要原因是居民生活水平的提高和清洁能源的使用。针对垃圾组成成分的变化，垃圾的收运方式、处理利用方式也要随之改变。

城市生活垃圾主要包括食品类、塑料类、纸类、玻璃、织物、金属废物、废旧电池、荧光灯管、废家用电器等。塑料类垃圾量呈明显增加趋势，其主要来源为一次性食品包装和一次性塑料购物袋。随着生活条件的改善，无机物垃圾呈明显减少趋势，有机物垃圾明显增多。

表 1-2　国内外生活垃圾组分比较

国家或城市	生活垃圾各组分所占比例(%)							
	厨余	纸类	木竹	塑料	织物	金属	玻璃	其他
美国	22.0	47.0	0	5.0	0	3.0	3.0	20.0
德国	16.0	31.0	0	4.0	2.0	5.0	13.0	29.0
意大利	31.0	28.0	4.0	14.0	4.0	3.0	8.0	8.0
日本	17.0	35.0	4.0	18.0	6.0	4.0	9.0	7.0
英国	25.0	31.0	0	8.0	5.0	8.0	10.0	13.0
法国	15.0	34.0	0	4.0	3.0	3.0	9.0	31.0
印度	49.0	0	10.0	0	7.0	0	35.0	0
泰国	45.0	13.0	6.0	10.0	11.0	0	15.0	0
巴西	52.0	19.0	1.0	15.0	6.0	3.0	2.0	2.0
北京市	51.8	5.4	5.8	10.4	3.0	1.0	5.4	17.2
上海市	56.1	4.6	11.6	8.6	2.3	0.9	2.9	13.0
武汉市	54.2	9.5	1.6	1.9	12.7	0	9.3	10.8
广州市	61.0	6.4	2.4	17.5	4.3	0.8	3.0	4.6
杭州市	58.2	13.3	2.6	18.8	1.5	1.0	2.7	2.0
深圳市	59.4	11.0	0	14.0	3.9	0	5.0	6.7

城市化进程的加快使得城市管理的水平也在不断提高，对于垃圾的处理，会有相应的措施将其进行分解，无机物的成分不断降低，随之增加的是有机物以及极易腐蚀的物质。在我国，城市生活垃圾成分变化主要有以下几个特点：(1) 使用清洁能源的城市生活垃圾质量在不断提高，垃圾中的煤渣等物质在逐渐减少，有机物等极易处理的垃圾成分增加；(2) 城市工业化水平不断提高，使得一些产品在包装上逐渐精致和多样化，导致出现了许多的垃圾袋以及废弃包装物；(3) 我国垃圾的发热值正在逐渐提高，目前，我国的垃圾发热值已经达到发达国家的水平。

1.1.4　城市生活垃圾危害

随着人类社会经济的发展和人们物质文化生活水平的提高，人类生产的垃圾越来越多，而且性质复杂，占用了土地资源，污染了地表水和地下水源，甚至对人类健康构成威胁。如果生活垃圾不做任何无害化处理，露天堆积对环境的损害很大，主要表现为以下几点：

1. 占用土地

有些城市的生活垃圾未经任何处理和分类就直接堆放或者填埋，这样不仅破坏了地球表面的植被，影响了自然环境的美观，更破坏了生态平衡。生活垃圾填埋场的设计需要考虑目标位置的天然地形，我国北部的平原地区，由于堆填高程受限，填埋场的面积往往很大，占用了大量土地。

2. 污染土壤和地下水

垃圾渗出液会改变土壤成分和结构，破坏土壤的理化性质，使土壤保肥、保水能力大大下降；垃圾中还含有病原微生物、有机污染物和有毒的重金属等，在雨水的作用下，它们被带入水体，可能造成地表水和地下水的严重污染，影响水生生物的生存和水资源的利用。

在中国科学院对陕西省渭南市华州区瓜坡镇马泉村、龙岭村的致癌病因的地球化学元素分析中发现：该地区土壤中的砷、铅严重超标，锌、铬等元素的含量较高，导致在这些土壤中生长的小麦制成的面粉中铅、砷、锌、铬含量分别超标 2.6、1.17、2.8、3.98 倍。铅、锌、铬等重金属污染是导致癌症发病的主要原因。我国西南某市郊因农田长期施用垃圾，土壤中的汞浓度竟然超过本底的 4 倍，铜、铅也分别增加了 87%和 55%，极大地破坏了农田的可用性，在对作物带来危害的同时也严重危害着人类。城市垃圾渗滤液中的病原微生物主要包括肠道致病菌、肠道寄生虫、破伤风杆菌、肉毒杆菌、霉菌和病毒等，它们在土壤和水中存活时间较长。例如，结核杆菌能在土壤中存活 1 年，人类接触到受污染的土壤或水体后，可能患上脊髓灰质炎、传染性肝炎等疾病。

3. 污染大气

垃圾中的细小固体废物会随风飞扬，加重大气污染。在大量垃圾露天堆放的场区，生活垃圾经过一系列化学反应，产生大量氨、硫化物等有害气体向大气释放，其中含有许多致癌、致畸物。据统计发现，堆放的生活垃圾所挥发的有机气体多达100多种，其中不乏致癌、致畸性气体。

除了原生生活垃圾，垃圾分散式焚烧也会造成一定的二次污染。焚烧过程中产生的一氧化碳、氮氧化物、二噁英和飞灰也已成为大气污染物的主要来源，其中的氯化物、氮氧化物将会加重酸雨现象。垃圾不完全焚烧时，未燃烧的碳粉、纸灰等将形成微颗粒物，其中，直径小于1.1 μm的颗粒易进入人体肺泡，其吸附的汞、钯、镉、铬、铜、镍、锌、锰等重金属将对人体健康产生不良影响。

4. 传播疾病

当垃圾大量裸露在外时，会引来很多的蚊虫，并为疾病传播埋下隐患，其生成的恶臭等也会给人们所生存的环境造成污染。特别是那些自然堆放的生活垃圾，更是滋生蚊、蝇、啮齿类动物的重要场所，而生活垃圾随风“奔跑”，也会给人体健康带来危害。

除了上述危害外，城市生活垃圾的随意堆放和简单覆盖，还会使其在厌氧状态下生成大量沼气，可能引起爆炸等事故的发生。

1.2 城市生活垃圾分类及收运管理

城市生活垃圾总产量巨大，其成分类别多样，纷繁复杂。不恰当的处置方式将会造成大气、土壤和水体的污染，不仅影响市民的身体健康，而且阻碍我国生态文明建设的进程。近年来，我国积极倡导建设可持续发展的节约型社会，从政策上努力引导人们减少垃圾排放，垃圾处理处置的方式也在不断改进。

生活垃圾从产生到最终被处置会依次经过收集、运输和处置3个最主要的环节。生活垃圾的收集、运输构成了生活垃圾收运系统，生活垃圾的处理和处置构成了生活垃圾的末端处理和处置系统。

随着城市固体废弃物管理理念的深入人心，人们意识到生活垃圾的处置规划应基于对生活垃圾的各种危害现象的认知，针对性地选取处理方式并进行工艺改良。如浙江省杭州市政府对生活垃圾的处置提出了“三化四分”的处理原则，其中“三化”指的是减量化、资源化、无害化，“四分”指的是分类投放、分类收运、分类利用、分类处置;上海市政府从 2013 年开始,采用了“大分流、小分类”的收集和处理模式,将生活垃圾分为湿垃圾、干垃圾、可回收垃圾和有害垃圾,在居民区、机关单位和公共场所执行小分类,对大件等特殊垃圾、集中场所的垃圾进行单独收运;广州市政府于 2015 年出台《广州市生活垃圾分类管理规定》,并在该规范基础上制定了若干文件,实行垃圾处理阶梯收费、分类优惠计费等办法。生活垃圾的长、短期处置规划,都对垃圾处理的资源和效率分配提出了更为严格的要求,通过先进的垃圾处理工艺,对清运收集的原生垃圾进行减量处理,是最为经济且高效的办法之一。

1.2.1　城市生活垃圾分类管理

垃圾分类一般是指按一定规定或标准将垃圾分类储存、分类投放和分类搬运,从而转变成公共资源的一系列活动的总称。垃圾分类是对垃圾进行处置前的重要处理环节。垃圾分类收集是垃圾资源化利用的前提和基础。通过分类投放、分类收集,把有用物资,如纸张、塑料、橡胶、玻璃、瓶罐、金属以及废旧家用电器等从垃圾中分离出来重新回收、利用,变废为宝。这样既能提高垃圾资源利用水平,又可减少垃圾处置量。垃圾分类是实现垃圾减量化和资源化的重要途径和手段。城市生活垃圾分类处理流程如图 1-2 所示。

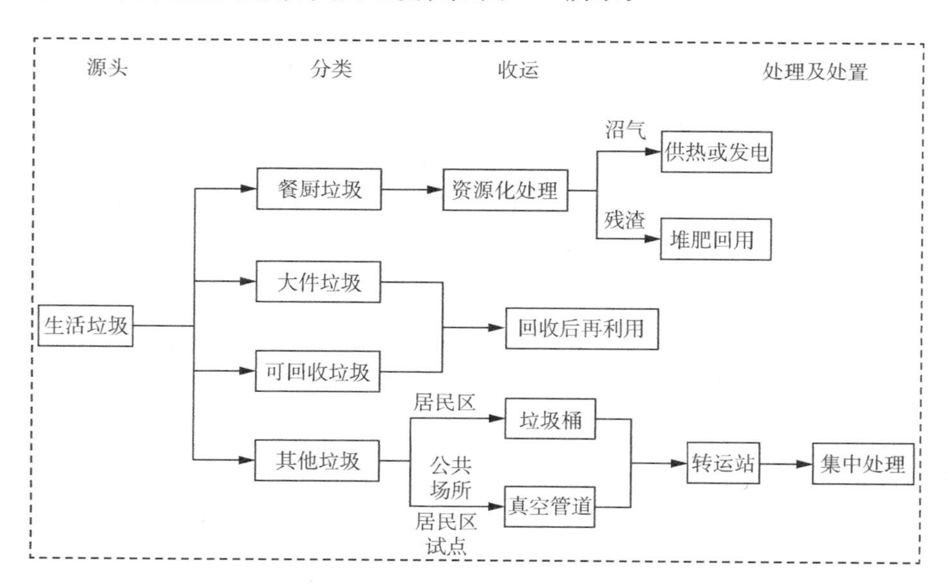

图 1-2　城市生活垃圾分类处理流程图

对于城市生活垃圾分类，目前学界存在两种理解，分为广义的理解和狭义的理解。广义的理解是指对城市生活垃圾进行分类投放、分类收集、分类运输、分类处置的全过程分类。狭义的城市生活垃圾分类是指将城市生活垃圾按照属性、成分、危害程度、价值进行收集的具体收集方式，与混合收集相对应。城市生活垃圾分类管理，可以理解为对城市生活垃圾源头减量、分类投放、分类收集、分类运输和分类处置等阶段进行全过程管理。它是以政府为管理主体，以居民、企事业单位为分类义务主体，通过行政指导、行政许可、行政处罚等管理手段对城市生活垃圾源头减量、分类收集、运输处理、循环利用等环节进行全过程管理，以促进生活垃圾的减量化、资源化和循环再利用。

1. 分类目的

减少垃圾处置量。生活垃圾分类可以减少进入填埋和焚烧等最终处置设施的垃圾量，减少不利于填埋或焚烧处置的物质，有利于生活垃圾处理处置设施的正常运行和污染控制。

便于回收利用垃圾中的有用物质。生活垃圾分类能够减少可回收物质的污染，提高可回收物质的纯度，减少可回收物质分选的工作量。

最大限度地减少环境污染。将有毒有害垃圾分类出来，可以减少垃圾中的重金属、有机污染物、致病菌的含量，有利于垃圾的无害化处理，能够减少对水、土壤、大气的污染风险。

2. 分类方法

按照不同的方法可将生活垃圾进行多种方式的分类。生活垃圾分类的基本原则是按照生活垃圾的不同性质将生活垃圾进行分类，并选择适宜而有针对性的方法对各类生活垃圾进行处理、处置或回收利用，以实现较好的综合效益。

具体的分类原则主要包括：可回收物与不可回收物分开；可燃物与不可燃物分开；干垃圾与湿垃圾分开；有毒有害物质与一般物质分开。具体的分类方法要根据当地的生活垃圾处理设施条件进行选择，如表 1-3 所示。

表 1-3　城市生活垃圾分类简表

分类方法	内容	意义
按可燃性	可燃性垃圾与不可燃性垃圾	为焚烧、热解气化处理提供依据
按发热量	高热值垃圾与低热值垃圾	为焚烧、热解气化处理提供依据
按有机物含量	高有机物含量垃圾与低有机物含量垃圾	为厌氧消化、堆肥化及其他生物处理提供依据

续表

分类方法	内容	意义
按处理处置方式	可回收物、易堆腐物、可燃物及其他无机废物	为资源回收、选择合适的处理处置方法提供依据
按产生或收集来源	① 食品垃圾(亦称厨房垃圾):居民住户排出垃圾的主要成分; ② 普通垃圾(亦称零散垃圾):纸类、废旧塑料、罐头盒、玻璃、陶瓷、木片等日用废物,亦可统称为家庭垃圾,是城市生活垃圾中可回收利用的主要对象; ③ 庭院垃圾:植物残余、树叶、树杈及庭院其他清扫杂物; ④ 清扫垃圾:城市道路、桥梁、广场、公园及其他露天公共场所由环卫系统清扫收集的垃圾; ⑤ 商业垃圾:城市商业、各类商业性服务网点或专业性营业场所(如菜市场、饮食店等)产生的垃圾; ⑥ 建筑垃圾:城市建筑物、构筑物进行维修或兴建的施工现场产生的垃圾; ⑦ 危险垃圾:医院传染病房、放射治疗系统、核试验室等场所排放的各种废物(常被归到危险废物之列); ⑧ 其他垃圾:除以上各类产生源以外场所排放的垃圾的统称	为垃圾分类、收集、加工转化、资源回收、选择合适的处理处置方法提供依据
详细分类	食品垃圾、纸类、细碎物、金属、玻璃、塑料、轮胎、电池、木制品、废旧家电、报废汽车等	为垃圾分类、收集、加工转化、资源回收、选择合适的处理处置方法提供依据
按化学成分	C、H、O、N、S、P 等	为垃圾研究、设计、加工处理等提供依据

目前,根据国家发改委、住建部联合发布的《生活垃圾分类制度实施方案》,以拉萨市、济南市、咸阳市、广元市等城市为代表实行“三分法”,即从城市生活垃圾能否造成污染、可不可以降解、能不能回收利用三方面,将城市生活垃圾分为有害垃圾、易腐垃圾、可回收垃圾三类。直辖市和设区市中主流的分法仍然是“四分法”,以北京、上海、广州、深圳等城市为代表,即根据城市生活垃圾能否造成污染、可不可以降解、能不能回收利用以及能否判定特征将垃圾分为有害垃圾、易腐垃圾、可回收垃圾和其他垃圾四类。其中,上海采取的分类名称不同,分为有害垃圾、可回收垃圾、湿垃圾、干垃圾。

少数城市如青岛、福州采用“五分法”,在上述标准的基础上加入了将整体性强的大件的家具物品作为大件垃圾这一标准，将城市生活垃圾分为可回收物、有害垃圾、厨余垃圾、其他垃圾、大件垃圾。

3. 国外垃圾分类的经验

（1）日本：资源回收利用经验丰富，以末端焚烧为主流。日本垃圾分类处理经历了末端处理、源头治理、资源循环利用三个阶段。日本垃圾分类极为细致，不同垃圾须按规定时间、规定包装方式投放。日本居民将垃圾分类收集，政府负责分类运输和处理。

日本由于土地面积有限，焚烧是垃圾处理的主要方式，填埋处理所占比例很小。2016 年，日本采用焚烧方式进行垃圾处理的占比为 80.20%。在垃圾焚烧处理中，焚烧炉排炉和流化床是最主要的焚烧处理方式。此外，一些电子、电器类垃圾和大件垃圾，则会对其中有再利用价值的部分进行回收。据统计，日本每年废弃的家用电器重量达 60 万 t，回收利用率为 50%至 60%。

（2）德国：垃圾分类奖惩分明，“二元回收”系统促回收利用。德国生活垃圾分为五类，由居民自主分类投放。通过垃圾处理奖惩制度促进源头减量和资源的回收利用。推行的垃圾“二元回收”系统使得回收利用成为垃圾处理的主要方式。垃圾焚烧在德国垃圾处理中也占有很大比重，2016 年，德国垃圾处理采用焚烧方式的占比为 31.70%。德国在进行垃圾焚烧处理的过程中，非常注重清洁环保和资源回收利用。目前，在德国境内的垃圾焚烧设施中，用于回收垃圾中金属物质的电磁分离装置已是标准组件，用于回收垃圾中的铝、铜和镀铬件等高价值非铁类金属的涡流分拣装置也越来越多地得以应用。

（3）瑞典：垃圾自动收集系统提升效率，焚烧占比在欧洲最高。瑞典的垃圾自动收集系统明显提高了垃圾处理效率。沼气纯化技术促进了餐厨垃圾的资源转化和环境保护。焚烧是瑞典垃圾处理的主要方式，2016 年，瑞典垃圾处理中采用焚烧方式的占比为 51.20%。垃圾焚烧后产生大量热能，通过城市中四通八达的供暖管道为城市居民供暖。垃圾焚烧为瑞典人提供了约 20%的城市供暖，同时可以满足 25 万家庭的用电需求。截至 2018 年底，垃圾焚烧发电与供热是瑞典成本最低的能源利用方式。瑞典鼓励并继续增加垃圾发电容量，同时不断关闭化石燃料发电厂，目前瑞典共有 32 家垃圾焚烧发电厂，每年可消纳市政垃圾 217 000 t，工业垃圾2 497 830 t，可满足该国 2.45%的能源需求。年发电 23.5 万 MWh（大约有 3/4 被输入公共电网，而其余 1/4 焚烧厂自用），年供热达到 120 MWh，可以为 6 万个公寓提供辅助加热或热水供应，或为 12 万个公寓提供用电，产生并能够利用的能量相当于 12 万 t 的石油或 1.2 亿 m^3 的天然气。

回顾上述国外垃圾分类和焚烧历程，有几点值得借鉴的经验：第一，资源化是重要趋势。从垃圾分类比较成功的国家发展经验中可以看到，这些国家都在很大程度上通过焚烧产生电能或热能、堆肥、回收再利用等方式将垃圾“变废为宝”，实现了极高的资源回收利用率。第二，良好的激励约束机制。经济激励和法律约束对于促进居民进行垃圾分类具有重要作用。第三，明确清晰的垃圾分类体系。分类明确可操作，有助于居民有效进行生活垃圾分类，降低末端处理成本。

4. 我国城市生活垃圾分类管理进程

垃圾分类指按一定规定或标准将垃圾分类储存、分类投放和分类搬运，从而将垃圾转变为公共资源的一系列活动的总称。分类的目的是提高垃圾的资源价值和经济价值，力争物尽其用、变废为宝。

2000 年，我国将北京、上海、广州、深圳、杭州、南京、厦门、桂林 8 个城市作为生活垃圾分类收集的试点城市，2019 年，开启了新一轮的垃圾分类工作。住房和城乡建设部等 9 部门印发了《关于在全国地级及以上城市全面开展生活垃圾分类工作的通知》，从 2019 年起，全国地级及以上城市全面启动生活垃圾分类工作，到 2020 年底，46 个重点城市将基本建成生活垃圾分类处理系统，到 2025 年底前，全国地级及以上城市将基本建成生活垃圾分类处理系统。

(1) 国内城市生活垃圾分类管理经验

我国自 1990 年以后，开始有意识地推广垃圾分类制度，2000 年，国家公布了首批生活垃圾分类收集试点城市，包括北京、上海、广州、深圳、杭州、南京、厦门和桂林(建设部，2000)。近年来，其他大中城市也一直在推广生活垃圾分类制度。

作为全国首批垃圾分类试点城市，上海市早在 1995 年便开始了垃圾分类制度化尝试，由于经济发达，垃圾焚烧、堆肥处理等先进垃圾处理设施的数量比较多，各项垃圾处置工作水平在全国都处于领先地位。尽管如此，相对于上海市迅速增长的生活垃圾产量，其生活垃圾处置能力还稍显不足。数据显示，2010 年，上海市生活垃圾日产量高达 19 450 t，而其垃圾处理设施的处置能力仅为 10 250 t/d，这与实现全部垃圾无害化处理还存在一定差距。面对如此巨大的压力，上海市再次对生活垃圾进行了重新分类，由原来的“四分法”简化成“干湿两分法”，重点突出了湿垃圾和干垃圾的分类与处理。上海市政府开展垃圾分类试点运行，通过在试点地区建立专项管理系统和生活垃圾全程综合分类物流系统，提高了对垃圾的处理能力和对资源循环再利用的能力。目前，上海市生活垃圾基本采用综合处置方式，垃圾分类回收之后，干垃圾采取焚烧处理，湿垃圾大多采取堆肥处理，有害垃圾有针对性地采取处理措施，各项垃圾处置完的残渣和不可处理部分采取卫生填埋处理。

2018年3月，上海市发布《关于建立完善本市生活垃圾全程分类体系的实施方案》，提出要在2020年建成生活垃圾全程分类体系，并在居住区普遍推行生活垃圾分类制度。2019年1月31日，上海市第十五届人大二次会议表决通过《上海市生活垃圾管理条例》（以下简称《条例》），并从2019年7月1日起实施。自《条例》实施以来，上海市在生活垃圾分类上处于全国“领头羊”的位置，形成了良好的示范效应。

2019年11月27日，北京市第十五届人大常委会第十六次会议表决通过《关于修改〈北京市生活垃圾管理条例〉的决定》。修改后的《北京市生活垃圾管理条例》，对生活垃圾分类提出了更高要求，并于2020年5月1日起正式实施。

（2）《上海市生活垃圾管理条例》基本内容

上海市是我国第一个强制垃圾分类的城市，2019年7月《上海市生活垃圾管理条例》的正式实施，凸显我国政府对垃圾进行分类处理的决心。《条例》主要包括以下内容：

1）关于生活垃圾的分类标准。明确“四分法”标准，将生活垃圾按照可回收物、有害垃圾、湿垃圾、干垃圾进行分类：① 可回收物，是指废纸张、废塑料、废玻璃制品、废金属、废织物等适宜回收、可循环利用的生活废弃物；② 有害垃圾，是指废电池、废灯管、废药品、废油漆及其容器等对人体健康或者自然环境会造成直接或者潜在危害的生活废弃物；③ 湿垃圾，即易腐垃圾，是指食材废料、剩菜剩饭、过期食品、瓜皮果核、花卉绿植、中药药渣等易腐的生物质生活废弃物；④ 干垃圾，即其他垃圾，是指除可回收物、有害垃圾、湿垃圾以外的其他生活废弃物。此外，《条例》中强调各地区可根据实际情况，对分类标准予以调整或细化。

2）关于政府管理职责。《条例》确立了条块结合、以块为主的管理模式：市区政府要做好管辖区域内的生活垃圾分类管理工作，市区绿化市容部门是生活垃圾分类主管部门。街道层面是各项具体工作与要求的落地。同时，在“规划与建设”和“监督管理”两章中，对政府部门编制生活垃圾管理专项规划、推进生活垃圾处理设施建设等提出要求，对健全监督检查制度、完善网格化管理、强化绩效考核等予以明确。

3）关于促进源头减量。《条例》针对特定对象提出了强制性要求：一是尽可能减少快递、产品等外包装；二是在菜场、农贸市场配置湿垃圾就地处理设施；三是党政机关、事业单位带头减少一次性用品的使用，餐饮场所、旅馆不主动提供一次性用品。

4）关于分类投放。《条例》重点从三个方面对分类投放做了规定：一是明确生活垃圾投放的责任主体为垃圾产生的单位或个人;二是根据不同区域不同情形确定分类投放责任人;三是因地制宜地设置不同场所垃圾收集容器。

5)关于分类收集、运输和处置。为避免垃圾分类后被垃圾收运单位混运的问题,条例做了明确规定:一是明确生活垃圾的分类收运方式;二是明确收运单位必须使用专用交通工具并做好密闭运输;三是明确生活垃圾的主要处置方式;四是建立“不分类、不收运,不分类、不处置”的监督机制。

6)关于可回收物回收体系建设。对于建立可回收物的回收体系,《条例》做了如下要求:一是明确绿化市容部门负责制定低价值可回收物的回收扶持政策,培育资源回收服务市场;二是鼓励采用智能化、数字化回收方式。

7)关于资源化利用。一是明确发展改革等部门负责制定发展资源回收利用相关政策,对资源回收项目予以支持;二是按照就地就近的原则,支持湿垃圾资源化利用产品的优先使用;三是明确市商务等部门指导和协调可回收物资源化利用等活动,严格规定垃圾焚烧产生的具体指标。

8)关于社会参与。以居民区党组织为核心,发挥基层活力,提高广大志愿者的积极性,鼓励多主体参与垃圾分类。

9)关于监督管理。建立生活垃圾源头减量、全过程分类及资源化、无害化的监督检查制度,有关部门要及时向社会公布检查情况和处理结果,并接受社会监督。生活垃圾分类收集、运输活动应当纳入城市网格化管理。

10)法律责任。个人混投垃圾的,最高可罚 200 元;单位混装混运垃圾的,最高可罚 5 万元。

(3)《北京市生活垃圾管理条例》基本内容

2019 年 11 月 27 日修改通过的《北京市生活垃圾管理条例》(以下简称《条例》)于 2020 年 5 月 1 日起施行,这是自 2012 年《条例》施行以来,北京市首次对该《条例》进行修改。《条例》主要包括以下内容:

1)关于生活垃圾分类标准。与老版《北京市生活垃圾管理条例》相比,新规将餐厨垃圾与厨余垃圾统一为“厨余垃圾”,并新增有害垃圾类别。《条例》规定,北京市生活垃圾分为厨余垃圾、可回收物、有害垃圾、其他垃圾。① 厨余垃圾:家庭中产生的菜帮菜叶、瓜果皮核、剩菜剩饭、废弃食物等易腐性垃圾;从事餐饮经营活动的企业和机关、部队、学校、企事业等单位集体食堂在食品加工、饮食服务、单位供餐等活动中产生的食物残渣、食品加工废料和废弃食用油脂;农贸市场、农产品批发市场产生的蔬菜瓜果垃圾、腐肉、肉碎骨、水产品、畜禽内脏等。其中,废弃食用油脂是指不可再食用的动植物油脂和油水混合物。② 可回收物:在日常生活中或者为日常生活提供服务的活动中产生的,已经失去原有的全部或者部分使用价值，回收后经过再加工可以成为生产原料或者经过整理可以再利用的物品，主要包括废纸类、塑料类、玻璃类、金属类、电子废弃物类、织物类等。③ 有害垃圾：生活垃圾中的有毒有害物质，主要包括废电池（镉镍电池、氧化汞电池、铅蓄电池等），废荧光灯管（日光灯管、节能灯等），废温度计，废血压计，废药品及其包装物，废油漆、溶剂及其包装物，废杀虫剂、消毒剂及其包装物，废胶片及废相纸等。④ 其他垃圾：除厨余垃圾、可回收物、有害垃圾之外的生活垃圾，以及难以辨识类别的生活垃圾。

2）关于分类投放。《条例》明确规定，产生生活垃圾的单位和个人是生活垃圾分类投放的责任主体，应当按照厨余垃圾、可回收物、有害垃圾、其他垃圾的分类，将垃圾分别投放至相应标识的收集容器。此外，分类投放还要遵循下列规定：废旧家具、家电等体积较大的废弃物品，应单独堆放在生活垃圾分类管理责任人指定的地点；建筑垃圾应按照生活垃圾分类管理负责人指定的时间、地点和要求单独堆放；农村农民日常生活中产生的灰土应单独投放在相应的容器或者生活垃圾分类管理责任人指定的地点；国家和北京市有关生活垃圾分类投放的其他规定。

3）关于垃圾收集容器。结合实践经验，《条例》分别对单位办公或者生产经营场所、其他公共场所、住宅小区和自然村三类区域做出了细化的设置规定。党政机关、企事业单位、社会团体等单位的办公或者生产经营场所：应当根据需要设置厨余垃圾、可回收物、有害垃圾、其他垃圾四类收集容器。住宅小区和自然村：应当在公共区域成组设置厨余垃圾、其他垃圾两类收集容器，并至少在一处生活垃圾交投点设置可回收物、有害垃圾收集容器。其他公共场所：应当根据需要设置可回收物、其他垃圾两类收集容器。《条例》指出，有条件的居住区、家庭可以安装符合标准的厨余垃圾处理装置。垃圾收集容器由生活垃圾分类管理责任人设置，可以根据可回收物、有害垃圾的种类和处置利用需要来细化设置收集容器。市城市管理部门应当就生活垃圾分类收集容器的颜色、图文标识、设置标准和地点等制定规范，并向社会公布。

4）关于完善源头减量。北京市禁止生产、销售超薄塑料袋。新版《条例》规定，党政机关、事业单位推行无纸化办公，提高再生纸的使用比例，不使用一次性杯具。餐饮经营者、餐饮配送服务提供者和旅馆经营单位不得主动向消费者提供一次性用品，并应设置醒目提示标识。北京市城市管理委员会将会同有关部门制定并向社会公布一次性用品的详细目录。经营快递业务的企业应使用电子运单和可降解、可重复利用的环保包装材料，减少包装材料的过度使用，鼓励其采取措施回收包装材料。超市等商品零售场所不得使用超薄塑料袋，不得免费提供塑料袋。

5）关于匹配相应法律责任。按照"谁产生，谁分类"的原则，新版《条例》规定，产生生活垃圾的单位和个人有责任将垃圾进行分类投放，违反必须担责。单位违反分类投放规定的，由城市管理综合执法部门责令其立即改正，处 1 000 元罚款；再次违反规定的，处 1 万元以上 5 万元以下的罚款。个人违反分类投放规定，由生活垃圾分类管理责任人进行劝阻；对拒不听从劝阻的，生活垃圾分类管理责任人应当向城市管理综合执法部门报告，由城市管理综合执法部门给予书面警告；再次违反规定的，处 50 元以上 200 元以下的罚款。应当受到处罚的个人，自愿参加生活垃圾分类等社区服务活动的，不予行政处罚。

此外，新版《条例》规定，生活垃圾收集运输单位应将生活垃圾分类运输至集中收集设施或者符合规定的转运、处理设施，不得混装混运，不得随意倾倒、丢弃、遗撒、堆放。违反此项规定的由城市管理综合执法部门处以 2 万元以上 10 万元以下的罚款，情节严重的，吊销生活垃圾收集、运输经营许可证。

(4)《南京市生活垃圾管理条例》基本内容

2020 年 7 月 31 日，在江苏省第十三届人大常委会第十七次会议第四次全体会议上，南京市人大常委会提交审议的《南京市生活垃圾管理条例》(以下简称《条例》)获全票通过，该条例于 2020 年 11 月 1 日起正式施行。

《条例》规定，南京市生活垃圾分为可回收物、有害垃圾、厨余垃圾和其他垃圾。其中，厨余垃圾又称湿垃圾，是指易腐的生活废弃物，主要包括家庭中产生的菜帮菜叶、瓜果皮核、剩菜剩饭、废弃食物等；餐饮经营者和机关、部队、学校、企业事业等单位集体食堂在食品加工、饮食服务、单位供餐等活动中产生的食物残渣、食品加工废料和废弃食用油脂等；农贸市场、农产品批发市场产生的蔬菜瓜果垃圾、腐肉，以及废弃的肉碎骨、水产品、畜禽内脏等。

《条例》规定，南京市住宅区和农村居住区施行生活垃圾定时定点集中投放制度。镇人民政府、街道办事处应当制定生活垃圾定时定点集中投放实施计划，公示后组织实施。管理责任人可以采取设立固定桶站、流动收运车收运等多种方式，组织个人和单位定时定点集中投放生活垃圾。产生生活垃圾的个人和单位是生活垃圾分类投放的责任主体，应当依法履行产生者责任，按照规定的时间、地点、方式等要求，将生活垃圾分类投放至相应的收集容器中。

《条例》规定，南京市实行生活垃圾分类投放管理责任人制度。其中，实行物业管理的住宅区，物业服务企业为管理责任人。农村居住区的村民委员会为管理责任人。未实行物业管理或者不能确定管理责任人的，由所在地镇人民政府、街道办事处确定管理责任人。

根据《条例》，如果个人违反规定，没有按照规定的时间、地点、方式等要求，将生活垃圾分类投放至相应的收集容器中的，由管理责任人进行劝阻；拒不听从劝阻的，管理责任人应当向城市管理行政主管部门或者镇人民政府、街道办事处报告，由城市管理行政主管部门处以警告或者200元以下的罚款。依据规定，应当受到罚款处罚的个人，经教育、劝诫后自觉履行法定义务，并自愿参加生活垃圾分类等社区服务活动的，可以不予处罚。

垃圾混收混装是各界普遍反映强烈的问题。《条例》规定，生活垃圾收集、运输单位将已分类投放的生活垃圾混合收集、混合运输的，由城市管理行政主管部门处以5 000元以上5万元以下的罚款。

(5) 南京市实施垃圾分类的成效

1) 前端投放分得开。建成小区垃圾分类收集点7 852个，在建489个，建成投运收集点的小区比例达到83%。4 295个小区完成撤桶并点，定时定点投放垃圾。1万多名垃圾分类指导员坚持每天早、晚进行桶边指导，面对面、手把手指导居民正确分类。厨余垃圾分出量达到1 011 t/d，增加近10倍。党政机关开展垃圾分类“十个一”工作，停用一次性杯具，做好示范引领。48个涉农街镇、606个行政村、7 387个自然村全部开展垃圾分类，实行“农户初分＋保洁员上门”的分类收集模式，覆盖农户67.2万户。

2) 中端收运衔接紧。配备分类收运车辆2 800余辆，全部涂装垃圾分类标识，实行“不同种类、不同车辆、不同去向”分类收运。建成垃圾分类信息平台，1 500多名收运人员到小区“打卡”收运，分类运输车在线监控。

3) 末端处理闭环。建成运行江南、江北、城南三个市级厨余垃圾处置项目和溧水开发区厨余垃圾处置项目，开工建设栖霞餐厨厂、江南生物能源再利用中心，厨余垃圾处理能力达到1 650 t/d，餐厨垃圾处理能力达到950 t/d。垃圾分类回收分拣设施在“一区一中心”、涉农街道“一街一站”的基础上，运行管理水平得到进一步提升，有力支撑了可回收物、大件垃圾、有害垃圾的回收、分类和转运。

4) 宣传动员氛围浓。组织2万余名垃圾分类志愿者，广泛开展上门入户宣传。召开小区居民议事会、“垃圾分类大家谈”活动8 000余场。组织数千人次“跟着垃圾去旅行”活动。成立企业垃圾分类自治联盟。编写完成全市幼儿、小学、中学《垃圾分类读本》，开展形式多样的垃圾分类教育实践活动。全市主次干道、商业体户外大屏、10条地铁线广告屏、南京电视台高频次播放垃圾分类公益广告。在《条例》实施首日，全网直播垃圾分类实况，观看量达1 500万人次。市、区召开垃圾分类新闻发布会近百场。开通大件垃圾预约回收、垃圾分类积分、“垃圾分类词典”等便民服务功能。形成全媒体、广覆盖、高频次的浓厚宣传氛围。

5) 政策制度体系全。市城管局和各相关部门制定出台了各类垃圾分类配套政策，涵盖了宣传动员、源头减量、分类作业、检查考核等各方面，形成了以《条例》为总纲，政策、标准配套比较齐全的制度体系。成立市生活垃圾分类工作专班，进一步加强督导检查。市、区、街三级城管部门加强垃圾分类人员配备，开展专项执法检查，抓好工作落实。南京市垃圾分类工作领导小组办公室每月编发考核通报、简报、数据专报，在《南京日报》刊登各区、各街道综合排名，进一步压实各级责任。

6）下一步计划。在完善分类体系方面：继续推进小区垃圾分类收集点建设，在无空间条件或收集点难以“落地”的小区进行车辆流动收集；规范前端生活垃圾的电动收集车辆管理；推进建立“点、站、中心”三级可回收物的回收体系；推进垃圾分类信息平台在垃圾计量管理、收运处置监管、回收服务等方面的全面应用。

在提升转运处理能力方面：推进六合、江北生活垃圾焚烧发电厂建设；推进栖霞餐厨垃圾处理厂、江北废弃物综合处置中心二期、江南生物能源再利用中心一期建设；推进城东大型转运站等一批垃圾转运、分类回收设施建设。

在提升分类实效方面：开展“争优除差”行动，将居民小区、重点行业单位、街镇按成效分为优、良、差三级。其中，重点行业包括医疗机构、学校、党政机关、农贸市场、商业综合体（含餐饮）、旅游星级饭店（宾馆）、文化演出场馆、体育场馆、交通场站、物流企业、公园等 11 大类。计划用 3 年时间，对标找差、集中力量、精准施策，切实破解垃圾分类工作中的重难点问题，逐步实现消除差类、争先创优的目标。开展垃圾分类便民惠民“微风行动”，在每个小区因地制宜地开展“微改造、微宣传、微奖励”，在细微处下足“绣花”功夫，增强居民在垃圾分类中的获得感和满意度，提高垃圾分类实效。

在深入宣传动员方面：开展“万人跟着垃圾去旅行”活动。加强垃圾分类志愿服务，评选最美垃圾分类志愿者、指导员。加强媒体宣传引导，不断拓展宣传渠道，创新宣传方式，保持全覆盖、高频次宣传态势。

（6）上海市、北京市、南京市垃圾分类条例的异同点

北京市和南京市的垃圾分类标准一致，分为厨余垃圾、有害垃圾、其他垃圾及可回收物。而上海市垃圾分类标准为可回收垃圾、有害垃圾、湿垃圾以及干垃圾。但是在投放、运输、处理等方面，三地的操作都是一致的，详见表 1-4。

（7）我国垃圾分类存在的问题及解决思路

对于垃圾如何分类投放，民众还没有形成认知体系。由于各地区垃圾分类工作相关标准不统一，垃圾分类收集工作受到制约，无法规模化推行。现实的做法就是采用混装混收的方式，因此，进行资源化利用的效率不高，加之生活垃圾

分类处理设施成本较高，较低的利用率既不经济也无法提高企业的积极性。

我国的生活垃圾中，易腐垃圾占比最高，占生活垃圾总量的40%～60%。地理条件、居民生活水平、生活习惯、燃料结构、季节等因素都将影响生活垃圾的物理组成。一方面，随着经济水平的提高，生活垃圾中的包装废弃物、织物、纸类和塑料占比会显著增加；另一方面，随着国家大力推广清洁能源和天然气取代煤炭的政策，其他垃圾尤其是灰土砖石类的含量将进一步降低。

表1-4　上海市、北京市、南京市垃圾分类管理条例异同

项目	垃圾管理条例		
	上海市	北京市	南京市
分类情况	可回收物、有害垃圾、湿垃圾、干垃圾	可回收物、有害垃圾、厨余垃圾、其他垃圾	可回收物、有害垃圾、厨余垃圾、其他垃圾
投放要求	明确生活垃圾投放的责任主体为垃圾产生的单位或个人；根据不同区域不同情形确定分类投放责任人；因地制宜地设置不同场所垃圾收集容器	产生生活垃圾的单位和个人是生活垃圾分类投放的责任主体，按照厨余垃圾、可回收物、有害垃圾、其他垃圾的分类，分别投放至相应标识的收集容器	在住宅区和农村居住区施行生活垃圾定时定点集中投放制度
运输要求	明确收运单位必须使用专用交通工具并做好密闭运输	生活垃圾收集运输单位应将生活垃圾分类运输至集中收集设施或者符合规定的转运、处理设施，不得混装混运，不得随意倾倒、丢弃、遗撒、堆放	管理责任人可以采取设立固定桶站、流动收运车收运等多种方式，组织个人和单位定时定点集中投放生活垃圾
处理要求	明确生活垃圾的主要处置方式	匹配国家和市相关要求	明确末端处理项目及建设计划

1.2.2　城市生活垃圾收运系统

城市生活垃圾收运系统通常包含3个主要阶段。首先是垃圾搬运和贮存阶段，是指将生活垃圾从源头转移至收集容器或者收集站点的过程；其次是垃圾清运阶段，通常指垃圾收集车辆沿路将收集容器和收集站点的垃圾装车运至附近的垃圾中转站或者处置场所的过程；最后是转运阶段，即生活垃圾的远距离运输，指将在垃圾中转站经过压缩的生活垃圾通过大型垃圾车运至垃圾填埋场、焚烧厂的过程。中转部分视垃圾产生源至垃圾处理场的运输距离及收集车辆的性状而设置。具体流程如图1-3所示。

目前，我国生活垃圾转运站仍然以小型化为主，但随着我国城镇化率的逐步提高，城市边缘逐渐扩大，城市生活垃圾产生量也随之陡增，小型生活垃圾转运站已经不能满足城市高效运行的要求。而且，我国各城市小型转运站普遍存在着布局不合理、用地范围不够、作业环境恶劣等问题，严重影响了城市的市容环境，周边居民投诉不断。随着大规模的环卫市场化的运作和先进管理经验的引入，国内发达城市开始在城市近郊区建设大中型生活垃圾转运站来替代原有的小型转运站，并通过重新优化生活垃圾收运系统及转运设施功能，如采用密闭环保的收运设施等，以促进生活垃圾收运更加高效、环保、经济地运行。

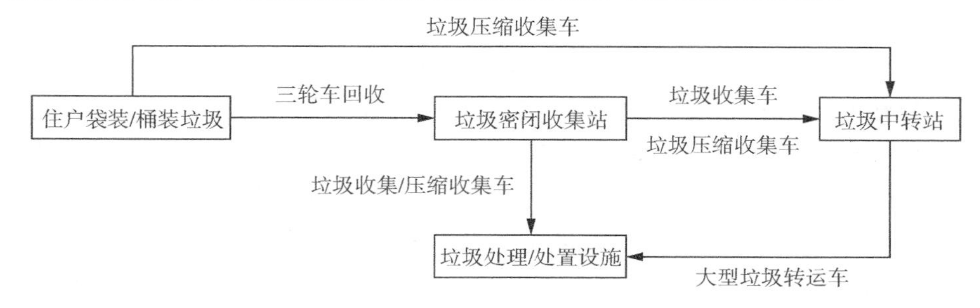

图 1-3　生活垃圾收运流程图

1. 生活垃圾收集系统

(1) 收集模式划分

根据研究角度的不同，城市生活垃圾收集模式有多种划分方法(见表 1-5)，目前，最常见的划分方法是根据收集组分的不同，划分为混合收集和分类收集。

表 1-5　城市生活垃圾收集方式的划分表

划分依据	分类
根据收集时间是否固定	定时收集
	不定时收集
根据收集地点是否固定	上门收集
	定点收集
	路边收集
	巡回收集
根据收集组分	混合收集
	分类收集
根据垃圾的暂存介质	散装收集
	袋装收集
	桶装收集

续表

划分依据	分类
根据收集设施和使用的载具	箱式收集
	站(点)收集
	管道收集

1) 混合收集。混合收集是指将垃圾混合在一起,不加区分的垃圾收集方式。因为该收集方法简单方便、成本低,所以在发展中国家应用比较多,我国的大部分城市就是在使用这种方式。但是这种方式的缺点显而易见,所有垃圾不加区分地混合在一起,使可回收垃圾被不可回收垃圾污染,如有些被弃时保持干燥的纸张、金属、塑料等物品,与一般垃圾混合时被垃圾渗滤液污染而破碎、腐蚀等,丧失了部分可回收利用价值,进而影响整个垃圾的资源化回收过程。

2) 分类收集。分类收集是指居民在投放垃圾前就已经将垃圾按类装好,或投放时按类放入不同类垃圾对应的垃圾桶中。垃圾分类后便于对可回收物质进行回收再利用,对于不可回收垃圾也可进行分类处置。在欧美等许多发达国家的城市中,分类收集的方法已被广泛采用,我国也在积极推行垃圾分类收集。虽然分类收集在垃圾源头的工作要比混合收集复杂,但是这一过程所承担的成本远远要小于治理混合收集所带来的一系列问题的成本。分类收集根据划分标准的不同而有不同的分类方法,各国根据自己的实际国情对垃圾采取不同的分类方法。居民将不同成分的垃圾投放到不同的垃圾桶里之后,会在不同的时间段里,由不同的车辆分别将这些垃圾运走。虽然我国的一些大型城市已经在街道安放了分类垃圾装置,取得了不错的垃圾回收效果,但是要想将这种方式持续地推广下去,还需要采取很多的措施。例如,在居民中普及垃圾分类的知识,让每一位公民都认识到这样做的好处,形成对垃圾进行分类的意识,只有这样,才能达到更好的效果。

(2) 收集设备

城市生活垃圾收集设备包括收集容器和收集车辆。

收集容器主要包括垃圾袋、垃圾桶、废物箱、车载容器等。

1) 垃圾袋。日常生活中,城市居民使用垃圾袋装垃圾已较为常见,垃圾袋已成为生活垃圾中塑料类成分的主要来源之一。根据所使用的材料不同,垃圾袋可分为塑料垃圾袋和纸质垃圾袋;根据其一般用途的不同,垃圾袋可分为专用垃圾袋和普通包装袋;根据其环境友好程度的不同,垃圾袋还可分为难降解垃圾袋和可降解垃圾袋(包括可降解塑料袋、纸袋等)。

2）垃圾桶。垃圾桶是具有固定形状的垃圾储放容器。垃圾桶种类、形状、样式众多。目前，生活中较为常见的是铁制垃圾桶和塑料类垃圾桶。

3）废物箱。废物箱也叫果屑箱，是置于道旁、街边、公共场所等处，供行人丢弃废物的容器。

4）车载容器。车载容器有可分离式和固定式，固定式车载容器实际上是收集车组成部分之一，而可分离式车载容器不仅可以作为车载垃圾容器满足运输要求，还可以与收集车分离而单独作为生活垃圾收集容器来满足收集要求。

垃圾收集车辆主要包括人力收集车和机动收集车。

1）人力收集车。人力收集车即依靠人力驱动的收集车，常见的有人力三轮车和手推车等。人力收集车的服务半径一般在 1 000 m 以内。

2）机动收集车。机动收集车即依靠人力以外驱动的收集车，包括电动车和汽油车、柴油车、燃气车等。电动车又可以分为电动三轮车、电动四轮车等，由于噪声小、操作简便、零排放、节省人力等优点，目前已成为生活垃圾收集车的主流车型。

（3）收集管理要求

目前，我国部分城市已制定了一些生活垃圾收集方面的管理制度和标准规定，如《成都市中心城区环境卫生作业与管理规范（试行）》等。生活垃圾社区收集的管理要求可概括为“密闭、高效、定点、整洁、分类”。

1）密闭。推行垃圾袋装化，在收集过程中应尽量保持垃圾袋密闭、无破损，人力车收集时，环卫作业人员应按袋装车。收集点应实现密闭化，收集容器包括垃圾桶、车载容器等应保持密闭性良好，环卫作业人员在完成收集作业后应恢复收集容器的密闭状态。若收集点建有封闭式建筑，环卫作业人员在完成作业后至少应保持建筑物的密闭状态。收集站本身是封闭式建筑，作业结束后应关闭收集站的出入口，保持密闭状态。收集车辆应实现密闭化收集，在每处收集点，收集装车作业完成后都应立即关闭车身垃圾箱体，且垃圾箱体无垃圾外溢。

2）高效。在生活垃圾收集作业开始前，收集作业的组织者应对服务区域内的各垃圾收集点的分布和垃圾量进行调查，对作业区域进行合理划分，合理安排收集作业人员、收集车辆、收集路线和收集频次，确保做到生活垃圾日产日清。一般每日收集 2～3 次，收集车辆应尽量使用电动车等机动车，安排人力车收集时，收集半径不宜超过 400 m。每日第一次收集作业时间应主要集中在上午7:00之前，避开交通高峰时段。

3）定点。收集（站）点位置应相对固定，生活垃圾收集作业的组织者应对服务区域内的收集（站）点进行编号管理，制作收集（站）点位置分布图。如发现服务区域内的收集(站)点出现增减,应及时通知环卫主管部门,经环卫主管部门同意后纳入收集范围,并及时更新位置分布图。每日生活垃圾收集应覆盖全部收集(站)点,不得遗漏。

4) 整洁。收集(站)点应保持整洁卫生的周边环境。环卫作业人员每次收集作业完成后应对收集(站)点周边散落的垃圾进行清理,保持收集(站)点及周边地面整洁,无撒漏垃圾。禁止占用市政道路或在公共区域内摆放生活垃圾收集容器或袋装垃圾。每日收集作业结束后,环卫作业人员应告知收集(站)点管理单位及时清洗收集容器和收集(站)点的地面,清洗收集车辆。夏季,每月至少对收集(站)点进行消毒和灭蚊蝇 1 次。

5) 分类。生活垃圾分类收集是生活垃圾收集的发展趋势。城市生活垃圾一般分为餐饮垃圾、可回收物、其他垃圾和有害垃圾,分类收集试点区域的收集容器按照分类的要求,使用不同的颜色和标识,垃圾收集时,应按照收集的类别来收集对应的垃圾,不得混淆,如收集餐饮垃圾时,应只收集餐饮垃圾桶内的垃圾;收集其他垃圾时,应只收集其他垃圾桶内的垃圾,不得收集其他类别垃圾桶内的垃圾。分类收集时,应根据收集垃圾的类别使用不同的机具设备,如收集餐饮垃圾时,应使用密闭罐车、桶收集;收集有害垃圾时,应按有害垃圾的种类分时段进行收集,并使用相应种类的专用收集容器;其他垃圾可与非试点区域混合垃圾使用同样的收集设备和容器。

2. 生活垃圾转运系统

(1) 运输模式划分

城市生活垃圾运输模式应按大类来划分,主要有直接运输和中转运输两类。

1) 直接运输。直接运输是指从垃圾点收集的垃圾,不经过任何的转运,由收集车辆直接将其运往最终的城市生活垃圾处理处置场。这种直接运输方式具有一次性和直接性的特点,可以避免城市生活垃圾在转运过程中产生的"滴洒漏"问题,从而减少垃圾收运过程中对环境造成的二次污染。根据生活垃圾收集方式的不同,又可分为"定点收集一直接运输"和"巡回收集一直接运输"两种形式。这两种模式下,运输车辆同时也作收集车使用。

"定点收集—直接运输"模式适用于村镇地区,区域特点是垃圾产生源分片区,片区内垃圾产生源相对集中,服务半径在 500 m 以内,片区间距离较远。

"巡回收集—直接运输"模式适用于城市中心地区,区域特点是人口密集,垃圾产生源相对集中,服务半径在 1 000 m 以内。

2) 中转运输。中转运输是指从垃圾箱、收集点收集的垃圾经过多个转运站后,再将其运送至生活垃圾末端处理处置场所的一种运输方式。中转运输可以同时为多个垃圾收集点服务，提高垃圾运输车辆的利用率，但是，由于垃圾运输路线过长，可能会造成在运输途中垃圾的二次污染，同时，还存在由于预测不准确造成空跑的风险，加大车辆的运输成本。根据生活垃圾的被转运次数，中转运输又可分为一级转运运输模式和二级转运运输模式。

一级转运模式是指在城市生活垃圾收运过程中，将从垃圾投放点收集到的垃圾，经过小型收集车一次运输到垃圾中转站，再通过大型转运车二次运输至垃圾处理场的模式。一般运输距离在 10～20 km 时，多采用设置小型转运站和一次转运；距离在 20～30 km 时，则采用大、中型转运站和一次转运。

二级转运模式是指在城市生活垃圾收运过程中，小型收集车先将收集到的垃圾运输至中小型垃圾转运站进行处理，然后再由中大型的转运车将处理过后的垃圾运输至大型垃圾转运站进行二次压缩处理，最后运用超大型的转运车辆将垃圾运至末端的垃圾处理场。二级转运模式的特点是耗时较长，需要做的准备工作较多，一般是在收集点所在的服务区距离末端处理处置场较远（超过 30 km），且垃圾收集区垃圾产生量很大时采用。

（2）运输设备

城市生活垃圾运输设备主要是指车辆，又分为运输车辆和转运车辆两种。

运输车辆是将城市生活垃圾从收集（站）点运输至转运站或末端处理设施（填埋场、焚烧厂等）的车辆。运输车辆对车辆的型号、动力等没有特别的要求或规定，其类型可以是电动三轮车、以汽油或柴油为动力的（三轮车）机动车，一般载重不超过 10 t，但必须与收集容器和收集设施相匹配，此外，在形式上能够实现密闭化，因此，车辆在运输垃圾的过程中对环境的污染能得到一定程度的降低。

转运车辆是将城市生活垃圾从转运站运送到二级（或三级以上）转运站或末端处理设施的车辆。为了节省长距离运输垃圾产生的运输费用，转运车辆一般选用载重 10 t 以上的大型机动车，但转运车辆必须与转运站的压缩设备相匹配。

生活垃圾运输设施主要指生活垃圾转运站和转运设施，转运站的类型按照建筑物形式可以分为敞开式和密闭式。敞开式转运站即在作业场所无顶棚或者只有部分顶棚，不能完全封闭，甚至在露天空地直接转运。与之配套的运输车辆通常也属于无顶棚的敞开式车辆。敞开式转运站虽然在一定程度上实现了对生活垃圾的转运，但由于其导致的垃圾散落、灰尘、臭气、污水等问题，也造成了很大的二次污染，特别是在转运站周围的区域污染十分严重，鉴于此，目前已经基本被淘汰或改造。封闭式转运站即在封闭式建筑物内对生活垃圾进行倾倒、卸料、装车等过程，转运车上的垃圾装载容器可以与封闭式建筑物实现密闭对接，且一般具有防扬尘、除臭等功能。

生活垃圾转运站按照转运处理工艺可分为压缩转运站和非压缩转运站。其中，压缩转运站是利用机械压缩设备对垃圾进行压缩的转运站，通过对垃圾的压缩能够有效防治二次污染，节省转运车辆的箱体容积、提高车辆的输运效率，因而体现了转运环节的经济性，该类转运站目前已成为转运站的发展趋势。

(3) 运输管理要求

与城市生活垃圾社区收集的管理要求类似，城市生活垃圾运输的管理要求也可概括为“密闭、高效、整洁、分类”。

1) 密闭。全国推行生活垃圾密闭化运输，在运输过程中应尽量保持运输车辆垃圾箱体的密闭，无垃圾悬挂、冒出、飞扬，无渗滤液抛漏滴洒。转运站作业车间的卸料口在非作业状态时应保持关闭，卸料口应有作业防尘措施。转运站压缩设备应保持密闭作业，不得出现抛撒现象；挤压出的渗滤液应实现密闭收集，不得滴漏；压缩设备与垃圾转运箱体应实现密闭对接，不得出现洒漏。转运作业完成后应关闭作业车间的出入口。

2) 高效。在生活垃圾运输作业开始前，运输作业的组织者应对服务区域内的各垃圾收集(站)点、转运站、垃圾处理设施的分布和垃圾量进行调查，制定合理的运输路线和作业时间，安排与收集方式和设备相匹配的运输车辆和作业人员，确保生活垃圾及时清运。一般每日运输 1～3 次，运输车辆应使用电动车、汽油车、柴油车等机动车。

3) 整洁。应逐步禁止在市政道路或公共区域设置临时收集站进行垃圾装车作业，装车完毕应冲洗地面。每日运输作业结束后，环卫作业人员应对运输车辆进行冲洗，保持车容整洁，每周对车辆进行喷洒消毒不低于 2 次。转运站每日转运作业结束后，应及时清理冲洗作业区地面和道路。夏季，每月至少 1 次对收集(站)点进行消毒和灭蚊蝇。

4) 分类。生活垃圾分类收集，必然要求生活垃圾实现分类运输。按照社区生活垃圾分类方案，其他垃圾可利用非试点区域混合垃圾的运输车辆和转运设施进行运输；餐饮垃圾由于性质特殊，目前只能采用收集车直运模式；有害垃圾可使用密闭式、厢式货车采用换垃圾桶的方式进行作业，先将收集容器运至暂存场所集中暂存，待达到一定量后，由专业运输车辆运到处理场所。

3. 典型城市收运模式

(1) 上海

上海市的垃圾收运系统为二级转运模式，前端收集有车载压缩(60%)、小型转运站压缩(30%)和其他收集 3 种方式，经过一级压缩运输至大型转运站二次压缩，最后由大型垃圾运输车转运至终端处理设施，部分经过水陆联运送至终端处理设施。每个区县至少规划建设1座大型转运站，全市现有100 t/d以上规模的垃圾转运站33座，其中，1 000 t/d以上的Ⅰ类大型转运站3座，450 t/d以上的Ⅱ类大型转运站8座。

（2）杭州

由于杭州终端处理设施离中心城区较近，目前，杭州主要采取直收直运的收运模式，已基本形成4种“清洁直运”模式，即桶车直运、车车直运、直运代替和接驳站（以车代机、厢车对接）模式，因地制宜地实现“垃圾不外露”的工作目标。近年来，随着杭州九峰垃圾焚烧厂的建设和运输距离的增加，目前，杭州也开始提出建设大型转运站进行垃圾转运的设想和规划。

（3）北京

北京八大城区的垃圾一般由各街道或小区物业的保洁队就近运至清洁站或垃圾收集车，然后由环境卫生服务中心的车辆运至密闭式垃圾转运站，经压缩后再通过大型转运车运至垃圾处理场或垃圾填埋场。

（4）济南

济南各区自行负责垃圾收运，收运模式不一。在主要城区历下区设置了1个日处理量2 000 t的大型转运站，垃圾的收集转运方式为垃圾桶→小型垃圾桶装运输车→5～8 t后装式垃圾压缩车→历下大型垃圾转运站→压缩→运送至终端处理设施。

以上几个城市的垃圾转运大都采用大型垃圾转运站作为二次转运方式，该方式具有转运效率高、转运能力大、环保措施好、自动化程度高、居民投诉少、适合远距离转运垃圾等优点，缺点是投资多、用地面积大、作业要求高。

1.3　城市生活垃圾的处理和处置

城市生活垃圾的处置是指通过物理、化学、生物等方法，将其快捷、高效、无公害地进行分类处置，最终实现“减量化、稳定化、卫生化、资源回收化”。

垃圾处理的目的是减少垃圾产量，使垃圾的“质”（成分与特性）与“量”更适于后续处理或最终处置的要求。生活垃圾无害化处理是指通过对生活垃圾进行一系列技术处理，使得垃圾不再对环境产生危害，并且可以加以资源化利用，甚至使垃圾变废为宝的过程，包括在垃圾处理过程中去除有害气体、处理渗滤液、控制飞灰等。处理过程主要分为前处理、中间处理、最终处理三个部分，其中，中间处理最为关键，其方式主要有焚烧、热解、厌氧消化、堆肥等，中间处理产生的残余物将送往垃圾填埋场进行处理。垃圾处理遵循减量化、无害化、资源化、节约资金、节约土地和居民满意等准则，因地制宜，综合处理，逐级减量。例如，为了便于运输和减少费用，常进行压缩处理；为了回收有用物质，常需加以破碎处理和分选处理。如果采用焚烧或土地填埋作为最终处置方法，也需对垃圾先做适当的破碎、分选等处理，使处置更为有效。图 1-4 为生活垃圾处理流程示意图。

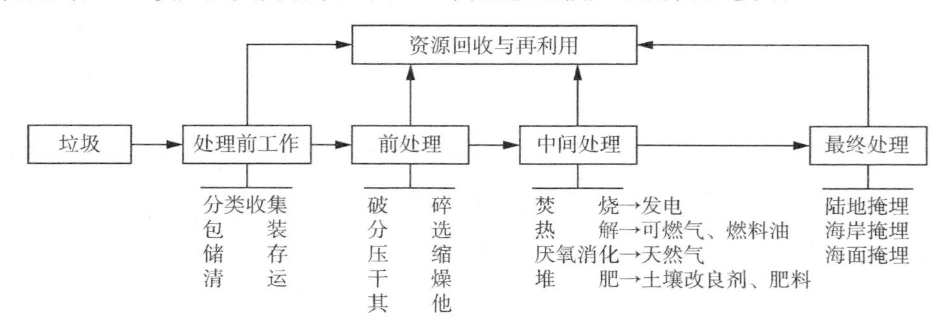

图 1-4　生活垃圾处理流程示意图

1.3.1　生活垃圾的处理现状

随着垃圾产量与清运量的不断增加，给生活垃圾处理带来了新的挑战。近年来，我国生活垃圾处理能力以及处理量不断提升。目前常用的生活垃圾无害化处理的方式主要有三种：卫生填埋、垃圾堆肥和垃圾焚烧。根据统计，2009年，我国生活垃圾无害化处理能力为 35.61 万 t/d，拥有生活垃圾无害化处理厂567 座；到 2019 年，我国生活垃圾无害化处理能力达到 86.99 万 t/d，拥有生活垃圾无害化处理厂 1 183 座。如图 1-5 所示。

图 1-5　2009—2017 年中国生活垃圾无害化处理能力及处理厂数量变化情况

2009 年,我国生活垃圾无害化处理量为 11 232.2 万 t,生活垃圾无害化处理率为 71.4%。到 2019 年,我国生活垃圾无害化处理量为24 012.8 万t,其中,卫生填埋量为10 948.0 万 t,占比约为 46%,焚烧量为12 174.2 万 t,占比约为 51%,其他无害化处理量占比约为 4%,如图 1-6、图 1-7 所示。

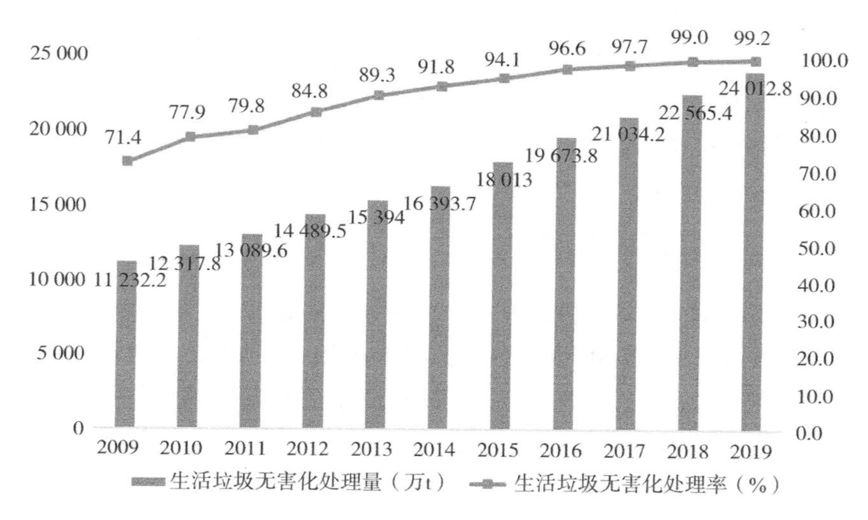

图 1-6　2009—2019 年中国生活垃圾无害化处理量及无害化处理率变化情况

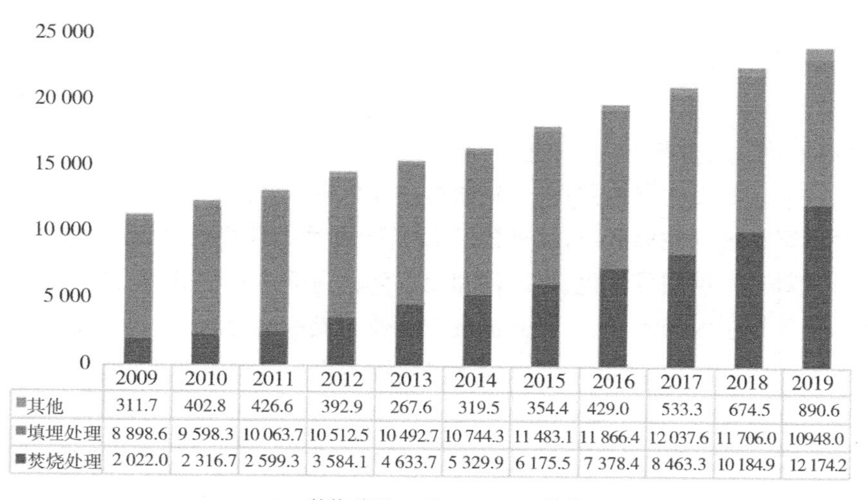

	2009	2010	2011	2012	2013	2014	2015	2016	2017	2018	2019
其他	311.7	402.8	426.6	392.9	267.6	319.5	354.4	429.0	533.3	674.5	890.6
填埋处理	8 898.6	9 598.3	10 063.7	10 512.5	10 492.7	10 744.3	11 483.1	11 866.4	12 037.6	11 706.0	10948.0
焚烧处理	2 022.0	2 316.7	2 599.3	3 584.1	4 633.7	5 329.9	6 175.5	7 378.4	8 463.3	10 184.9	12 174.2

图 1-7　2009—2019 年中国城市生活垃圾无害化处理量结构分布(单位:万 t)

根据《“十三五”全国城镇生活垃圾无害化处理设施建设规划》，2020 年，我国生活垃圾无害处理能力要达到 110.49 万 t/d，垃圾焚烧将逐渐成为我国垃圾处理的主流方式。2020 年，焚烧量的占比目标为 54%。新增焚烧能力继续集中在东部沿海地区，且项目平均规模相对大，并逐步向中西部及二三线城市转移，但项目平均规模有所下降。此外，随着生活垃圾处理主流从卫生填埋逐步向垃圾焚烧转移，“十三五”期间，填埋处置比例将持续下降，原生垃圾填埋量将显著减少，填埋场将主要用作填埋焚烧残渣和应急使用。同时，在全国范围内仍有大量的填埋场，特别是简易堆场，进入封场阶段，填埋工作的重点转为封场修复和二次污染控制，以及存量垃圾的综合整治等内容，填埋场封场是“十三五”期间的重点方向。

1.3.2 生活垃圾处理技术概述

我国垃圾处理行业起步较晚，从 1986 开始逐步发展，目前，城市垃圾处理能力提升明显，特别是先进的垃圾处理技术正逐步得到应用。卫生填埋法、焚烧法、堆肥法是常用的三种生活垃圾处理方法。垃圾分类制度体系的不完善以及技术水平的限制，使得我国垃圾处理仍以填埋为主。但填埋处理存在土地占用面积大、二次污染、易爆炸崩塌等诸多缺陷，人口密度大的地区特别是东部经济发达省份，填埋处理方式已经遇到瓶颈。尤其是随着人口的增加以及经济规模的扩大，土地资源会日益紧缺，居民的“邻避效应”也将日益增强，选址已成为垃圾填埋处理难以逾越的门槛。

城市生活垃圾处理一直是环境保护的关键问题，任何单一的处理方法都不能完全科学有效地处理垃圾。卫生填埋、焚烧虽然对垃圾的处理起到一定的作用，但是由于目前我国大多数城市生活垃圾还是混合收集，这些方法都不能有效、彻底地将垃圾进行处理，而且还存在二次污染的威胁。此外，堆肥、热解气化技术也是垃圾处理的有效方法，但我国热解气化技术多以小型化为主，同时还缺乏相关的国家政策和标准，与国外的热解气化技术仍有差距。垃圾综合处理方式的出现对于垃圾的减量化、资源化和无害化起到很好的作用，虽然现阶段这种处理方式还不是太成熟（如垃圾分选技术），处理成本也较高，但是随着垃圾处理技术的发展，这种处理方式必然成为未来我国城市生活垃圾的主要处理技术。

1. 卫生填埋技术

目前，填埋法仍然是国内外处理和处置城市生活垃圾的重要方法。卫生填埋场有着处理与终止处理垃圾的双重作用，将焚烧产生的残渣和不适宜堆肥的物质给予填埋。通常，焚烧法产生的残渣约占垃圾重量的 8%～15%，其体积的 15%～30%需要填埋，在堆肥法前的处理过程中，约有 20%～30%不适宜堆肥的垃圾也需填埋。故又有人称“填埋场是生活垃圾的最终坟墓”。

生活垃圾卫生填埋场具有投资低、经营费用也较低的优点，依旧是当前国内很多城市处理垃圾最为重要的方式。填埋场最为重要的一个问题就是渗滤液的污染。渗滤液是垃圾在填埋和堆放过程中，由于垃圾里的有机物分解而产生的各种水，是借助于淋溶作用而产生的污水。水质会依据垃圾成分、当前气候、填埋时间等因素的影响而出现很大改变。因此，开展好对应的卫生填埋处理也是十分关键的。

(1) 国内外发展历程

早期的生活垃圾填埋方式未控制其对环境的污染，即简单堆放。直到20世纪30年代，美国才首次提出了"卫生填埋"的概念并开始应用。日本和德国也在20世纪70年代开展了"卫生填埋"技术的研究和工程应用。

"卫生填埋"是目前国内外广泛采用的垃圾处理技术，也是必不可少的垃圾最终处置技术。美国因土地面积大，填埋法较焚烧法的成本低，所以主要采用填埋法来处理垃圾，填埋法所占垃圾处理的比例为50%；英国土壤结构中含有20～30 m的天然土层，具有良好的防渗能力，较适合填埋，因此，普遍采用填埋工艺，填埋工艺所占垃圾处理的比例为55%；我国填埋法所占垃圾处理的比例为81%。目前，国外现代化大型生活垃圾卫生填埋场大多采用单元填埋法，并对垃圾进行分层压实和每日覆盖，填埋场防渗处理采用人工合成材料作为衬底，通过收集管将填埋沼气进行导排，使其安全直燃，或通过管网系统收集后经过进化处理，作为能源回收利用。

与发达国家相比，中国垃圾填埋处理技术及其管理体系起步较晚，经历了从分散填坑填沟、集中堆放、简易填埋、准卫生填埋到卫生填埋几个发展阶段。1985年以前，中国垃圾处于无序管理状态，导致在城市和城镇的近郊地区出现了大量垃圾倾倒场和简易填埋场。当时的中国缺乏垃圾处理设施，全国没有一座卫生填埋场，垃圾的无序堆放导致土壤、水和空气被污染，直接对环境和公众造成威胁。从1986年到1995年，卫生填埋技术在中国得到初步研究和应用，第一座卫生填埋场——杭州天子岭填埋场投入使用。1996年，中国颁布了《固体废物污染环境防治法》，卫生填埋技术得到迅速发展和推广，采用以高密度聚乙烯(HDPE)膜为核心的复合防渗结构、渗滤液与填埋气体导排与处理系统的高技术水平卫生填埋场陆续建成。1997年，中国首次使用HDPE膜作为防渗材料的卫生填埋场投入使用。2002年至今，陆续建成了一些技术和管理水平较高的卫生填埋场，2002年建成第一个采用双层HDPE膜水平防渗的卫生填埋场。水平防渗、以膜生物反应器(MBR)和膜过滤技术为主体的渗滤液处理工艺以及填埋气体主动导排与利用系统得到普及应用。

随着生活垃圾卫生填埋场建设标准的显著提高，我国生活垃圾填埋场建设稳步推进。近年来，我国投入建设的填埋场高密度聚乙烯衬层使用量达到 3 000 万 m^3 以上。新建垃圾填埋场逐步向大型化、高标准方向发展，同时，垃圾卫生填埋场污染控制手段得到逐步加强，如采用人工防渗层，提高垃圾防渗水平；加强渗滤液收集和处理，防治水污染；对填埋气体进行回收利用，保障填埋场的安全，减轻污染并实现资源回收。目前，中国垃圾卫生填埋场的建设水平已经达到发达国家中较高要求的水准。

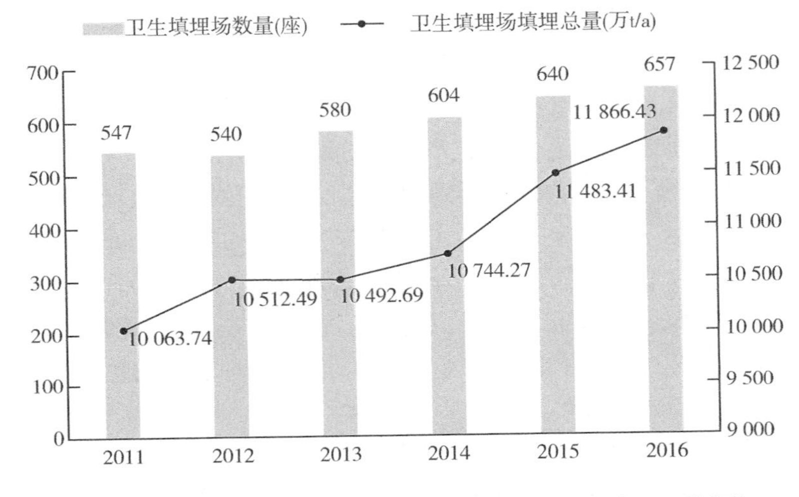

图 1-8　我国 2011—2016 年卫生填埋场数量和卫生填埋总量变化

(2) 填埋工艺流程

生活垃圾的填埋工艺总体要求应服从“三化”(即减容化、无害化、资源化)的要求，典型工艺如图 1-9 所示。

城市各生活垃圾收集点的垃圾通过翻斗车、集装箱、专用垃圾船或铁路专用车箱运送到填埋场，经计量和质量判定后进入场内，在指定的单元作业点卸下，对于大型填埋场，通常要分若干单元进行填埋。垃圾卸车后用推土机摊平，再用压实机碾压。大型垃圾场采用专用压实机，它带有羊角型碾压轮，不仅能起到压实的作用，还起到破碎作用，使垃圾填埋体致密，减少局部沉降，提高库容利用率。小型填埋场亦有用推土机替代的，但效果较差。将垃圾分层压实到需要高度，再在上面覆盖黏土层，同样摊平、压实。每一单元的大小，应按现场条件、设备条件和作业条件而定，一般以一日一层作业量为一单元为宜，以便每日一覆盖。昼夜连续作业的可按交接班为界，每班作业量为一单元。单元内作业应采取层层压实的方法，采用推土机压实的垃圾的压实密度应大于 0.6 t/m^3，采用专用压实机的应大于 0.8 t/m^3。每层垃圾厚度以 2.5～3.0 m 为宜，每层覆土厚度

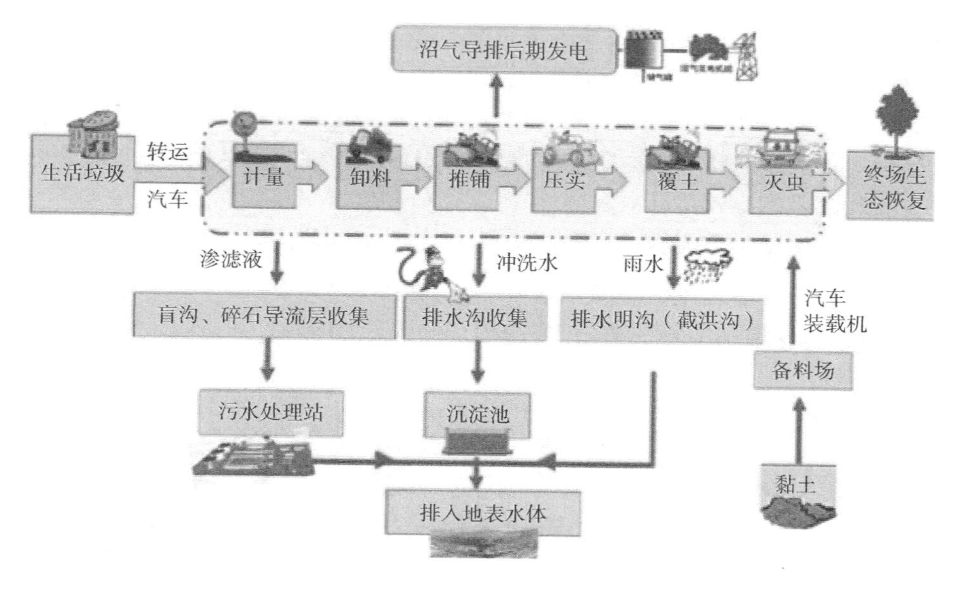

图 1-9　生活垃圾填埋作业流程图

为 20～30 cm，通常 4 层厚度组成一个大单元，上面覆土 50 cm。10 m 厚的大分层之间通常需建立车辆通过的平台，供垃圾车进场使用。要求覆盖的黏土，以渗透率小的为佳。图 1-10 为卫生填埋场剖面图。

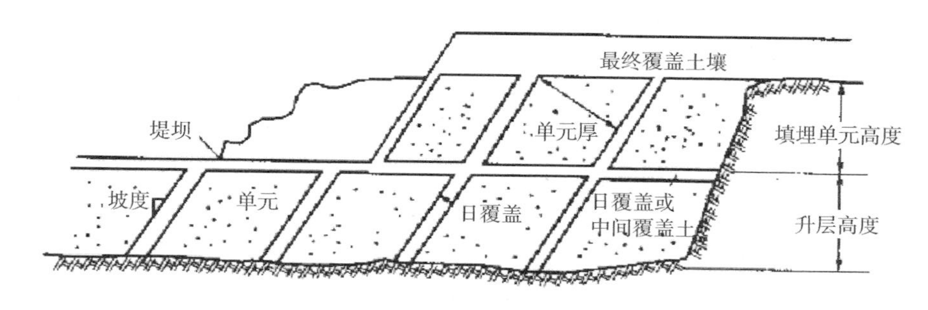

图 1-10　卫生填埋场剖面图

填埋时，各单元的建立应服从填埋场的总体设计，一般由先建立的单元从右至左或从左至右推进，然后从前向后延伸。左、中、右之间的连线应该呈圆弧形，使覆盖后面上排水能畅通地流向两侧进入排水沟、边沟等，以减少雨水渗入垃圾体内，前后上部的连线应呈一定的坡度。填埋后纵向坡度在设计时应根据堆高、垃圾体坡度的稳定和排水等要求来确定。填埋时应服从总体设计的堆高要求。一般要求外坡为 1∶4，顶坡不小于 2%。单元厚度达到设计厚度后，可进行临时封场，在上面覆盖 45～50 cm 厚的黏土，并均匀压实。还可以再加 15 cm 厚的营养土，种植浅根植物。最终封场覆土厚度应大于 1 m。最终封场后至少 3 年内（即不稳定期）不得作任何方式的使用，并要进行封场监测，注意防火防爆。有资料表明，沼气的产生期可长达 50 年，当然，后期产生量很少。填埋场终了，要视其今后规划的使用要求来决定最终封场要求。通常作绿地、休闲用地、高尔夫球场、园林等，亦可以作建材预制场、无机物堆放场等。

垃圾填埋场由于所处的自然条件和垃圾性质的不同，如山谷型、平原型、滩涂型，其堆高、运输、排水、防渗等各有差异，在工艺上也会有一些变化。这些外部的条件，对填埋场的投资和运营费用影响很大，需精心设计，如图 1-11 所示。

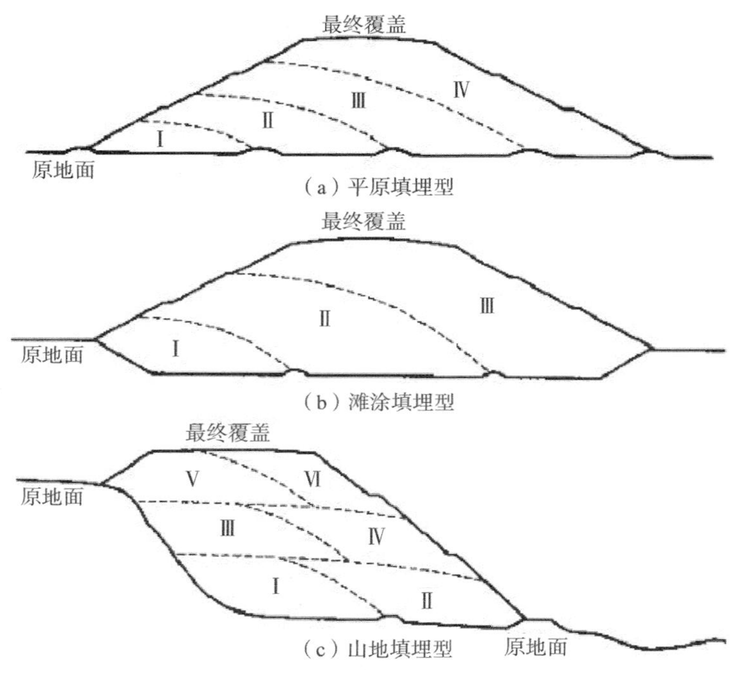

图 1-11　填埋场类型

（3）填埋场的规划和选择

垃圾卫生填埋场设计是否成功的关键在于场址的选择，理想的卫生填埋场场址除应符合《生活垃圾卫生填埋技术规范》（CJJ 17—2004）强制性条文外，还应满足城市总体规划、环境规划及城市环境卫生专项规划的要求，符合当地城市环境卫生事业发展规划的要求；场地要交通方便、运距合理、库容足够、拆迁工作量小；填埋场对周围环境不应产生影响或对周围环境的影响不超过《生活垃圾填埋场污染控制标准》（GB 16889）等规范的规定；填埋场应与当地的大气防护、水土资源保护、大自然保护和生态平衡相一致；填埋场地的工程地质、水文地质条件和环境地质条件要好；地形、地貌要适宜，覆盖土源要充足，且与城区距离要适中等。因此选一个理想的填埋场场址是非常困难的，要完全符合上述要求也是不可能的，因此，垃圾卫生填埋场场址选择必须对各种不利因素进行综合权衡，对场址的缺陷问题，必须有针对性地采取措施。

在填埋场选址时，应尽量选择远离居民生活区、工业生产区，避开洪水危险地段、地下水保护区、饮用水源，尽量避开地质构造带、断裂带、岩石塌方、滑坡、岩溶和雪崩等不良地质现象发育地段；应优先选择地下水位较低、土质结构好、抗渗性强、地基承载力高的闲置地域，或选择废弃的制砖场、天然的冲沟谷地、自然凹地、闲置荒地以及交通运输畅通的地域；环境保护目标区域的地下水流向下游地区及夏季主导风向的下风向等地域作为垃圾卫生填埋场的备选方案。这样可以保证卫生填埋的效果，降低建场投资，减少对周围环境的影响。填埋场设计根据场地自然条件和水文地质条件，可分别采取"深挖低堆"或"浅挖高堆"的设计方案，并通过技术经济指标的对比，以满足工程需要为原则。

（4）填埋设备

生活垃圾卫生填埋场使用的填埋设备，主要有垃圾压实机、推土机、铲土机、喷药车等。其主要用途是完成填埋场场地整理和垃圾填埋作业过程中的推平、压实、取土、转运等工序。设备作业能力和数量的选择视填埋场规模与作业方式而定。图 1-12 为几种常用的填埋场用机械设备。

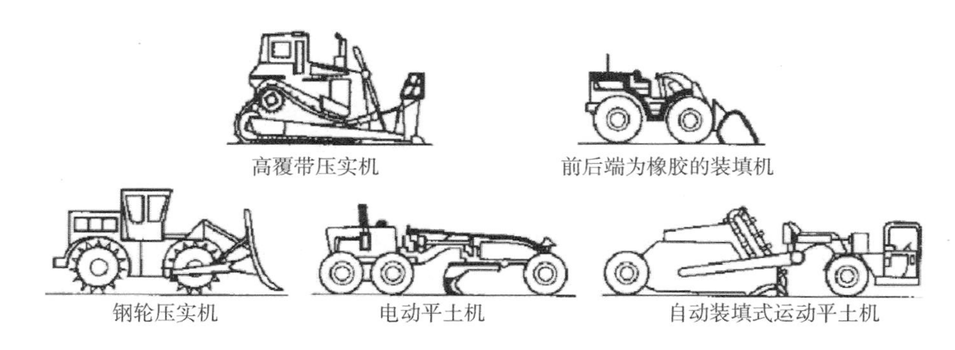

图 1-12　填埋场用机械设备

1）垃圾压实机。垃圾压实机是填埋设备中最为重要的，作业时利用前推板推平垃圾，利用专门设计有压实齿的压实轮碾碎和压实垃圾，并摊平和压实覆土。强有力的压实设备能增大垃圾的压实程度，使垃圾体密度增大，以延长填埋场的使用年限，降低填埋场的单位投资（元/t 垃圾），并使填埋作业面较紧密，填埋机械不易沉陷；还可以减少填埋后垃圾体的不均匀沉降，有利于排渗导气系统的稳定和垃圾体总体上的稳定性。

2）推土机。推土机用于辅助垃圾压实作业，集中零散垃圾，协助推平垃圾。一般选用不易沉陷的中低接地比压、液压操纵的履带式推土机。对于大型垃圾填埋场或者气候条件属多雨潮湿地区的填埋场应选择较大功率推土机，可当拖车使用。履带式推土机一般国内都有，只是大功率的还需进口。

3）铲运机。铲运机是集挖掘、装载、运输功能于一体的多用机械。主要在垃圾填埋场覆土的取土较远或较分散的情况下使用。一机多用，兼有前后动力，能轻易爬越陡坡以及在凹凸不平的交通道路上快速行驶，再加上自行铲装运输的性能，是高效地搬运大量覆盖物的好机械。

4）挖掘机、装载机。挖掘机和装载机主要用于垃圾卫生填埋场挖、装覆土及铺路用石子等。当覆土为多年堆置较坚硬时采用挖掘机，而覆土松散可采用装载机。在相同功率下一般装载机装载能力大于挖掘机装载能力。在大型填埋场二者可以都配备，互为弥补、备用。再小的填埋场也应最少选取一台其中一种机械，而其能力的选择视其自卸卡车的斗容量而定，一般满车装载为3～4次。

5）自卸卡车。自卸卡车是垃圾填埋场正常运转中覆土及铺路运石必不可少的运具。在选择卡车数量及载重量时应考虑填埋场规模、每日覆土量、覆土暂存地与填埋场距离等因素，并考虑备用。因铺路不是每日进行，所以在覆土用车数量上多加一辆即可满足使用。

6）喷药洒水车。一般填埋场只需用一辆，集喷洒药液与洒水功能于一体。喷药洒水车主要用于保证填埋场环境卫生，防止十分恶劣的填埋物滋生蚊蝇、鼠疫，防止干燥天气尘土飞扬，使填埋场真正做到卫生处置、科学管理。喷药洒水车为改装车辆，选用时可考虑与场用自卸卡车相同底盘，以方便维修。

（5）填埋技术类型和稳定化过程

在我国，垃圾卫生填埋主要可以分为以下几种类型（见图1-13）：

1）普通的厌氧填埋。垃圾填埋体内无须供氧，基本上处于厌氧分解状态。由于无须强制鼓风供氧，结构简单，降低了电耗，使投资和运营费大为减少，管理变得简单。同时，这种填埋方式不受气候条件、垃圾成分和填埋高度限制，适应性广。该方式操作流程较为简单，填埋操作十分便捷，但主要的缺点是卫生方面达不到国家的标准，在一些比较发达的国家中已经淘汰了这种填埋方式，在我国的一些地区，这种填埋方式还在使用。

2）厌氧卫生填埋。这种填埋方式没有排污和导气系统，它的标准也是比较低的，达不到国家卫生标准的要求，在比较发达的国家中，这种填埋方式也是禁

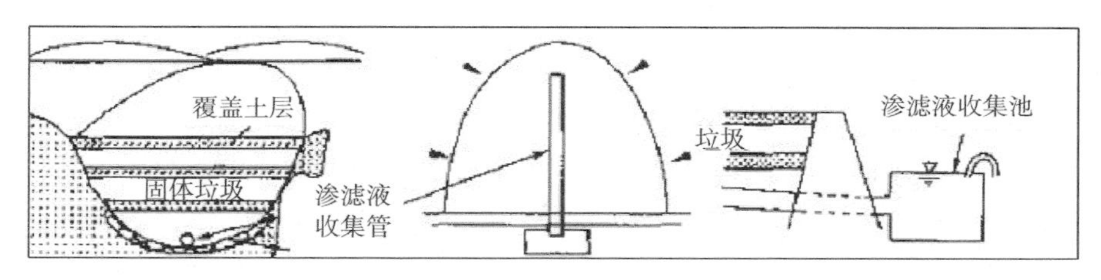

厌氧型卫生填埋场

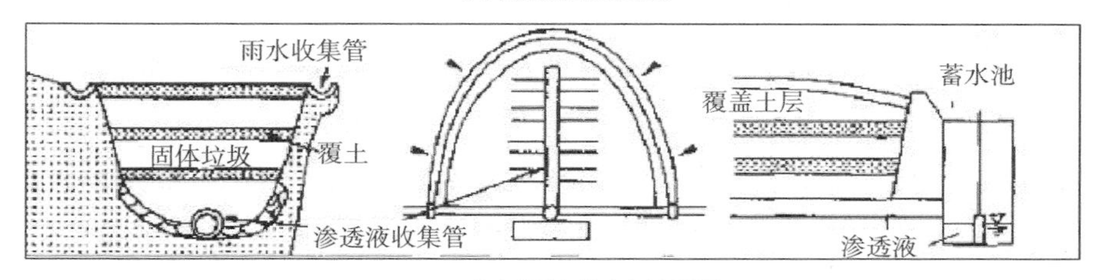

改良厌氧型卫生填埋场

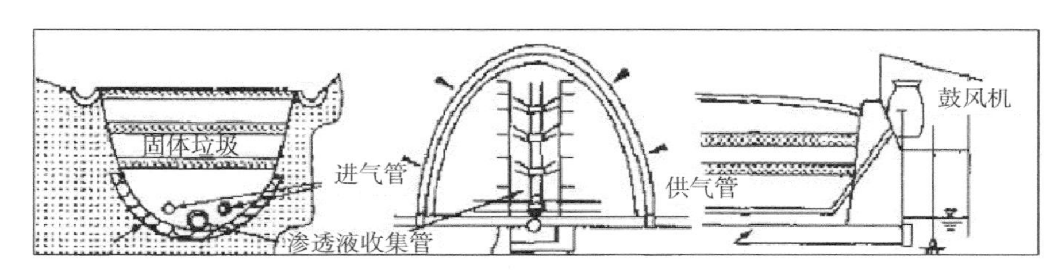

好氧型卫生填埋场

图 1-13 常见填埋场结构

止使用的，而我国许多的地区都在使用这种填埋方式。

3）改良之后的厌氧型卫生填埋。改良型厌氧垃圾卫生填埋场除选择合理的场址外，通常还有一系列配套设施。这种填埋方式的卫生条件可以达到国家的要求和标准，而且操作起来也比较简单，很多国外城市都采用这种填埋方式进行垃圾处理，在我国的一些一线城市中也出现了改良型厌氧卫生填埋场。

4）好氧型卫生填埋。好氧填埋是在垃圾体内布设通风管网，用鼓风机向垃圾体内送入空气。垃圾有了充足的氧气，分解加速，垃圾性质较快稳定，堆体迅速沉降，在反应过程中产生的较高温度（60 ℃左右），使垃圾中的大肠杆菌等得以消灭。由于通风加大了垃圾体的蒸发量，可部分甚至完全消除垃圾渗滤液。因此，填埋场底部只需作简单的防渗处理，不需布设收集渗滤液的管网系统。好氧填埋适用于干旱少雨地区的中小型城市，适用于填埋有机物含量高，含水率低的生活垃圾。该类型的填埋场，通风阻力不宜太大，故填埋体高度一般都较低。这种填埋方式的卫生条件好，垃圾腐蚀快，但是，好氧填埋场结构较复杂，施工要求较高，单位造价高，有一定的局限性，故其采用不是很普遍。

5）准好氧型卫生填埋。准好氧填埋类似好氧填埋，仅供氧量相对较少，其机理、结构、特点等与好氧填埋类似。这种填埋方式取得的效果也是比较好的，但它的操作也和好氧型卫生填埋一样比较烦琐，所以，在实践中也是很少的。

填埋场稳定化，是一个同时进行物理、化学和生物反应（生物反应占主导地位）的复杂而又漫长的过程，一般要持续几十年甚至上百年。生活垃圾进入填埋单元后就开始经历一系列机理复杂的稳定化过程，主要表现在有机物的无机化和腐殖化两个方面。一方面，复杂的有机物质在填埋单元厌氧微生物的作用下，分解成较为简单的无机物，如二氧化碳、甲烷、氢气、水、氨气等；另一方面，在有机物降解过程中形成的中间产物经缩合后变成新的复杂腐殖质。根据垃圾的分解过程，大体上可将填埋场稳定化过程分为五个阶段，即初始调整（Initial adjustment）阶段、过渡（Transition）阶段 、酸化（Acid）阶段、甲烷发酵（Methane fermentation）阶段和成熟（Maturation）阶段，如图 1-14 所示。

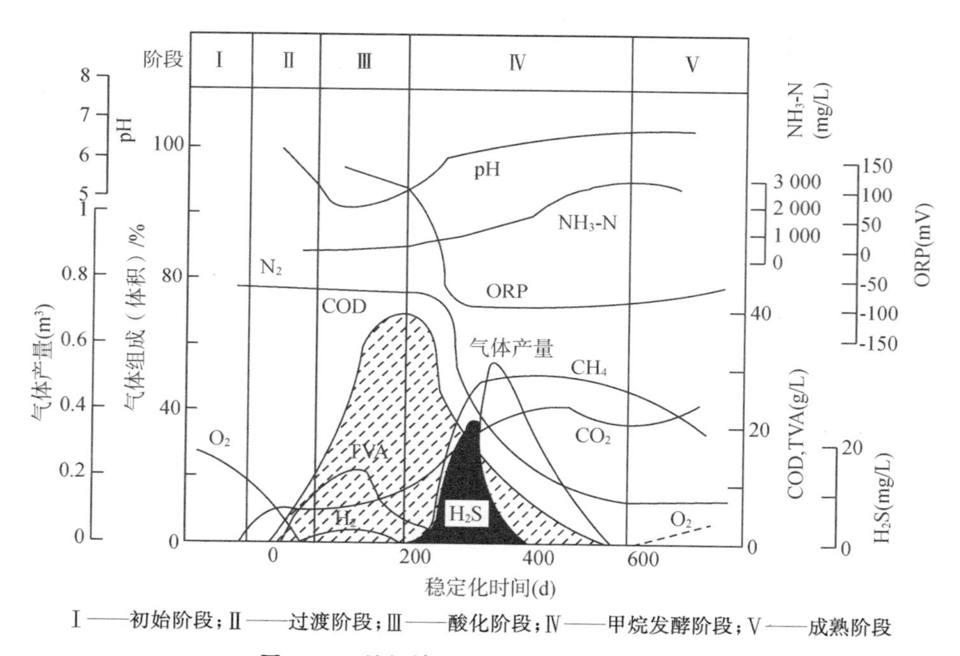

Ⅰ——初始阶段；Ⅱ——过渡阶段；Ⅲ——酸化阶段；Ⅳ——甲烷发酵阶段；Ⅴ——成熟阶段

图 1-14 垃圾填埋生物反应器的稳定阶段

初始调整阶段：垃圾填入填埋场内，填埋场稳定化即进入初始调整阶段。此阶段内垃圾中易降解组分迅速与填埋垃圾所夹带的氧气发生好氧生物降解反应，生成 CO_2 和水，同时释放一定的热量，垃圾温度明显升高。

过渡阶段：在此阶段，填埋场内氧气被消耗尽，填埋场内开始形成厌氧条件，垃圾降解由好氧降解过渡到兼性厌氧降解，起主要作用的微生物是兼性厌氧菌和真菌；垃圾中的硝酸盐和硫酸盐分别被还原为 N_2 和 H_2S，填埋场内氧化还原电位逐渐降低，垃圾渗滤液中的 pH 值开始下降。

酸化阶段：填埋气中的 H_2 含量达到最大，填埋场稳定化即进入酸化阶段。在此阶段，对垃圾降解起主要作用的微生物是兼性和专性厌氧细菌，填埋气的主要组分是 CO_2，垃圾渗滤液中的 COD、VFA（挥发性脂肪酸）和金属离子浓度继续上升至中期，达到最大值，此后逐渐下降，同时，pH 值继续下降至中期，达到最低值（5.0 甚至更低），此后慢慢上升。

甲烷发酵阶段：当填埋气 H_2 含量下降至很低时，填埋场稳定化即进入甲烷发酵阶段，此时，产甲烷菌将醋酸和其他有机酸以及 H_2 转化为 CH_4。在此阶段前期，填埋气中的 CH_4 含量上升至 50%左右，垃圾渗滤液中的 COD、BOD_5 及金属离子浓度和电导率迅速下降，垃圾渗滤液中的 pH 值上升至 6.8～8.0；此后，填埋气中的 CH_4 含量和垃圾渗滤液中的 pH 值分别稳定在 55%和 6.8～8.0，垃圾渗滤液中的 COD、BOD_5 及金属离子浓度和电导率则缓慢下降。

成熟阶段：当垃圾中生物易降解组分基本被分解完时，填埋场稳定化就进入了成熟阶段。此阶段，填埋气的主要组分依然是 CO_2 和 CH_4，但其产率显著降低，垃圾渗滤液中常常含有一定量的难降解腐殖酸和富里酸。

填埋场垃圾稳定过程如图 1-15 所示。

（6）生活垃圾填埋产生的二次污染及危害

生活垃圾填埋场二次污染是指倾倒进填埋库区的生活垃圾在填埋库区内部经过微生物分解等作用，改变了原来的化学性质，产生了新污染物的过程。我国中东部发达地区城市生活垃圾中可降解有机物含量比较高，加上我国垃圾分类工作正处于起步阶段，很多有害垃圾比如废旧电池、荧光灯管、电路板等并未单独收集处置，而是直接混入生活垃圾后进入了填埋场，因此，我国垃圾填埋场接收的居民生活垃圾的成分比较复杂。垃圾在填埋库内经过酸化、厌氧、腐化、分解作用产生大量的甲烷聚集物、硫化氢、氨气、甲硫醇等有毒有害气体和酸脂类、酮酸类物质和垃圾渗滤液，同时会引发臭气、蚊蝇等一系列负面环境影响。如图 1-16 所示。

1）垃圾渗滤液。入场生活垃圾中的有机物在微生物厌氧作用下被分解产生的水分加上垃圾自身的含水、库区运行过程中混入的自然降水、地表径流、地下水等共同形成了垃圾渗滤液。渗滤液污染物浓度高、成分复杂，而且随着填埋年限的推移和垃圾成分的变化，各个阶段的垃圾渗滤液成分会不同。垃圾渗滤液中大多都含有难被微生物降解的酚类和苯胺类化合污染物，若不采取严格的

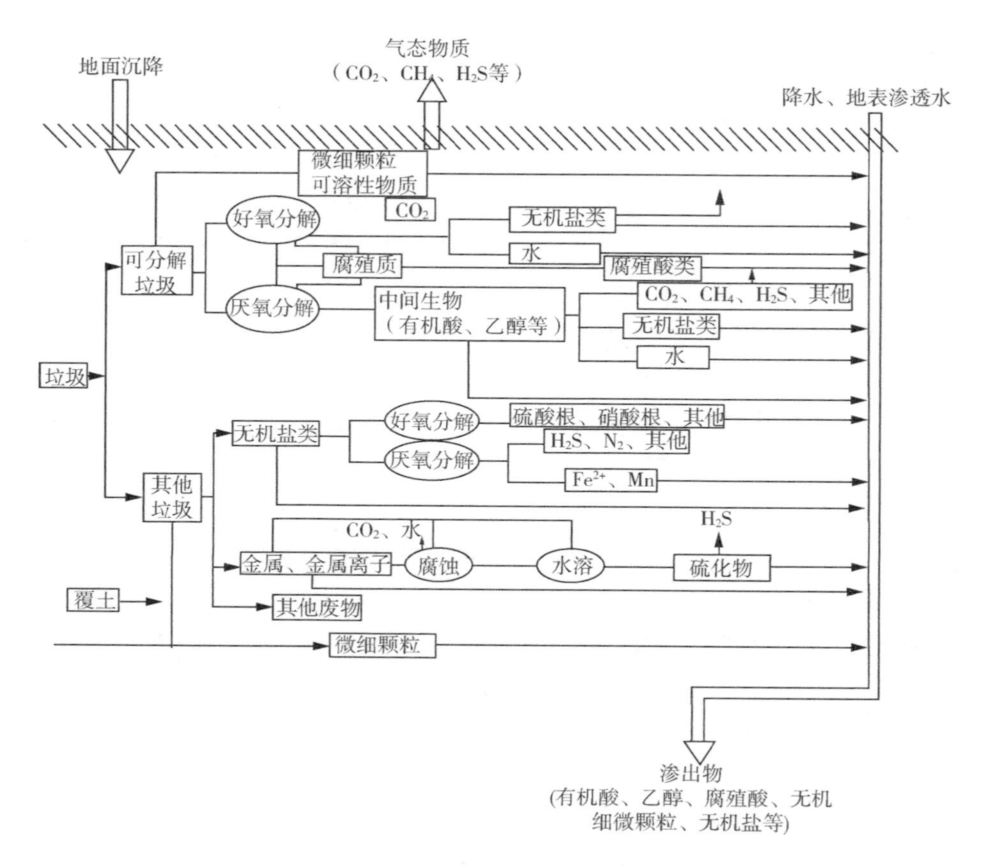

图 1-15　填埋场垃圾稳定过程

防渗措施，一旦通过地层向外泄漏，势必会给库区外的地表水及地下水造成极其严重的污染，它不仅会导致生态环境恶化，而且将直接危害到人类的健康。

图 1-16　填埋场二次污染现象

2) 填埋气。填埋场气体是垃圾降解的主要产物之一。用重型压实机压实的垃圾，在填埋场隔绝空气的状态下，其中的易腐有机物经微生物厌氧反应，在产生甲烷、乙烷等易燃易爆气体的同时，也还原产生氨气、硫化氢、甲硫醇等多种刺激性恶臭气体。甲烷类易燃易爆气体如不能及时收集、处置，将会造成很大的安全运营隐患。氨气、硫化氢、甲硫醇等刺激性恶臭气体如果不能及时处置也会对周边环境和居民造成很大的影响。

3) 其他二次污染。受垃圾分类不彻底的影响，进入填埋场的生活垃圾包含了剩菜剩饭、废旧电池、荧光灯管、水银温度计、电路板、废机油、油漆桶、病死生物、医疗废弃物等，成分十分复杂。厨余类垃圾会滋生蚊蝇四害，传播传染疾病；电子类垃圾会释放出铅、汞、镉等重金属，污染土壤和地下水环境并最终进入食物链。这些有害生物和有毒物质如果不能控制在填埋场内部，将对周边环境和居民造成极大影响。

(7) 生活垃圾填埋二次污染物控制措施

为了减少对周围环境的破坏，生活垃圾填埋场的垃圾处理方式需要改进。一是依靠技术革新做好垃圾渗滤液及危害气体的处理和收集；二是对垃圾填埋场进行封场，减少污染气体和渗滤液向周围扩散。做到降低污染物产生量、资源回收利用和无害化处理。

1) 填埋库区的防渗系统。当填埋场场底分布的岩土层不能满足防水性能要求时，应采取防渗处理，包括水平防渗系统和垂直防渗系统，避免污染地下水和地表土壤。

① 水平防渗。如填埋场场址内分布的岩土层抗渗性能较差(填埋库区底部岩土层渗透系数值$>1\times10^{-7}$ cm/s)，岩土层的渗透系数值达不到天然防渗的要求时，在填埋场库区底面和侧壁铺设人工防渗膜或天然防渗材料进行水平防渗，以防填埋场内的渗出液渗入地下，污染地下水。目前，填埋场水平防渗设计多采用高密度聚乙烯(HDPE)防渗膜，膜厚 1.5 mm，渗透系数$<10^{-13}$ cm/s，HDPE 膜是一种较先进的高性能防渗材料，它能承受一定的拉力和伸长变形，适应地基不均匀沉降性能较好，具有较好的抗微生物侵蚀和抗化学腐蚀性能；对外界环境的温度及紫外线的影响适应力强，使用寿命可达 50 年左右，而防渗衬层的铺设位置及方式受填埋场区地质、水文地质条件的制约。

② 垂直防渗。垂直防渗用于填埋场地面以下分布有良好的、且具有一定厚度的隔水层(不透水层)，其渗透系数值$<1\times10^{-7}$ cm/s。为了使填埋区内的地下水与外界地下水隔离，在填埋场四周设置垂直防渗帷幕，帷幕深入不透水层的一定深度，以防止周边地下水遭受污染。对于低山残丘类型填埋场，由于组成冲

沟两侧的微风化岩层一般隔水性能较好，可以阻挡场地污水外流。因此，垂直防渗帷幕墙设置在冲沟下游谷口，利用截污坝处进行垂直防渗，帷幕墙与冲沟两边微风化岩相连接，将流入整个山谷的地下水进行隔离封闭。垂直防渗比水平防渗投资少。

③ 设置多重屏障防渗。有时单靠一道屏障不能达到严格防止地下水污染的要求。在特殊情况下往往需要设置两道屏障进行防渗，除铺设水平人工防渗层外，另在谷口截污坝处设置垂直防渗帷幕墙与沟两侧基岩连接，使坝体与两侧谷坡基岩构成一个相对不透水的整体，阻止垃圾库区内流出的地下水继续渗漏，使之流入位于垃圾坝和截污坝之间的污水调节池内，等待处理，这是第二道屏障。

无论采用何种类型的防渗措施，都取决于填埋场场址库区环境地质条件、工程地质条件和水文地质条件。准确评价场地岩土工程条件是选择防渗方案的重要依据所在。

《生活垃圾卫生填埋技术规范》(CJJ 17—2004)中要求填埋场必须进行防渗处理。防渗方式主要包括黏土防渗和 HDPE 膜防渗两种。前者要求黏土层渗透系数不大于 1×10^{-7} cm/s，厚度不小于 2 m；后者要求 HDPE 膜厚度不小于 1.5 mm。典型防渗结构见图 1-17。

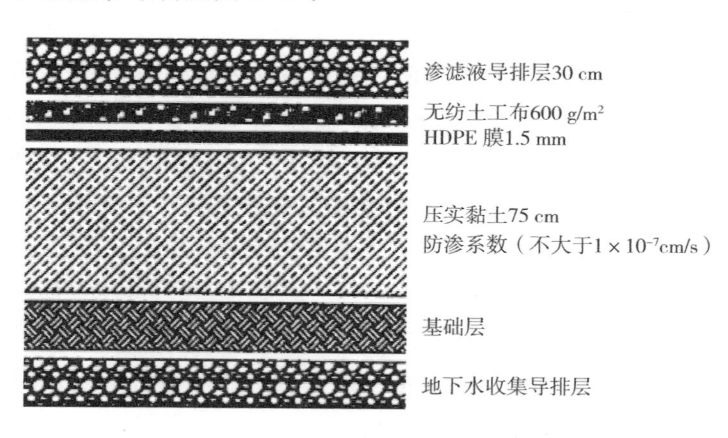

图 1-17　典型填埋场水平防渗结构

2）垃圾渗滤液处理策略。2000 年前，我国生活垃圾填埋场的渗滤液处理规模较小，许多填埋场的垃圾渗滤液都是未经处理直接排放。目前，新建的垃圾卫生填埋场均配套垃圾渗滤液处理设施。渗滤液处理技术主要包括单纯的生化处理、生化＋单/多级膜分离、膜分离技术、蒸发技术等，多组合的渗滤液处理工艺应用最多。如图 1-18 所示为“预处理＋生化＋深度处理”主流处理工艺流程图。

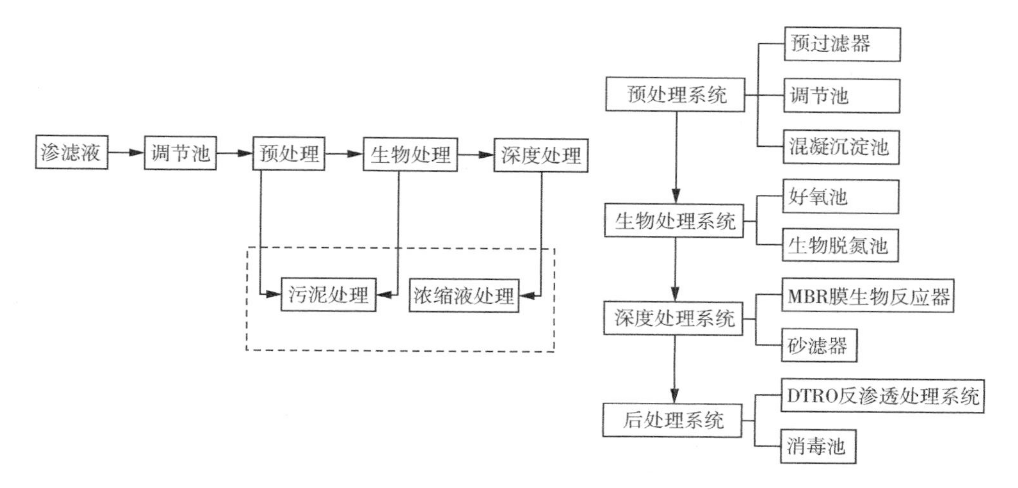

图 1-18　"预处理＋生化＋深度处理"主流处理工艺(预处理解决氨氮、无机物,提高垃圾渗滤液的可生化性,为生化处理打下基础;生化处理去除溶解性有机物、氨氮;深度处理,进一步去除难降解有机物、悬浮物、氨氮等)

① 生化＋物化。采用"生化＋物化"工艺技术处理垃圾渗滤液,可以有效降解、消除污染物,但受不可生化降解残余物存在的限制,一般仅可以达到三级排放标准。目前,国内垃圾渗滤液处理工艺仍以生化处理方法为主,包括厌氧法(AFB,UASB)、好氧法(SBR)、氨吹脱、活性炭吸附等技术。

② 高压膜分离。采用高压膜分离工艺技术处理垃圾渗滤液,可以有效分离水与污染物,达到一级排放标准,但由于膜分离处理不能降解、消除污染物,相应地会产生大量更难处理、处置的浓缩污水。膜处理技术对污染物有很高的去除率,但投资和运行成本较高,在国内一些大城市已经逐步开始采用。

③ 生化＋物化＋膜分离。采用"生化＋物化＋膜分离"工艺技术处理垃圾渗滤液,可以达到一级排放标准。其中,生化处理过程可以有效降解、消除污染物,膜分离处理过程可以有效分离、去除不可生化降解的残余污染物,但也会产生少量的浓缩污水。

④ 回灌处理。在我国北方地区,由于气候干旱,蒸发量远大于降雨量,因此垃圾渗滤液产生量相对较少。出于技术和经济的原因,部分填埋场采用了回灌的方法来处理垃圾渗滤液,运营成本相对较低。

⑤ 排入城市污水管网。部分填埋场采用现场对垃圾渗滤液进行一定处理,再将其排入城市污水管网,最终与城市污水一起处理的方式。与市政污水产生量相比,垃圾渗滤液量所占的比例很小,不会造成明显的冲击负荷,可达到较好的处理效果。国外的研究也表明,BOD_5和氨氮的平均浓度不超过全部污水负荷

的1%～2%时，渗滤液有利于城市污水的处理。

⑥ 其他技术。进入21世纪后，膜生物反应(MBR)、纳滤(NF)、反渗透(RO)、碟管式反渗透(DTRO)等工艺开始应用于渗滤液处理工程中。MBR工艺的研究始于20世纪60年代的美国，70年代以后，日本也开始大力开发和研究MBR工艺在废水处理中的应用，而MBR在我国的研究始于1993年，其最早是应用于中水回用领域，并取得了良好的处理效果。从21世纪开始，MBR工艺开始应用于我国的渗滤液处理实践中，同样取得了很好的效果，目前，与膜工艺的组合，已发展为渗滤液处理的主流工艺。

3）填埋气的收集和处理。对填埋气体进行收集和处理，不仅可以减少环境污染，同时也对减少温室气体排放作出了贡献。当填埋气体产生规模较大时，还可以进行发电或进行回收利用。填埋气的收集技术包括：①竖井收集系统。最早使用的填埋气收集技术就是竖井收集体系，主要做法是在填埋操作以后，借助于机械的形式创建竖井体系。②表面收集系统。填埋场在实现覆盖以后，就能够设定对应的收集体系。整个体系就是由排气管构成的收集网，填埋气通过排气管传递到体系中的中央采气点后被收集。③水平收集系统。当垃圾填埋到某个高度以后，在填埋场里安装水平收集主管，然后将管道中获取的气体集中到主收集管里。

填埋气的应用有直接燃烧和发电。直接燃烧是对填埋气体进行一些处置以后，直接供应给工业与温室使用者。其经济效益主要是来自填埋场到使用者的距离与发生源的持续性。发电应用系统由填埋气收集燃烧体系与发电体系构成，收集气体以后，将其传递到内燃发电机组，通过燃烧转变成电能传递出去。如图1-19所示。

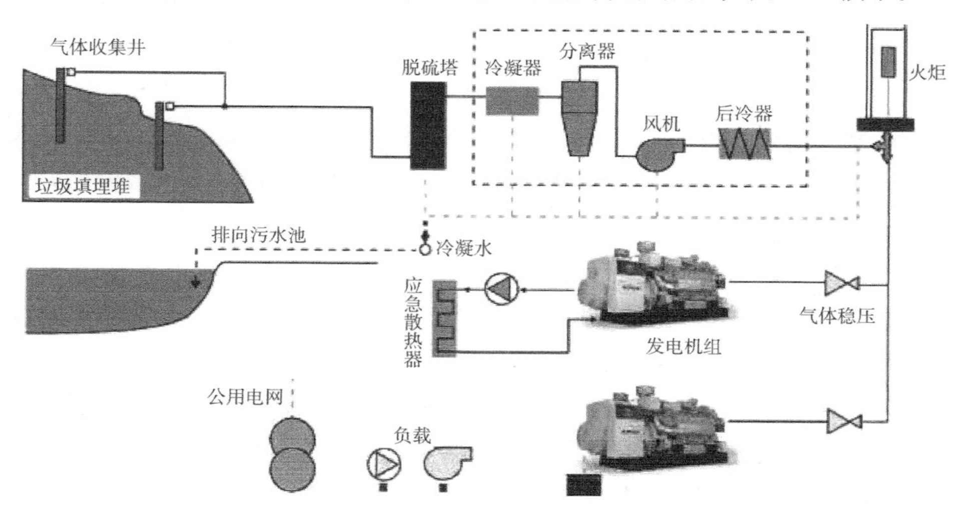

图1-19　填埋场发电流程示意图

4）封场系统。大规模建设的填埋场在使用5～10年后，卫生填埋场陆续被填满，部分卫生填埋场面临着库容逐渐饱和甚至超负荷填埋的情况，需要进行封场修复。场地封场是有效保护填埋工作环境、保障垃圾填埋后填埋场的安全腐熟，使垃圾填埋场有效恢复的必然手段。封场工程主要包括填筑材料选择、施工的机械选择以及边坡处理和管道安装等各方面，如图1-20所示。采取封场之后能够有效地减少雨水向库区的渗入，也可以尽量降低填埋气的产生以及气体的无序排放，还能够通过回收利用沼气来降低滑坡的概率，同时让垃圾堆体逐渐变得更加稳定，所以，生活垃圾卫生填埋场的封场工作是非常重要的。垃圾填埋场封场工程施工质量不仅关系到工程项目自身的使用功能，对场地周边的环境、资源也存在重要影响。如发生封场质量不合格导致的污染外泄问题，极易引发环境保护事故。严重的可能会导致周边大面积土地资源或水资源污染。

垃圾填埋场封场工程建设项目完成后，需要通过环境监测对填埋场持续管理。除应当对渗滤液、气体等直接数据进行监测外，也应当对地下水、地表水、场地沉降等间接数据进行必要的监测。一般在每季度对渗液收集井内的液体进行监测，监测结果应当符合相关文件的技术要求。气体监测可利用甲烷监测仪作业，监测应当采取随机采样的方式，以便了解本工程气体成分的变化情况。场内地下水监测应当根据降水数据变化分期进行，重点在丰水期与枯水期进行，每期采样次数大于5次，时间间隔应当小于3个月。地表水的检测需要对氮、磷、汞、铬、砷等元素进行化学检测，并关注pH值、粪大肠菌群数等特征性指标。沉降监测可通过GIS系统配合GPS系统进行，以信息化数据分析控制沉降速度。当沉降速度大于0.01 m/年时，应当采取必要措施。

图1-20　填埋场封场工程建设

2. 垃圾焚烧技术

焚烧是一种高温热处理技术，即以一定量的过剩空气与被处理的有机废物在焚烧炉内进行氧化燃烧反应，废物中的有害有毒物质在800～1 200 ℃的高温下进行氧化、热解而被破坏。垃圾焚烧产生的高温烟气可作为热量回收利用，焚烧产生的废渣由于其性质稳定可直接填埋处置。固体废物经过焚烧，一般体积会减少80%～90%。

焚烧厂占地面积小、处理量大、处理时间短、减容性好、无害化较彻底，规模较小易实施，不易受天气的影响，可使垃圾的有害成分完全分解，还可回收垃圾焚烧余热用来发电或供热，对于经济发达的城市尤为重要。焚烧法是一种可同时实现生活垃圾无害化、减量化、资源化的最有效的处理技术。同时，焚烧法适宜处理有机成分多、热值高的废物，而生活垃圾中的废塑料等可燃成分较多，具有很高的热值，采用科学合理的焚烧方法完全是可行的。

3. 堆肥处理技术

堆肥法是利用自然界广泛存在的微生物（细菌、放线菌、真菌等）或商业菌株，有控制地促进可被生物降解的有机物向稳定的腐殖质转化的生物化学过程。这一过程也是地球表面生态过程的一部分，它参与着地球表面的物质和能量循环。

堆肥法处理是一种非常廉价且能资源化利用城市生活垃圾的方法。对于城市生活垃圾中不能直接回收利用的废物，包括来自街道绿化带及公园的绿色废物、厨房的生物废物及其他任何可堆肥的物质，当它们不能直接循环使用时，都可以用堆肥法进行处理。在人为控制条件下，堆肥法处理可以将固体废物中的有机物转化成有机肥料，这种有机肥料作为堆肥化的最终产物，不仅性能稳定，而且对环境的危害甚小，是各种有机固体废物无害化与资源化的有效处理的途径之一，是集处理和资源循环利用于一体的生物方法。

堆肥是有机质分解、腐殖化（即腐殖酸和腐殖物质形成）的过程。因此，如果它用来作为生物修复选择，它作为稳定剂，发挥了重要的作用，作为洗涤剂，因为它是腐殖酸的好来源，可以添加在处理重金属污染的土壤中。堆肥化的目的是稳定土地的废弃物和大量减少固体废弃物的体积，并将有机物质返回到自然循环。城市生活垃圾堆肥和其利用生产面临的主要障碍源于堆肥原料的差异（表1-6）。城市生活垃圾的组成会根据气候、生活水平、垃圾回收系统类型和季节发生变化。

表1-6　适合堆肥的原料

适宜的堆肥材料	不适宜的堆肥材料
污水、污泥； 工业废料（如食品、纸浆和纸张）； 院子和花园废弃物； 市政固体废弃物（多达70%的有机物重量）； 软修枝、剪报和树叶； 厨余垃圾，如果皮、泡茶袋和蛋壳； 纸张切碎，与切碎的草混合，谨慎使用	煤的灰分； 金属、玻璃和塑料； 尿布； 杂草的根部，如旋花

(1) 技术原理

垃圾堆肥是利用微生物,人为地促进可生物降解的有机物向稳定的腐殖质转化的微生物反应过程。在生物化学反应过程中,垃圾中的有机物与氧气和细菌相互作用,释放出二氧化碳、水和热量,同时生成腐殖质,用作土壤改良剂。

根据处理过程中起作用的微生物对氧气的不同需求,可以把有机废物堆肥处理分为好氧堆肥和厌氧堆肥。

好氧堆肥是指有机废弃物在有氧气(空气)环境下的分解,这一过程中的产物包括二氧化碳、氨、水和热量。采用好氧堆肥工艺生产堆肥,在发酵过程中可通过机械通风、机械搅动、机械翻堆等方式来保证氧气供应。好氧堆肥工艺通常包括初级发酵和次级发酵,初级发酵是堆肥发酵的第一阶段,微生物快速分解原料中的有机组分。次级发酵是堆肥的熟化阶段,在初级发酵之后,微生物低速分解在发酵过程中难以降解的有机物和发酵中间产物。有机物的好氧堆肥分解过程如下:

堆肥有机物(含C、H、O、N、S、P) —好氧微生物→ 合成 → 细胞物质(微生物繁殖)
　　　　　　　　　　　　　　　　　　　　　　　氧化 → CO_2, H_2O, NH_3; PO_4^{3-}, SO_4^{2-}+能量

好氧堆肥可以用来处理任何类型的有机废物,但有效的堆肥需要正确的配料和合适的条件,其中包括 60%～70%左右的水分含量和 30/1 的碳氮比值,任何显著的变化都能抑制降解过程。一般来说,木材和纸张提供了大量的碳源,而污泥和食物废弃物则提供氮气。为了确保有足够的氧气供应,自始自终,废物强制或被动通风至关重要。好氧堆肥堆体温度高(50～65 ℃),故亦称之为高温堆肥。由于高温堆肥可以最大限度地杀灭病原菌,同时提高有机物的降解速度,所以,高温好氧堆肥方法是工厂化处理有机固体废物最常用的方法,也是发展最快的技术。

厌氧堆肥是依靠专性和兼性厌氧菌的作用,使有机废弃物在缺乏氧气的情况下进行分解,该过程的产物包括甲烷、二氧化碳、氨和微量的其他气体和有机酸。有机物的厌氧堆肥分解过程如下:

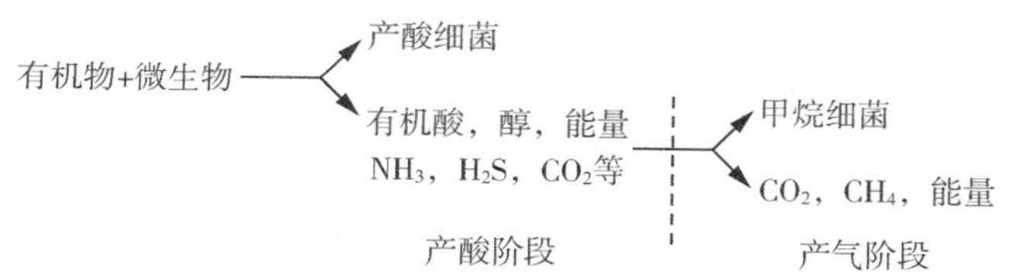

厌氧堆肥在传统上是用来堆肥动物粪便和人类的污水、污泥,降解有机物的生化过程,最近一些城市生活垃圾和绿色废物也常以此方式处理。有机固体废弃物的厌氧消化,特别是城市固体废弃物的有机组分,对固体废弃物的管理具有

重要意义，因为在大多数发展中国家，可发酵的有机固体废弃物为生活垃圾的主要组成部分(约占 50%)。考虑到这一点，把厌氧消化应用于这一部分废弃物的处理，将大大减少运往垃圾填埋厂的废物的体积。但此法有机物的分解速度慢，发酵周期长，占地面积大，因此，在有机固体废弃物处理中，厌氧工艺的应用仍不广泛。

(2) 堆肥工艺流程

基于堆肥技术的城市生活垃圾处理工艺，其流程见图1-21。在垃圾处理前，进行有效的预处理，分拣出塑料、金属、玻璃、纺织物、砖瓦、电池等不可堆肥的大件垃圾，不仅可以减少垃圾的处理量，而且可以回收部分资源性物质。其次，对垃圾进行筛选，筛上物进入填埋场进行填埋，厨余类有机物进行堆肥处理，产生的生物气体用来发电或作为燃料。发酵产生的淤泥，经过熟化用作肥料，供给植物生长。以此达到在处理城市垃圾的同时，进行资源化利用的目的。

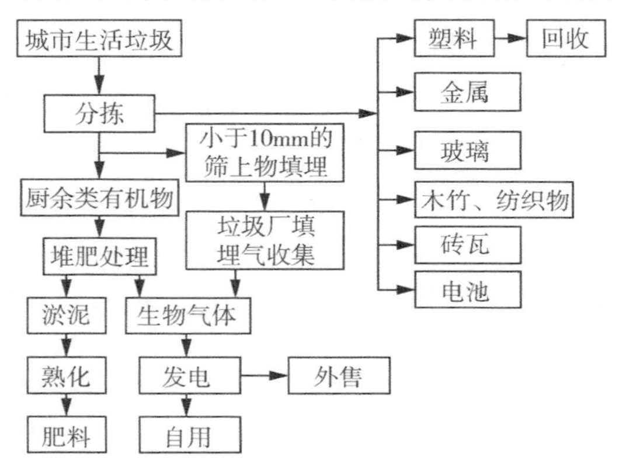

图 1-21　垃圾堆肥处理流程

堆肥技术方法可分为简易堆肥和机械化堆肥，又可分为静态和动态两种操作方式。目前，国内应用较多的堆肥方式主要有以下几种：

1) 自然通风静态堆肥。该法是在一块场地上，将垃圾堆高 2～3 m，一般上部覆土，场底以混凝土硬化并铺设通风排水沟，如图 1-22 所示。腐熟垃圾用铲装机、滚筒筛、皮带机和磁选滚筒等生产堆肥产品。这种方式一般工程规模较小，机械化程度低，采用静态发酵工艺，投资及运行费用较低，应用最广。主要缺点是堆肥过程无法控制，环保措施不齐全，对周围环境影响较大。目前，较大型的该类堆肥厂有厦门前蒲垃圾处理场及天津简易高温堆肥厂。

2) 强制通风静态堆肥。该种方式多为非露天堆场，通过增加通风系统成为强制通风静态系统，一次发酵仓要求能容纳 10～20 d 的垃圾，室内堆高约 2.5 m，设有翻堆和运输通道。目前，四川广汉三丰科技实业有限公司堆肥厂等

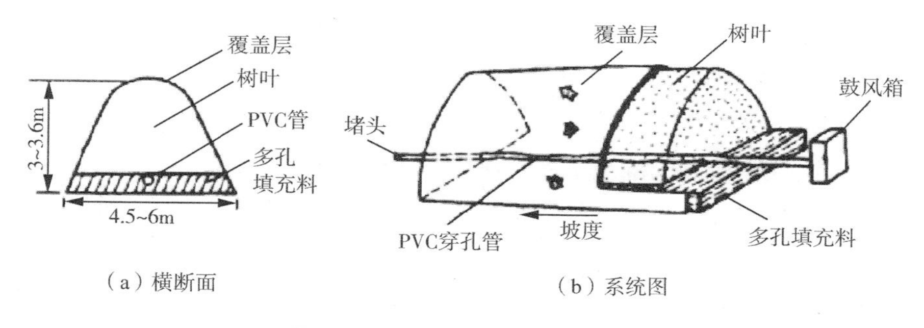

（a）横断面　　（b）系统图

图 1-22　静态通风垛系统示意图

即采用该种方式。

3）机械化高温堆肥。机械化高温堆肥技术工程规模相对较大，机械化程度较高，一般采用间歇式动态好氧发酵工艺，有较齐全的环保措施，投资及运行费用较高。"七五"和"八五"期间，我国相继开展了机械化程度较高的动态高温堆肥的研究和开发，并取得了一些积极成果。无锡、杭州、上海等地已建成了一批机械化程度较高的堆肥厂，具有较完整的前处理、发酵、后处理工艺及设备。其堆肥产品质量、运行操作可靠性、环境质量等指标都达到了较高水平。常州环境卫生综合厂采用间歇式动态高温好氧发酵工艺，所生产的堆肥产品很受当地农民的欢迎。但机械化高温堆肥由于处理成本较高而难以在我国更大范围内推广应用。

（3）存在问题

1）我国城市生活垃圾分类收集制度尚不完善。我国城市混合收集的垃圾杂质含量高，为保证堆肥的产品质量而必须采用复杂的分离过程，导致产品成本过高，如果没有政府的补贴很难正常运行。若不进行分离筛选或分离筛选不彻底就会使垃圾堆肥存在一系列的问题。由于垃圾的混合收集，堆肥产品中含有玻璃、金属以及煤渣、灰土等大量无机物成分，这将直接影响垃圾堆肥的产品质量。此外，由于垃圾堆肥中的煤渣、灰土所占比例较高，引起粗砂和砾石级别的颗粒含量较高，大量使用有可能引起土壤渣化和砾化。虽然垃圾堆肥中有效 N、P、K 的含量明显高于土壤，大约是普通土壤的 10 倍，有机质含量约为普通土壤的 5 倍，但其 N、P、K 的总含量小于 3%，尤其是 K 含量甚至低于土壤中的全 K 含量，无法与无机化肥相比。

2）垃圾堆肥过程中产生的污染问题。由于垃圾分类不彻底，由电池引起的重金属以及其他有毒有害物质的混入将严重影响堆肥产品质量。而在堆肥过程中所产生的恶臭严重影响周边环境。此外，垃圾堆肥处理是针对垃圾中能被微生物分解的易腐有机物的处理，而不是全部垃圾的最终处理，仍有 30%以上的堆肥残余物需要另行处置。

3）垃圾堆肥产品销路不畅。一般堆肥产品只能作为土壤改良剂或腐殖土，其销路取决于堆肥场所在地区土壤条件的适宜性。在黏性土壤地区，特别是南方的红黄黏土、砖红黏土、紫色土地区有较好的适应性。堆肥产品的经济服务半径一般较小，质量较差的堆肥产品通常只能就近销售。而利用其制造的复合肥，由于成本过高，也在与一般化肥和复合肥的竞争中不占优势。此外，堆肥产品销售有其季节性，而垃圾堆肥处理则是连续性的，生产与销售之间存在的这种“时间差”，会增加生产成本。目前，垃圾堆肥化的技术和市场被过分炒作，有些人误将垃圾资源化与垃圾堆肥化等同起来。国内前一阶段上马的多数堆肥化处理场，普遍没有对堆肥产品的市场潜力进行认真、科学的分析，仅仅从不定期运行的、简易小型的垃圾堆肥场的堆肥产品有销路，就武断地认为大型垃圾堆肥场产品也能销售出去，结果造成大批的垃圾堆肥场目前都处于停运状态。

4. 热解气化技术

我国垃圾焚烧经过多年的发展，技术装备不断成熟，高标准设施已经达到国际同类设施先进水平，成为我国城市生活垃圾无害化处理的重要方式。为缓解“邻避效应”，住房和城乡建设部要求到2020年底，全国设市城市垃圾焚烧设施全部达到清洁焚烧标准，其中要求重金属与二噁英类的控制指标不低于《生活垃圾焚烧污染控制标准》(GB 18485—2014)规定。清洁焚烧成为焚烧技术发展的必然趋势，对现有和新建焚烧厂的二次污染控制设施提出了更高的要求。因此，在提升焚烧工艺建设和运行管理标准的同时，固废处理行业也在探索可满足小体量垃圾处理需求、投资小、污染排放水平与先进焚烧技术持平的其他工艺。

热解气化技术是一种新型的垃圾处理技术，与常规的垃圾处理方法相比，该技术具有能源回收率高、二次污染小、烟气量小、后处理设备简单等优势。目前主要的热处置技术分为直接焚烧和热解气化两种。两种处理技术相比，从资源化、能源化利用的角度，直接焚烧是固态非均相燃烧，存在燃烧不充分、温度分布不均等问题，导致效率较低，而热解气化可以将城市生活垃圾转化为成分较为稳定的气、液、固三种类型产品并加以利用，可有效提高其利用效率、利用范围和经济性；从污染物排放角度，由于直接焚烧的不充分性所引起的二次污染，特别是二噁英的排放问题，制约着该技术的广泛应用，而热解气化过程是在贫氧或缺氧气氛下进行，将大大减少SO_x、NO_x和HCl等污染气体的产生，大幅度降低废气排放量，尤其是能有效降低二噁英前驱体的生成量，避免对环境造成二次污染。有害重金属熔化后被固定在炭黑中，从而有效防止重金属类溶出，熔融后的底渣也能转换成有价值的物料，可作基建的填充材料。由此可见，发展热解气化技术是实现城市生活垃圾无害化、资源化、能源化利用的重要途径。

（1）技术原理与特点

热解是指在无氧或缺氧气氛下，利用高温使固体废物有机成分发生裂解，从而脱出挥发性物质并形成固体焦炭的过程，热解工艺主要产物有热解油和固体炭，气体产率相对较低。气化是指反应物在还原性气氛下与气化剂发生反应，生成以可燃气为主的热转化过程，在这里，气化剂主要包括空气、富氧气体、水蒸气、二氧化碳等。在实际过程中，热解、气化反应往往同时存在。对于含有高热值可燃物的垃圾（如废纸、塑料及其他有机物）可采用热解方法进行处理。热解过程如下：

$$\text{有机固体废弃物}\xrightarrow{\text{热解}}\begin{cases}\text{半焦（炭黑、炉渣）}\\ \text{高、中分子有机液体（焦油、芳香烃、有机酸等）}\\ \text{气体（}CH_4\text{、}H_2\text{、}CO\text{、}CO_2\text{ 等）}\end{cases}$$

在传统的垃圾焚烧中，需要使用过量空气以确保垃圾完全燃烧，而在气化中，空气量通常是完全焚烧所需要空气量的 1/5～1/3，垃圾和气化剂在气化炉内发生热化学反应，生成多种可燃气体。该技术能处理不适于焚烧和填埋的难处理物，同时可回收利用生物质能和各种类型的垃圾（如城市生活垃圾），将其变成多种有用的物质，主要是可燃性的气体、液体和以游离碳为主的残渣，可以直接用作化工合成原料和优良的辅助燃料。这使得热解气化生活垃圾成为一种新的垃圾资源化方式，该技术在物质回收和防止环境污染方面远优于焚烧技术，受到世界各国研究者的广泛重视。而我国大城市的生活垃圾中的厨余和餐饮等有机废物比例大，其生物质废物含量高这一特点就很适合利用热解气化技术将其变废为宝，转变成其他有用的物质。但热解气化技术的商业化应用较为困难，其过程中产生的焦油易导致管路堵塞、设备停运，也使其维护、清理工作非常复杂。

（2）热解气化工艺流程

生活垃圾热解气化工艺流程一般包括以下步骤：将生活垃圾运至垃圾坑后，用抓斗将生活垃圾抓到热解气化炉的顶部，通过装料装置将其装入炉中的热解气化罐；热解气化炉中的燃烧室与热解气化罐是相对独立的空间，热解和气化所需要的热量来自燃烧室中燃料燃烧所产生的热量，热量是通过隔墙传入热解气化罐中的。燃烧室内的温度为 850～1 300 ℃，热解气化罐内的温度为 700～1 150 ℃；生活垃圾中的有机垃圾在热解气化罐中进行热解的同时，根据需要可以将水蒸气从热解气化罐的下部和（或）底部喷入罐内，最终实现生活垃圾中有机垃圾的全部气化；生活垃圾在完成热解和气化后，得到的灰渣一并通过排料装置排入灰罐中外运，灰渣可填埋，还可作为建筑原料或农田肥料等进一步得到利用。上述流程如图 1-23 所示。

我国现有的热解气化产品工艺主要分为两类：一类为以热解/气化产物（合成气、

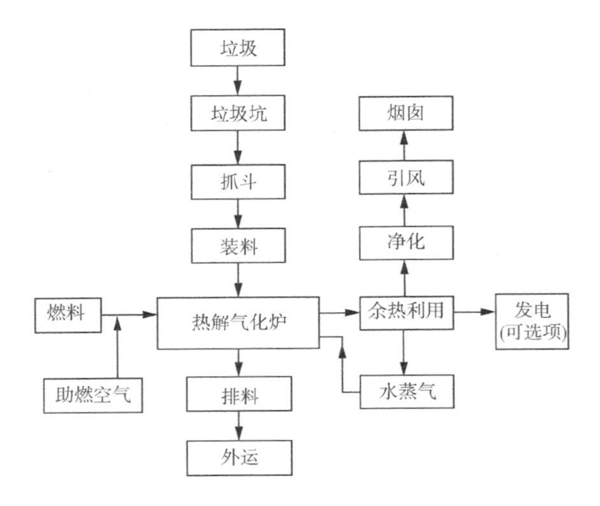

图 1-23 生活垃圾热解气化工艺流程

炭、油)为主要产品，如北京密云垃圾热解气化样板工程、河北霸州胜芳镇垃圾处理示范项目、浙江绍兴“城市生活绿岛”项目等；另一类则以热能为产品，一般采用“热解/气化一二燃室”的工艺路线，配备余热锅炉以回收余热产生蒸汽，蒸汽可进一步用于供热或发电，如广东惠州垃圾焚烧发电厂、广东东莞厚街垃圾处理厂、浙江舟山市嵊泗县嵊山镇生活垃圾处理项目等。这些热解气化焚烧炉的共同特点是具有两个燃烧室：第一燃烧室(也可称为热解气化室)为缺氧气氛，温度控制在 600～800 ℃，实现垃圾的热解气化，生成热解气化气，然后进入二燃室；二燃室氧气供给充足，温度可达到 1 000 ℃左右，产生的高温烟气用于加热蒸汽实现发电，如图 1-24 所示。

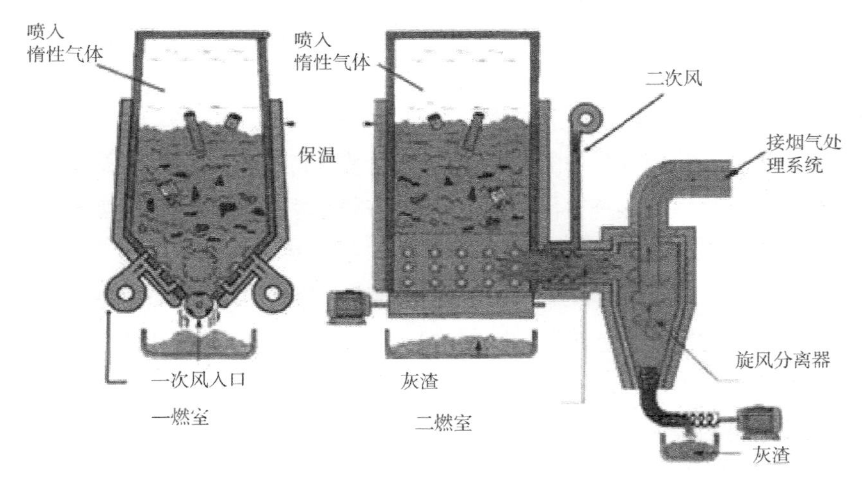

图 1-24 二燃室的工艺

在反应类型方面，以控氧气化为主，部分采用无氧热解，单线处理能力均在300 t/d 以下。在炉型方面，主要有固定床、卧室回转炉、立式旋转炉、旋转床、流化床、分段管式炉等不同形式。

如表 1-17 所示为典型热解气化工艺应用现状。

表 1-7　典型热解气化工艺应用现状

省份	项目名称	设计规模(t/d)	投运时间	工艺特点
广东	惠州垃圾焚烧发电厂	150×4	2015	空气气化一二燃室；余热发电
广东	东莞厚街垃圾处理厂	150×4	2010	回转炉气化一二燃室；余热发电
浙江	舟山市嵊泗县嵊山镇生活垃圾处理项目	25	2014	立式旋转气化一二燃室；产热
河北	霸州胜芳镇垃圾处理示范项目	200	2016	旋转床热解；热解气直接发电，热解炭产品
浙江	绍兴“城市生活绿岛”项目	100×2	2016	分段管式热解；热解炭产品
山东	青岛胶南垃圾源可燃物裂解处理项目	150	2015	回转窑热解；热解油产品
福建	平和县生活垃圾低温无氧裂解处理厂	60	2007	流化床热解；热解炭产品

(3) 存在问题

1) 热解气化相关标准、政策亟待完善。目前，国家政策和相关标准对热解气化整体工艺并无明确定义，对热解气化工艺尚无全面的评价标准，难以将热解气化与焚烧加以明显区分。如目前广泛采用的“气化—二燃室”工艺，从气化炉内反应条件来看属于气化工艺，而从整体上来看，物料被充分氧化生成炉渣，可燃气经二燃室燃烧后产生以 CO_2 为主的烟气，从产物和能源输出形式来看与焚烧并无区别，整体上可视为两段式焚烧。因此，亟待完善热解气化工艺的定义和规范，以区分热解气化与焚烧，以便对热解气化整体工艺进行评价。

已有的热解气化项目并无运行跟踪数据，其运行效果难以评估。尤其是分散在乡镇一级的小型热解气化炉，缺乏在线监测系统，达标排放难以保证。而另一方面，由于热解气化工艺处理规模较小，污染物排放总量远低于大型焚烧设施，且设施较为分散，对环境影响相较于大型焚烧可能相对较小，但具体影响有待系统评估。因此在国家或者行业层面，有必要加强对现行的热解气化项目的运行跟踪，评估运行效果，从而在政策上提出指导建议。

2）提升产物品质、实现产品应用是实现大型热解气化工艺推广的关键。目前，我国的热解气化项目仍以小型化设施为主，多以无害化处理为目的，未考虑产品利用和能量回收。然而，热解气化因其工艺特点，在一定规模条件下具备实现生活垃圾资源化利用的潜力。生活垃圾成分复杂，导致产物品质低、污染成分高，是限制热解气化技术进一步推广的重要因素。

热解产生的热解炭重金属含量较高，需经过二次加工后才能应用。较为可行的方法是在前端对生活垃圾进行预处理，分选出污染源，其中，可燃性垃圾经过烘干、切块制作成垃圾燃料后，再进行热解产生热解炭，并可进一步加工用于制作活性炭、土壤改良剂、复混肥等。

气化合成气中含有焦油、H_2S、NH_3、重金属等污染成分，目前的研究重点为合成气重整改质和净化，经处理后的合成气可依据需求制成不同的终端产品，如化工原料、液体燃料、燃气等高附加值产品。在能源转化效率方面，合成气经净化后可直接进入燃气轮机或者内燃机，其相对于蒸汽轮机具有较高的发电效率，燃气轮机结合蒸汽轮机进行联合循环能进一步提高净发电效率。但是由于生活垃圾成分复杂，需要相对复杂的净化系统对合成气加以净化，以满足燃气轮机或内燃机的要求。合成气净化工艺在技术上具备可行性，但经济性是限制该工艺进一步推广的主要因素。因而需要开发一套能够稳定运行、高效、经济性好的合成气净化工艺，进一步提高垃圾气化合成气品质，为实现垃圾气化技术的大型化和产业化推广提供支撑。

5. 综合处理工艺

生活垃圾综合处理是指把目前常用的前分选、卫生填埋、堆肥、焚烧等处理方法有机结合，开辟出一套真正达到生活垃圾的减量化、资源化和无害化目的处理方法。通过对混装的城市生活垃圾进行机械和人工分类，根据生活垃圾的不同性质分别进行不同工艺的处理。将生活垃圾进行综合处理后，垃圾成分都得到充分利用，能充分体现垃圾处理的减量化、资源化和无害化的原则。但是垃圾的综合处理在国外已发展多年，在我国则刚刚起步，规模较小，有很多部分都还停留在简单的构想阶段，缺乏较为系统化的深入研究。但是，城市生活垃圾综合处理方式的优越之处在以后的垃圾处理处置上会得到较快发展和应用的。

城市生活垃圾综合处理系统包括前期处理系统和后期处理系统，既包括了垃圾的破碎、分选等预处理系统，也包括堆肥、焚烧以及填埋等后期处理系统，然后将各个处理单元用更有效的方式组合起来，成为一个新系统。垃圾综合处理系统并不是各个分系统的简单相加，而是各个分系统与总系统的相互作用，以达到垃圾处理的更大资源化、减量化和无害化。生活垃圾综合处理的概念有两层含义:宏观和具体。宏观方面是一个区域的概念,是指某一个区域的垃圾处理系统是由回收、填埋、焚烧及堆肥等多种工艺技术组成的较合理的处理系统,即区域综合处理系统;具体含义是一个工厂的概念,是指某一个由回收、堆肥、填埋及焚烧等两种以上工艺技术组成的较合理的处理厂,即综合处理厂。

城市生活垃圾综合处理工艺是将分选、联合厌氧发酵处理、焚烧综合处理、填埋有机结合,对筛上物进行焚烧以及生产垃圾衍生燃料,利用所产生的热量可以发电或者热值自用,对筛下物进行发酵处理,并制得相关产品,见图 1-25。

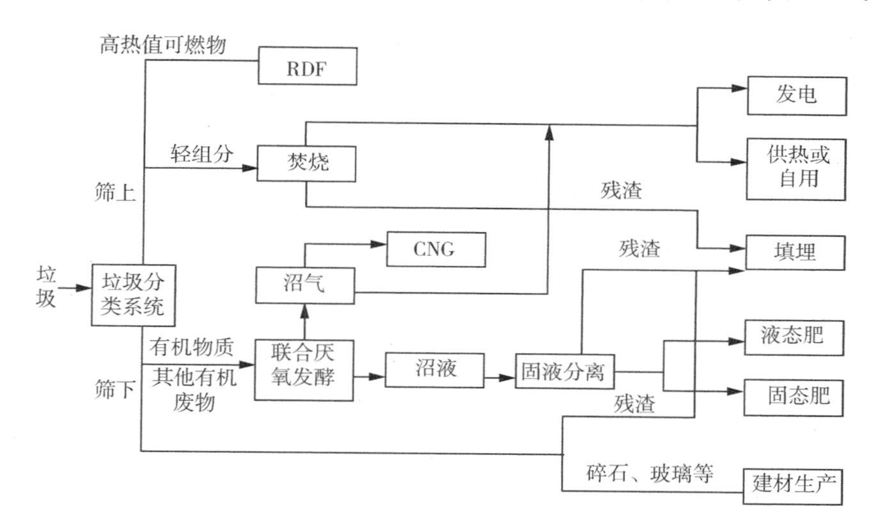

图 1-25　城市生活垃圾综合处理工艺方案

在混合收集的情况下,第一道工序就是垃圾分选,既可改善垃圾品质,又可提高处理效率。垃圾分选一般包括人工分选和机械分选。人工分选的目标是生活垃圾中的有用物质,如废纸、玻璃、铁、铝、废木头、铜线、骨头、废电池等,是最早最简单的分选方法,适用于收集站、处理中心、转运站或垃圾场。机械分选是根据废物的属性进行分选,如根据粒度、密度、电性、光电性、磁性及摩擦性等差异的特性分为筛选、重力分选、电力分选、光电分选、磁力分选、摩擦分选等。各地区可以根据本地区的垃圾属性建立配套的垃圾分选系统。

综合处理工艺中联合厌氧发酵是指将生活垃圾中的有机物与其他有机废物在厌氧发酵罐中通过调节降解周期进行混合厌氧发酵。这不仅可以提高资源化利用率,产气率也相应提高。

综合处理将回收、分选、填埋、堆肥、焚烧等两种以上的工艺技术有机结合,因地制宜，充分发挥各种垃圾处理系统的优势，扬长避短，从而真正实现固体废物的减量化、资源化和无害化。各地区结合自身实际情况选用适合本地区的综合处理工艺，东部、南部地区人口众多、土地紧缺、经济发达，可以采取以焚烧为主的综合处理工艺，西部和北方地区经济较为不发达，人均占地面积相对大，可以考虑采取堆肥、厌氧发酵为主的综合处理工艺。

（1）资源再利用工艺

1）衍生燃料制造。垃圾衍生燃料（RDF）是将分选设备筛选得到的大件干扰物中的高热值可燃物（热值在 16 700 kJ/kg 以上），主要是塑料，粉碎后与其他可燃性固体废物（布料、木料、皮革等）混合，再压缩成所需形状。其优点有：① RDF的热值高，可达 12 500～17 500 kJ/kg，燃点为 210～230 ℃，可作锅炉燃料；② 产品质量较一致，含水率低于 10%，燃烧稳定、温度高，避免二噁英类有毒气体的产生；③ 燃烧完全，灼烧减量低，产生的烟气不需要复杂地处理，减少了相关处理设备的投资；④ RDF 具有防腐性，容易储存，便于运输。

2）联合厌氧发酵产生沼气及沼气发电。城市生活垃圾综合处理采用的分选工艺能够快速、高效地收集厌氧发酵产生沼气的原料，主要包括厨余、果蔬等多种易腐有机成分，再添加污泥、粪便等其他有机固体废物进行联合厌氧发酵，启动速度快、产气率高、底物降解速度和降解率较高。

由联合厌氧发酵产生的沼气可用于燃烧发电或提纯后制成天然气，用于内燃机发电。此外，沼气发电机组发电产生的余热，还可循环利用，用于沼气发酵过程的增温、保温，从而进一步提高再生能源的利用效率。如图 1-26 所示。

图 1-26　垃圾填埋场沼气发电

3）沼渣沼液制肥。沼渣沼液中含有丰富的 N、P、K 等营养元素以及有机质、腐殖酸等，经过固液分离，可单独制作成固态肥和液态肥，或可以适当比例混合制成有机复合肥，其产品酸碱度适中，具有速缓兼备的肥效特点，便于存储和销售，有利于开展独立经营，从而提高生活垃圾中资源物质的利用率，具有较好的经济价值。图1-27为沼渣沼液制造有机肥工艺。

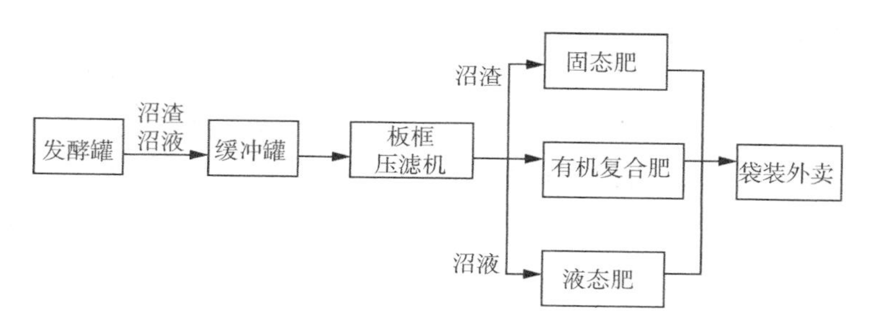

图1-27　沼渣沼液制造有机肥工艺

4）建材原料。由分选设备分选得到的碎石、玻璃、砖块可直接用于建材生产，焚烧系统产生的炉渣经过无害化处理后可作为制造水泥的有效成分，为垃圾的资源化拓宽了道路。图1-28为利用炉渣制成的砖。

图1-28　炉渣综合利用——炉渣制砖

（2）综合处理优势

1）无害化处理率高。生活垃圾经过综合处理后，易腐物和可燃物都得到充分利用，填埋物比例缩小，只占总体积的15%～20%，填埋物主要为瓦砾、砖头等无机垃圾，不会带来严重的二次污染，节省了土地空间；联合厌氧发酵产气率高，用沼气制沼肥，产物绿色无污染，而且处理费用低，产品质量好。综合处理中仅对可燃垃圾进行焚烧，垃圾热值提高，垃圾容易燃烧，产生的烟气少，二噁英类污染物排放减少。因而，综合处理既提高了无害化处理效率，又减少了环境污染。

2）资源化利用水平高。生活垃圾综合处理注重资源的梯度利用与再循环利用，对能回收的资源进行回收利用，如对金属、塑料和纸类的回收；得到的能源物质主要有沼气、热能、电能等，得到的资源物质主要有固态肥、液态肥、商品有机肥、RDF 衍生燃料、车载燃料、工业原料等。由此可见，综合处理相较于单一的处理工艺，其资源化利用水平明显提高。

3）处理成本低，经济效益好。将几座废物处理厂合并为一座综合处理厂，可减少投资和占地，最大化地实现垃圾资源化，将垃圾中的不同成分进行合理有效利用，实现垃圾的梯度利用，避免了垃圾的重复处理，相较于单一的传统处理方法降低了生活垃圾的处理成本，在经济上可行；综合处理产生的能源和资源可供销售，增加了经济效益。

4）保障生活垃圾全过程管理新模式的构建。生活垃圾综合处理以循环经济的"3R"原则为基础，综合考虑社会公众、技术经济、政府管理、环境保护等层面的多目标需求，各环节均最大程度地实现资源化与无害化，为"源头减量、分类投放、清洁直运、资源化利用、无害化处置"这一新的城市生活垃圾全过程管理模式提供保障。

1.3.3 三种主要垃圾处理技术比较

堆肥处理对垃圾中有机物含量的要求较高，而有机垃圾通常占垃圾总量比重不足三分之一，这就制约了堆肥处理的未来发展规模。垃圾焚烧无害化处理更为彻底，特别是对于可燃性致癌物、病毒性污染物、剧毒有机物，焚烧几乎是唯一有效的处理方法。焚烧处理可以使垃圾体积减小 90%，重量减少 80%～85%，减容性效果明显。此外，垃圾焚烧产生的热量可以回收利用，用来发电或者供热，焚烧后的灰渣还可用于生产水泥和制作砖块。从减量化、资源化、无害化原则考虑，垃圾焚烧发电的诸多优良特性更加符合现代社会土地、能源紧缺的客观现实。因此，社会对于环境质量要求的提高将成为推动垃圾焚烧发电产业发展的重大驱动力。

表 1-8 为卫生填埋、堆肥、焚烧三种主要垃圾处理方式的比较。

表 1-8 生活垃圾处理方式比较

比较项目	卫生填埋	堆肥	焚烧
技术可靠性	可靠，属传统处理方法	较可靠，在我国各地均有实践经验	较可靠，在国外属成熟技术，但在国内缺乏经验
工程规模	工程规模一般很大	静态间歇式堆肥厂一般为 100～200 t/d，动态连续式可达 300～500 t/d	单台焚烧炉常用规格为 150～500 t/d

续表

比较项目	卫生填埋	堆肥	焚烧
选址难易	困难，特别在市区极为困难，要考虑到地形、地质条件，防止水污染，远离市区，运输距离远	较易，仅需避开居民密集区，气味影响半径小于200 m，运输距离适中	可靠近市区建设，运输距离较近，但近年来，选址问题越来越敏感
占地面积	一般为700～1 000 m^2/t	中等，一般为110～150 m^2/t	较小，一般为60～100 m^2/t
投资(万元/t)	18～27(单层合成衬底，压实机进口)	25～36(制有机复混肥，国产化率为60%)	50～70(余热发电上网，国产化率为50%)
处理成本(元/t)	35～55	50～80	90～160
操作安全性	较好	好	好
使用条件	无机物＞60%，含水量＜30%，密度＞0.5 t/d	垃圾中可生物降解有机物≥10%，从肥效出发应＞40%	垃圾低位热值＞3 300 kJ/kg时，不需添加辅助燃料
管理水平	一般	较高	很高
产品市场	沼气可用于发电、取暖	堆肥产品单一且不稳定，市场应用有一定困难	热能利用发电，但需得到政府的支持
最终处置	本身是一种最终处置技术	非堆肥物需作填埋处理，为初始量的20%～25%	仅残渣需作填埋处理，为初始量的10%
地表水污染	需要完善的渗滤水处理设施，不易达标	可能性较小，污水应经处理后排入城市管网	炉渣填埋时与垃圾相仿，但飞灰较难处置
地下水污染	场地要作防渗处理，投资大	可能性较小	可能性较小
大气污染	有轻微污染，可用导气、覆盖、隔离带等措施进行控制	有轻微气味，应设除臭装置和隔离带	应加强对酸性气体、重金属和二噁英的控制和治理
土壤污染	限于填埋场区域	需控制堆肥重金属和pH	灰渣不能随意堆放
环保措施	场底防渗、分层压实、填埋气导排、渗滤液处理	废水收集，集中处理；废气收集，处理后排放	二噁英、污水、噪声控制，残渣处理，恶臭防治
主要风险	沼气聚集引起爆炸、场底渗漏或渗滤液的二次污染	生产前需进行垃圾成分分析，无重大风险	焚烧不稳影响发电生产，烟气治理不利致大气污染
国内外发展状况	总的发展趋势是比重越来越小	堆肥市场销路的制约	发达国家和国土资源少的国家

（1）卫生填埋

卫生填埋即利用天然凹陷地形或人工构造形成的空间，将垃圾进行直接填埋。卫生填埋法成本较低，操作简单，但卫生填埋法占地面积大，渗滤液容易造成土壤和地下水污染，产生的填埋气体容易污染大气，该方法卫生条件也较差，没有实现垃圾的资源化。而且国内一些城市在垃圾分类处理方面没有达到规定标准，将这部分垃圾直接埋入土壤中，不但达不到处理降解的目的，还会造成土壤污染。目前，世界各国对环境保护工作日益重视，欧洲各国已经禁止将原始垃圾直接在填埋场进行处理。

（2）堆肥法

堆肥法即利用微生物的生化作用，在人工控制下，将生活垃圾中的有机质分解、腐熟、转换成稳定的类似腐殖质土的方法。采用堆肥法处理生活垃圾前需要对生活垃圾进行预处理和分类，要求垃圾的有机质含量较高。该处理方法分为好氧法和厌氧法，好氧法处理生活垃圾成本较高，但反应时间短，占地小；厌氧法成本低，反应时间长，占地较大，但厌氧法可以产生沼气，这部分沼气可以回收利用。

（3）焚烧法

焚烧法即利用适当的热分解、燃烧、熔融等反应，使垃圾在高温下氧化进行减容，成为残渣或者熔融固体物质的过程。焚烧法需要对垃圾进行预处理，降低生活垃圾的含水率使其便于燃烧。生活垃圾焚烧后的残渣可以直接填埋，也可以综合利用。使用该法处理生活垃圾，要求垃圾具有一定热值，而且垃圾难以充分燃烧，往往需要加入一定量的助燃剂。燃烧过程中会产生二噁英、颗粒物等大气污染物，若处理不当会染污大气，而且焚烧法设备造价较高，需要专业的运行维护人员。现在各地多采用水泥窑直接焚烧的处理方式，这样可以降低垃圾处理的投资和运行成本。在水泥窑的高温、强碱性、强对流及还原气氛中燃烧，可以有效地抑制二噁英等污染物的产生。

1.3.4 垃圾焚烧发电技术优势

垃圾焚烧技术是将垃圾在高温条件下快速氧化燃烧，实现垃圾的减量、复用、再生、能源回收。德国汉堡于 1896 年，法国巴黎于 1898 年先后建立了垃圾焚烧厂，垃圾焚烧技术自此开始广泛应用。随着垃圾的热值不断提高，对垃圾焚烧产生的高温烟气进行余热利用已成为可能，并逐步形成了垃圾焚烧发电成套技术，使垃圾焚烧实现了能源回收。由于实现了垃圾的 4R（Reduce、Reuse、Recycle、Recovery）综合处理，该技术也越来越被国内外接受。垃圾焚烧技术的应用和建设运营实践使垃圾焚烧减量化、资源化的优势日益显露出来，得到越来越普遍的认可。同时，焚烧技术逐渐成熟，特别是二次污染防治技术水平的提高，使焚烧处理的发展有了先进、可靠的污染防治技术作为支撑。此外，垃圾产量的急剧增长、垃圾结构的显著变化及寻求新的填埋地日益困难，也促进了焚烧技术的发展和应用。

目前，我国城市垃圾的累计堆积量已经达到了近 70 亿 t，不仅远远超出了每年新排放的固体废弃物量，其占用的土地目前也超过 6 亿 m^3。

而城市生活垃圾也只不过是固体废弃物的一部分，固废还包括各种工业固体废物和危险废物。伴随着中国工业化进程与城市化进程的加速，驱动国内固体废弃物排放量增长的动力仍在加大。固体废弃物带给环境的破坏性影响，已经开始对国民饮水安全、饮食安全等方面造成威胁。显然，在大气治理和污水处理之后，固废处置正在成为迫切需要解决的热点问题，相应的国家政策法规也正在陆续出台。

目前，国内在固体废弃物处置上采用最广泛的是卫生填埋法，但这种方法产生的问题正日渐突出——永久性占用大量土地，资源综合利用比例很低，对大气和地下水、土地造成污染隐患，等等。据初步估算，全国设市城市中生活垃圾处理能力达到无害化标准的约为 16.9 万 t/a，实际处理量约为 15.2 万 t/a，全国城市生活垃圾无害化处理率约为 37%。针对我国城市生活垃圾无害化处理能力严重不足、处理水平低下的情况，国家发改委等部门已经将垃圾处理列入了“十二五”发展规划，并印发了《“十二五”全国城镇生活垃圾无害化处理设施建设规划》(以下简称《规划》)。按照《规划》，“十二五”期间全国将新增生活垃圾无害化处理能力 34 万 t/a。到 2015 年，全国城市垃圾无害化处理率达到 60%，其中，城市生活垃圾无害化处理率达到 70%，县城生活垃圾无害化处理率达到 30%。

所以，总体来讲，随着国家对环境保护的重视，我国城市生活垃圾发电行业的发展空间正在迅速被打开。

目前，比较普遍的垃圾无害化处理方式有卫生填埋、焚烧和综合利用，如生产有机肥料、新型建筑材料、供热和发电，等等。垃圾焚烧是一种对城市生活垃圾进行高温热化学处理的技术，将垃圾作为固体燃料送入炉膛内燃烧，在 850～1 000 ℃的高温条件下，垃圾中的可燃成分与空气中的氧气发生剧烈的化学反应，释放出热量并转化为高温的燃烧气和少量性质稳定的固定残渣。当垃圾达到一定的的热值时，垃圾能靠自身的热量维持自燃，而不需提供辅助燃料。垃圾燃烧产生的高温燃烧气体可作为热能回收利用，性质稳定的炉渣、飞灰可直接或固化后进行填埋处置。经过焚烧处理，垃圾中的细菌、病毒能被彻底消灭，各种恶臭气体得到高温分解，烟气中的有害气体经处理达标后进行排放。焚烧处理与其他城市垃圾处理处置方法相比具有减容效果好、消毒彻底、减轻或消除后续处置过程对环境的影响、有利于实现城市垃圾的资源化和处理效率高等优势，所以，焚烧处理是实现垃圾无害化、减量化和资源化的最有效的手段之一，是未来垃圾处理的发展方向。

第二章　城市生活垃圾焚烧处理技术

2.1　垃圾焚烧原理

2.1.1　焚烧过程

城市生活垃圾焚烧过程比较复杂，通常由干燥、热分解熔融、蒸发和化学反应等传热、传质过程所组成。根据不同可燃物质的种类，一般可分为三种不同的燃烧方式：① 蒸发燃烧，垃圾受热熔化成液体，继而化成蒸气，与空气扩散混合而燃烧，蜡的燃烧属这一类；② 分解燃烧，垃圾受热后首先分解，轻的碳氢化合物挥发，留下固定碳及惰性物，挥发成分与空气扩散混合而燃烧，固定碳的表面与空气接触进行表面燃烧，木材和纸的燃烧属这一类；③ 表面燃烧，如木炭、焦炭等固体受热后不发生熔化、蒸发和分解等过程，而是在固体表面与空气反应进行燃烧。

一般而言，生活垃圾在焚烧时将依次经历脱水、脱气、点燃、燃烧、熄火等几个步骤，以含碳、氢、氮、硫的有机物为例，总的化学反应式可用下式表达：

$$C_mH_nN_oS_p+(m+n/4+o+p)O_2 \rightarrow mCO_2+n/2H_2O+oNO_2+pSO_2$$

由于城市生活垃圾燃烧过程的机理极其复杂，因此，各种元素的氧化程度未必就能按此式进行。同时，城市生活垃圾中含有多种有机成分，其燃烧过程不可能是某一种单纯的燃烧形式，而是包含蒸发燃烧、分解燃烧和表面燃烧的综合燃烧过程。为了更好地认识生活垃圾的焚烧过程，一般可以将总的焚烧过程依次分为干燥、热分解和燃烧三大过程。在实际的燃烧过程中，三者没有严格的界限，只不过有时间上的先后顺序。

1. 干燥

生活垃圾的干燥是利用热能使水分气化，并排出生成水蒸气的过程。按热量传递的方式，可将干燥分为传导干燥、对流干燥和辐射干燥三种方式。城市生活垃圾的含水率较高，一般为30%～55%。故在干燥过程中需要吸收很多的热能。生活垃圾的含水量越大，干燥过程所需的热能就越多，所花的时间也越长，导致焚烧炉内的温度下降也就越快，对生活垃圾焚烧的影响也就越大。严重时会使生活垃圾的焚烧难以维持下去，而必须从外界供给辅助燃料，以保证燃烧过程的顺利进行。

2. 热分解

生活垃圾的热分解是垃圾中多种有机可燃物在高温作用下分解或聚合的化学反应过程，反应的产物包括各种烃类、固定碳及不完全燃烧物等。生活垃圾中的可燃固体物一般由C、H、O、N、S、Cl等元素组成。这些物质的热分解过程包含多种反应，既有吸热反应也有放热反应。生活垃圾中有机可燃物的热分解速度可以用Arrnenius公式表示：

$$K = A\mathrm{e}^{-E/RT}$$

式中：K——热分解速度；

A——频率系数；

E——活化能；

R——气体常数；

T——热力学温度。

城市生活垃圾中有机可燃物的活化能越小，热分解温度越高，其热分解速度越快。同时，热分解速度还与传热及传质速率有关。

3. 燃烧

生活垃圾的燃烧是在氧气存在条件下有机物质的快速、高温氧化。生活垃圾在焚烧过程中经过干燥和热分解后，产生许多不同种类的气、固态可燃物，这些物质与助燃空气混合，达到着火所需的必要条件时就会形成火焰而燃烧。因此，生活垃圾的焚烧实际上是气相燃烧和非均相燃烧的混合过程，比气态燃料和液态燃料的燃烧过程更为复杂。同时，生活垃圾的燃烧还可以分为完全燃烧和不完全燃烧。最终产物为CO_2和H_2O的燃烧过程为完全燃烧；当反应产物为CO或其他可燃有机物（由氧气不足、温度较低等引起）时，则称为不完全燃烧。

2.1.2　影响焚烧的因素

在理想状态下，生活垃圾进入焚烧炉后依次经过干燥、热分解和燃烧三个阶段，其中的有机可燃物在高温条件下完全燃烧，生成二氧化碳气体，并释放热量。但是在实际的燃烧过程中，由于焚烧炉内的操作条件不能达到理想效果，致使燃烧不完全，从焚烧炉排出的炉渣中还含有有机可燃物。影响生活垃圾焚烧的主要因素包括：焚烧温度、停留时间、烟气流动的湍流度及过量空气系数。其中，停留时间、温度及湍流度称为"3T"要素，是反映焚烧炉性能的主要指标，与过量空气系数合称为焚烧四大控制参数（一般称为"3T+E"）。

1. 焚烧温度(Temperature)

由于焚烧炉体积较大，炉内温度分布并不均匀，不同部位的温度不同。这里的焚烧温度是指生活垃圾中有害组分在高温下氧化、分解直至破坏所须达到的温度。它是垃圾焚烧所能达到的最高温度，远高于垃圾的着火温度，是焚烧炉设计和选材的重要依据。

一般来说，提高焚烧温度有利于垃圾中有害组分的分解与破坏，并可抑制黑烟的产生，焚烧温度越高，焚烧效果越好。焚烧炉内位于生活垃圾层上方并靠近燃烧火焰的区域内的温度一般可达 800～1 000 ℃。生活垃圾的热值越高，可达到的焚烧温度越高，越有利于其焚烧。合适的焚烧温度是在一定的停留时间下由实验确定的。大多数有机物的焚烧温度为 800～1 100 ℃，通常在 800～900 ℃。但是过高的焚烧温度不仅增加燃料的消耗量，而且会增加垃圾中金属的挥发量和 NO_x 的生成量，导致二次污染，因此不宜随意确定较高的焚烧温度。

2. 停留时间(Time)

停留时间有两方面的含义：其一是生活垃圾在焚烧炉内的停留时间，它是指生活垃圾从进炉开始到焚烧结束，炉渣从炉中排出所需的时间；其二是生活垃圾焚烧烟气在炉中的停留时间，它是指生活垃圾焚烧产生的烟气从生活垃圾层逸出到排出焚烧炉所需的时间。在实际操作过程中，生活垃圾在炉中的停留时间必须大于理论上干燥、热分解及燃烧所需的总时间。同时，焚烧烟气在炉中的停留时间应保证烟气中气态可燃物达到完全燃烧。当其他条件保持不变时，停留时间越长，焚烧效果越好，但停留时间过长会使焚烧炉的处理量减少，在经济上不合理；停留时间过短会引起过度的不完全燃烧。因此，停留时间的长短应由具体情况来定。

3. 湍流度(Turbulance)

要使废物燃烧完全，减少污染物形成，必须要使废物与助燃空气充分接触、燃烧气体与助燃空气充分混合。湍流度是表征生活垃圾和空气混合程度的指标。湍流度越大，生活垃圾与空气的混合程度越好，有机可燃物能及时充分获取燃烧所需的氧气，燃烧反应越完全。湍流度受多种因素影响。当焚烧炉体积一定时，加大空气供给量，可提高湍流度，改善传质与传热效果，有利于焚烧。

为增大固体与助燃空气的接触和混合程度，扰动方式是关键所在。焚烧炉所采用的扰动方式有空气流扰动、机械炉排扰动、流态化扰动及旋转扰动等，其中以流态化扰动方式效果最好。

4. 过量空气系数(Excess Air)

按照可燃成分和化学计量方程，与燃烧单位质量垃圾所需氧气量相当的空气量称为理论空气量。在实际的燃烧系统中，氧气与可燃物质无法完全达到理想程度的混合及反应。为使垃圾与空气能够完全混合燃烧，需要加上比理论空气量更多的空气量，即实际空气量。实际空气量与理论空气量之比值为过量空气系数，也称过量空气率或空气比。过量空气系数对垃圾燃烧状况影响很大，供给适当的过量空气是有机物完全燃烧的必要条件。增大过量空气系数不但可以提供过量的氧气，而且可以增加炉内的湍流度，有利于焚烧。但过高的过量空气系数可能使炉内的温度降低，给焚烧带来副作用，而且还会增加输送空气及预热所需的能量。实际空气量过低将使垃圾燃烧不完全，继而给焚烧厂带来一系列的不良后果。图 2-1 为低空气比对垃圾燃烧影响的示意图。

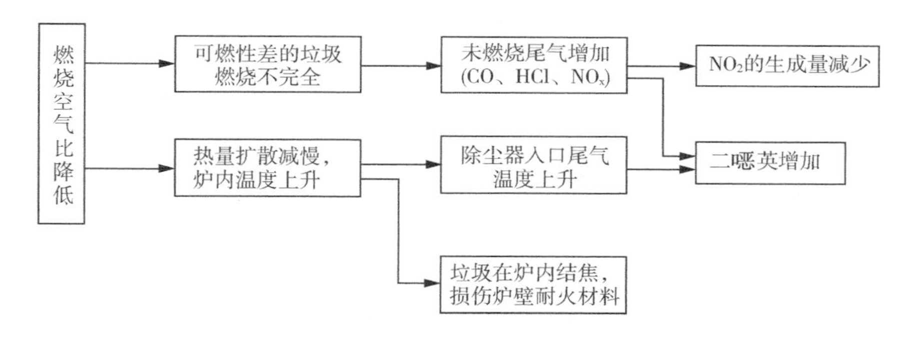

图 2-1　低空气比对垃圾燃烧的影响

5. 其他因素

影响生活垃圾焚烧的其他因素包括生活垃圾的性质、垃圾在焚烧炉中的运动方式及垃圾料层的厚度等。

生活垃圾的组成成分、热值和几何尺寸也是影响焚烧的主要因素。热值越高，燃烧过程越易进行，焚烧效果也就越好。生活垃圾的几何尺寸越小，单位质量(或体积)生活垃圾的比表面积越大，生活垃圾与周围空气的接触面积也就越大，焚烧过程中的传热及传质效果越好，燃烧越完全；反之，传质及传热效果较差，易发生不完全燃烧。因此，在生活垃圾被送入焚烧炉之前，对其进行破碎预处理，可增加其比表面积，改善焚烧效果。

对焚烧炉中的生活垃圾进行翻转、搅拌，可以使生活垃圾与空气充分混合，改善燃烧条件。炉床上生活垃圾层的厚度必须适当，厚度太大，在同等条件下可能导致不完全燃烧；厚度太小，又会减少焚烧炉的处理量。

2.1.3 焚烧产物

城市生活垃圾在焚烧炉内与空气混合燃烧后，其产物主要有烟气、粉尘、飞灰和炉渣等。

1. 烟气、粉尘

城市生活垃圾燃烧烟气的成分、烟气量与生活垃圾的组分、燃烧方式、烟气处理设备等有关。城市生活垃圾的组分十分复杂，可燃的生活垃圾基本上是有机物，由大量的碳、氢、氧、氮、硫、磷和卤素等元素组成。这些元素在燃烧过程中与空气中的氧气起化学反应，生成各种氧化物和部分元素的氢化物，从而成为垃圾燃烧烟气中的主要组成部分。具体如下：

有机碳在焚烧时，其产物为 CO_2 气体；

有机物中的氢在焚烧时，其产物为水蒸气，当有氟、氯等存在时，也可能会生成卤化氢；

生活垃圾中的有机硫在焚烧时，其产物为二氧化硫或三氧化硫；

生活垃圾中的有机磷在焚烧时，其产物为五氧化二磷；

生活垃圾中的有机氮化物在焚烧时，其产物为氮气和氮的氧化物；

生活垃圾中的有机氟化物在焚烧时，其产物主要是氟化氢，如燃烧体系中氢的量不足以与所有的氟结合成氟化氢时，可能会生成四氟化碳或碳酰氟（COF_2）；

生活垃圾中的有机氯化物在焚烧时，其产物为氯化氢；

生活垃圾中的有机溴化物在焚烧时，其产物为溴化氢及少量的溴气；

生活垃圾中的有机碘化物在焚烧时，其产物为碘化氢及少量的元素碘。

由此可见，城市生活垃圾在焚烧时，其烟气成分特别复杂，与一般燃料燃烧时所产生的烟气在组分上有较大的区别，主要表现在 HCl 和 O_2 的浓度较高。生活垃圾燃烧烟气与一般燃料燃烧烟气的组分比较见表 2-1。

表 2-1 生活垃圾与其他燃料燃烧产生的烟气组成

燃料	烟尘（mg/m^3）	NO_x（mg/L）	SO_2（mg/L）	HCl（mg/L）	H_2O（mg/L）	温度（℃）
城市垃圾（除尘前）	2 000～5 000	90～150	20～80	200～800	15～30	250～300

续表

燃料	烟尘（mg/m^3）	NO_x（mg/L）	SO_2（mg/L）	HCl（mg/L）	H_2O（mg/L）	温度（℃）
城市垃圾（除尘后）	2～100	90～150	20～80	200～800	15～30	200～250
天然气、石油气	0～10	50～150	0	0	5～10	250～400
低硫重油	50～100	100	100～300	0	5～10	270～400
高硫重油	100～500	100～500	500～1 500	0	5～10	270～400
炭	100～25 000	100～1 000	500～3 000	0～30	5～10	270～400

为了直观起见，将生活垃圾燃烧烟气中污染物的来源、产生的原因及存在的形态列于表 2-2。

表 2-2　生活垃圾燃烧烟气中污染物的来源、产生的原因及存在的形态

污染物		来源	产生原因	存在形态
酸性气体	HCl	含氯高分子化合物	—	气态
	HF	含氟高分子化合物	—	气态
	HBr	火焰延缓剂	—	气态
	SO_2	橡胶及其他含硫物	—	气态
	NO_x	丙烯腈、胺	热 NO_x	气态
CO、碳氢化合物	CO	—	不完全燃烧	气态
	未燃烧的碳氢化合物	溶剂	不完全燃烧	气、固态
	二噁英类、呋喃	多种来源	化合物的离解、重新合成	气、固态
颗粒物		粉末、沙	挥发性物质的凝结	固态
重金属	Hg	温度计、电池等	—	气态
	Cd	电池、涂料等	—	气、固态
	Pb	多种来源	—	气、固态
	Zn	镀锌材料	—	固态
	Cr	不锈钢	—	固态
	Ni	不锈钢、Ni－Cd 电池	—	固态

城市生活垃圾焚烧烟气中的粉尘是焚烧过程中产生的微小无机颗粒状物质。主要包括:被燃烧空气和烟气吹起的小颗粒灰分;未充分燃烧的碳等可燃物;因高温而挥发的盐类和重金属等在烟气冷却净化处理过程中,又凝缩或发生化学反应而产生的物质。前两者可以认为是物理原因产生的,第三种则是热化学原因产生的。粉尘的产生量及粉尘的组分,与城市生活垃圾的性质和燃烧方法、燃烧设备有直接的关系。

2. 炉渣、飞灰

城市生活垃圾焚烧过程产生的炉渣、飞灰一般为金属氧化物、氢氧化物、碳酸盐、硫酸盐、硅酸盐等。如果是传统的焚烧设备,如机械炉排焚烧炉,由于其焚烧温度不是特别高,常常有一些有机可燃物未能充分完全燃烧,因而,这类焚烧炉产生的炉渣含有一定量的未燃尽可燃成分。

生活垃圾焚烧后,炉渣、飞灰的量、组分等与城市生活垃圾的性质有直接的关系,与生活垃圾焚烧炉的种类、燃烧条件也有一定的关系。一般来讲,采用传统的垃圾焚烧形式,1 t 湿生活垃圾焚烧后会产生 100～150 kg 的炉渣,余热锅炉处的飞灰约为 10 kg,除尘器处的飞灰约为 10 kg。表 2-3 列出了采用传统焚烧法处理城市生活垃圾时,焚烧炉渣、飞灰的产生机理和特性。

表 2-3　城市生活垃圾焚烧时炉渣、飞灰的产生机理和特性

<table>
<tr><th>项目</th><th>产生的机理与性状</th><th>产生量</th><th>重金属浓度</th><th>溶出特性</th></tr>
<tr><td>炉渣</td><td>Cd、Hg、Zn 等易挥发金属和一些易挥发碱分大部分成为粉尘,部分气化后又冷凝成炉渣;不燃无机物、可燃物燃尽灰分、未燃尽碳分、添加剂及其大部分反应生成物等成为炉渣</td><td>10%～20%</td><td>除尘器飞灰中重金属浓度的 1/100～1/2</td><td>Pb、Cr^{6+} 可能会溶出成为 COD、BOD</td></tr>
<tr><td>除尘器飞灰</td><td>供给空气卷起及易挥发物等随烟气进入除尘器;多数为 Na、K 等碱金属盐和硫酸盐、重金属</td><td>0.5%～1%</td><td>Pb、Zn:0.3%～3%
Cd:20～40 mg/ kg
Cr:200～500 mg/kg
Hg:110 mg/kg</td><td rowspan="2">Pb、Zn、Cd 等易挥发重金属含量高。pH 高时,Pb 溶出;中性时,Cd 溶出</td></tr>
<tr><td>余热锅炉飞灰</td><td>供给空气卷起及易挥发物等随烟气进入余热锅炉;此处飞灰粒度较大</td><td>0.5%～1%</td><td>介于炉渣与除尘器飞灰之间</td></tr>
</table>

2.2　国内外发展历程

焚烧技术作为一种以高温燃烧为手段的固体废物处置方法,其应用可以追溯到人类文明的早期。但焚烧作为一种处理生活垃圾的专用技术，其发展历史和其他垃圾处理方法相比要短得多，大致经历了三个阶段：萌芽阶段、发展阶段和成熟阶段。

萌芽阶段是从19世纪80年代开始到20世纪初。1896年和1898年，德国汉堡和法国巴黎先后建立了世界上最早的生活垃圾焚烧厂，开始了生活垃圾焚烧技术的工程应用。其中，汉堡垃圾焚烧厂是世界上第一座城市生活垃圾焚烧厂，由于技术原始和垃圾中可燃物的比例较低，在焚烧过程中产生的浓烟和臭味对环境的二次污染相当严重，直到20世纪60年代，垃圾焚烧并没有成为主要的垃圾处理方法。

在此期间，垃圾焚烧技术发生了相当大的改变，其炉排、炉膛等方面的技术逐渐有了现在的形式。德国威斯巴登市于1902年建造了第一座立式焚烧炉，此后在欧洲各国又出现了各种改进型的立式焚烧炉。与此同时，随着燃煤技术的发展，焚烧炉从固定炉排到机械炉排，从自然通风到机械供风，人们先后开发和应用了阶梯式炉排、倾斜炉排和链条炉排以及回转式垃圾焚烧炉。

从20世纪初到20世纪60年代末，生活垃圾焚烧技术进入发展阶段。在西方发达国家，随着城市建设规模的扩大，城市生活垃圾产量也快速递增，原来的垃圾填埋场已经饱和，垃圾焚烧减量化水平高的优势重新得到了高度重视。

自20世纪70年代以来，随着烟气处理技术和焚烧设备高新技术的发展，促进垃圾焚烧技术进入成熟阶段，能源危机引起人们对垃圾能量的兴趣。随着人们生活水平的提高，生活垃圾中可燃物、易燃物的含量大幅度增长，这就提高了生活垃圾的热值，为这些国家应用和发展生活垃圾焚烧技术提供了先决条件。这一时期的垃圾焚烧技术主要以炉排炉、流化床和旋转窑式焚烧炉为代表。

如今，焚烧已经成为许多发达国家处理城市生活垃圾的主要方式。在资源相对紧张的日本、瑞士、卢森堡和新加坡等国，焚烧的比例都已超过了填埋。图2-2显示了城市生活垃圾焚烧应用较为广泛的国家的焚烧能力的历年变化情况。

垃圾焚烧技术的发展也和其他事物一样，都是从低级向高级发展，由落后向先进演化的。焚烧炉技术发展到现阶段，炉型已从单一炉向多样化方向发展，炉型种类繁多，如机械炉排式焚烧炉已从过去的固定式焚烧炉发展成为移动式焚烧炉，移动方向多种多样，有逆动式、往复式、滚动式等。燃烧时间也由间歇式(8 h)发展成为半连续式(16 h)及24 h全连续式运转。最大炉的处理能力为1 200 t/d。原始的焚烧炉不配备二次污染防治设备，现代化垃圾焚烧设备防治二次污染的能力大大提高，技术已很完善，如采用干、湿式净烟设备，脱硫设备，袋

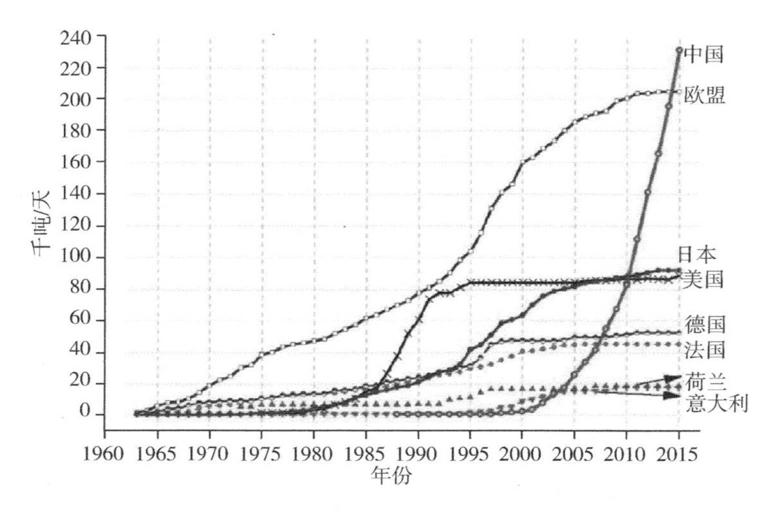

图 2-2　重要国家的焚烧能力变化趋势

式除尘设备及残渣的固化设备等，有效地防止了二次污染的发生。近年来，有害气体中呋喃、二噁英等的防治技术也有了新的突破。焚烧设备的运行管理也从过去的人工方式、半机械化方式发展为机械化方式、全自动化方式以及目前的全电脑化控制方式，整个焚烧过程包括进料、燃烧、除尘、排渣、测试等工序全部由微机自动控制。焚烧设施也由过去的公益性设施发展为具有发电、供热、区域性供暖制冷等能力的效益型设施。随着科学技术的不断进步，焚烧设备已从原来的落后状态发展为运用各种高科技手段的新一代垃圾焚烧设备。

2.2.1　国外垃圾焚烧技术发展历程

焚烧法处理城市生活垃圾已有 100 多年的历史，但出现有控制的焚烧（烟气处理、余热利用等）只是近几十年的事。目前，研究方向主要是提高垃圾焚烧发电效率。垃圾焚烧产生大量潜在的能源，回收发电是其资源化的主要途径之一。发达国家利用垃圾焚烧发电的比例逐步提高。进入 20 世纪 90 年代，由于全球经济的飞速发展和城市生活垃圾处理技术的不断提高，各国城市生活垃圾处理方式都以焚烧为主。

1. 美国

美国第一个焚化炉于 1885 年建于纽约的总督岛。到了 1949 年，Robert C. Ross 在美国成立了第一间有害废物管理公司——Robert Ross Industrial Disposal。公司的成立源于他在俄亥俄州看到了市场对有害废物处理的需求。1958 年，公司建成了全美第一座处理有害垃圾的焚烧炉。而美国第一座全面的，由政府运作的焚化设施是 Arnold O. Chantland 资源回收厂，该厂于 1975 年建于艾奥瓦州的恩慈（Ames），并一直运作至今，生产垃圾衍生燃料（refuse－derived fuel），然后将其送往当地的发电厂作为发电的燃料。美国第一个在商业上取得成功的焚烧厂是于 1975 年 10 月建于马萨诸塞州索格斯（Saugus）的 Wheelabrator Technologies，该厂也是一直运作到今天。

在美国和加拿大，人们对焚烧垃圾和其他垃圾转换为能源的技术又燃起了新的兴趣。2004 年，垃圾焚烧在美国获得可再生能源生产的税收抵免资格。增加现有工厂容量的项目正在进行中，并且，市政再一次评估建设焚烧厂，而不是选择继续采用堆填区的方式处理城市垃圾。但是，许多这些项目继续面临着政治上的反对，尽管关于焚烧减少温室气体排放、加强空气污染控制和焚烧灰烬的循环使用等论据已得到了更新。

美国一些老一代的焚化炉已经关闭，其中 186 个 MSW 焚化炉关闭于 20 世纪 90 年代，到 2007 年只剩下 89 个，另外，在 1998 年仍有 6 200 个医疗废物焚化炉，到 2003 年只剩下 115 个。从 1996 年至 2007 年，美国没有建造新的焚化炉，其主要原因有：(1)经济因素。随着大型的低成本的地区性垃圾堆填区的增加，并且电力的价格相对较低，焚化炉无法在美国提供燃料（即垃圾）竞争。(2)税收政策。美国在 1990 年至 2004 年废除了对由废物发电的发电厂的税收抵免政策。

2. 日本

日本在 1955—1965 年进行了垃圾焚烧炉的机械化研究，1963 年，在大阪市处理量达到 450 t/d 的连续燃烧式焚烧炉诞生了。日本在国土面积小的情况下，无法大规模建设填埋场，因而促进了垃圾焚烧炉的建设。垃圾焚烧后变为灰，其体积大约缩小为 1/20，可使填埋场地的寿命延长 20 倍。日本全国城市垃圾焚烧率在 1996 年达到了 76.9%。随着技术的进步，现在日本的垃圾焚烧装置已集中最新科学技术，成为大型装置，它们由计算机控制运行。在控制二次污染方面也取得了显著成效，表现为将含有有害金属和二噁英的焚烧灰的数量减少和进行无害化处理。同时，对熔渣的有效利用进行了研究，灰熔化炉也已投入使用。

自 1965 年完工的日本大阪市西淀工厂运营以来，利用垃圾燃烧设施发电的事业就一直在进行。垃圾焚烧发电早期停留在效率低的背压涡轮发电法的水平上，自 1975 年《能源使用的合理化法律》（简称《省能法》）公布以来，附带发电功能的垃圾处理工厂急剧增加。随着能源供需结构以及对环境问题观点的改变，人们对于可以发电，同时又没有环境负荷的新型废物发电的特点有了重新认识。

垃圾发电以经济性为主要出发点，仅限于大规模处理设施，其标准是垃圾处理量在 100 t/d 以上。日本拥有发电设备的焚烧炉 176 个，其发电能力为 71.7 万 kW·h(1997 年)。如果考虑焚烧率，城市垃圾的 33%被利用来发电。但是，日本的垃圾总发电量只有美国的 1/5，不到德国的 60%。这是由于垃圾发电不稳定，电力公司不愿意逆向送电，而且电费价格便宜，电力在垃圾焚烧厂所在地以外地区的利用受到限制，所以电力公司对垃圾发电不积极。近年来，由于资源循环利用意识的增强、国家政策的引导，以及对电力事业法的修正，使得发电单位与用户之间的关系改善，电力公司的态度发生了改变，采用垃圾发电的设施也相应增加。

2.2.2 我国垃圾焚烧技术发展历程

我国于 20 世纪 80 年代引进城市生活垃圾焚烧技术，1988 年，深圳市引进的生活垃圾焚烧处理厂投产；1992 年，珠海市开始筹建 3 个 2 000 t/d 的生活垃圾焚烧处理厂，由此，我国的垃圾焚烧发电技术进入了快速发展时期。受经济环境的影响，我国生活垃圾焚烧发电厂主要分布在东南沿海地区，特别是江浙沪一带的大城市周边，其垃圾处理设施建设进度遥遥领先。随着经济的发展，我国也有越来越多的城市选择建设生活垃圾焚烧发电厂，但总体进展相比沿海一带较为缓慢。同时，现有的和正在筹建的垃圾焚烧处理厂，主要是以引进国外技术和设备为主，设备费和运行费均较高，因此，垃圾焚烧处理的最终发展应是在吸收、消化引进的过程中逐步实现焚烧技术和设备的国产化或部分国产化。

“十二五”期间，我国城市生活垃圾焚烧行业迅速发展推进，根据住房城乡建设部印发的《关于加快推进部分重点城市生活垃圾分类工作的通知》的相关要求，垃圾焚烧厂的投运数量逐年增加。全国垃圾焚烧厂从 2003 年的 47 家发展到 2018 年底已建成并投入运行的 331 家，处置规模达到 36. 36 万 t/d(合 1.33 亿 t/a)，见图 2-3(a)。平均单厂处理规模也在不断上升，从 2003 年的 319 t/d 发展到 2018 年的 1 101 t/d，见图 2-3 (b)；同时，单厂最大规模不断提高，其中，上海于 2019 年建成了6 000 t/d的老港再生能源利用中心。

随着垃圾焚烧厂的建设，我国垃圾无害化处置能力和处置量不断提高。2003 年，我国垃圾无害化量为 0.75 亿 t，无害化率为 50.4%，到 2018 年，垃圾无害化达到 2.26 亿 t，处理率达到 99%。垃圾年焚烧量从 2003 年的 370 万 t 发展到 2018 年的 1.02 亿 t。垃圾焚烧量占无害化处理总量的比例，从 2003 年的 4.9%发展到 2018 年的 45.1%。据此，我国将很快进入“焚烧为主，填埋托底”的垃圾终端处理格局。

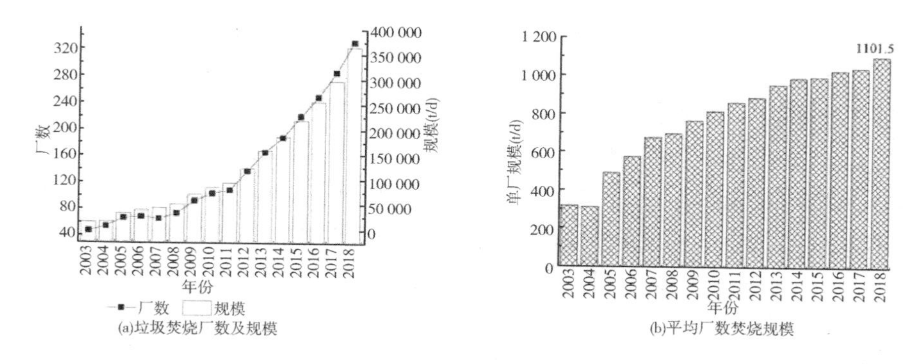

图 2-3　中国垃圾焚烧厂建设规模

2.3　城市生活垃圾焚烧工艺

焚烧垃圾的目的，是减少垃圾储量，通过焚烧实现垃圾的无害化，以挖掘垃圾的热能，保护环境。焚烧消除了垃圾的环境污染物，把垃圾可燃物的化学能转变为热能。热能的回收是自然资源合理使用的举措；焚烧炉渣、飞灰的无害化，烟气、废水的净化，是减少环境二次污染的举措。这些举措有益于社会的可持续发展。

确定垃圾焚烧工艺方案的目的，是寻求垃圾焚烧完全度高的方式，使工艺流程简单，焚烧设备投资不大，尽量确保有良好的经济社会效益。工艺流程和焚烧炉结构的确定，主要取决于垃圾种类、辅助燃料的种类、焚烧的特性，也与垃圾焚烧的后处理、余热回收方法有关。因此，要确定效益好符合垃圾焚烧具体情况的工艺，必须对以上提及的各种影响因素，进行充分考虑、仔细分析。

2.3.1　垃圾焚烧工艺流程

现代化生活垃圾焚烧厂的工艺流程因所采用的焚烧处理设备的不同而有所不同。但一般大型垃圾焚烧厂都包含有前处理系统、垃圾焚烧系统、余热利用系统、二次污染防治系统和自动控制系统等。其一般工艺流程如下：

垃圾接收系统中的垃圾经前处理系统输送至垃圾焚烧系统，在焚烧炉内垃圾与空气充分混合燃烧，燃烧产生的热能由余热利用系统加以回收利用(如发电、供热等)，在整个工艺流程中产生的二次污染物(灰渣、废水、烟气)分别集中经由二次污染防治系统处理后达标排放。各系统都配备有监测控制设备，构成完整的自动控制系统。

国内外垃圾焚烧厂目前所采用的垃圾焚烧设备主要有机械炉排炉、循环流化床及回转窑 3 种。对应于不同的焚烧设备,有不同的工艺流程。

炉排焚烧炉:炉排焚烧炉采用活动式炉排,在城市生活垃圾的焚烧处理中应用较为广泛。机械炉排炉的工艺流程可简单描述为垃圾经给料装置进入焚烧炉燃烧室,在炉排的运动下,垃圾随炉排运动,分别经过炉床干燥段、燃烧段、燃烬段。垃圾燃烧过程主要受到炉排结构及燃烧空气系统的影响,应合理选择炉排的运动速度,确保垃圾移动到炉排末端时已完全燃尽成灰渣。燃尽的灰渣从炉排末端落下,降温冷却后排出;焚烧产生的烟气流经余热锅炉受热面进行热交换。对焚烧过程中产生的灰渣收集后进行填埋或深化处理,废水及废气经处理达标后进行排放。

循环流化床焚烧炉:循环流化床焚烧炉是借助不起反应的惰性介质(如石英砂)的均匀传热和蓄热效果,使生活垃圾达到完全燃烧。因为砂粒尺寸较小,垃圾必须先破碎成小颗粒,以便燃烧反应的顺利进行。循环流化床焚烧炉的工艺流程可简单描述为垃圾经适当的预处理后,由给料系统送入沸腾床燃烧室,调节进入燃烧室的一次风(燃烧空气多由底部送入),使其处于流化燃烧状态,由于沸腾床中的介质处于悬浮状态,气、固间可充分混合接触,整个炉床燃烧段的温度相对较均匀;细小物料由烟气携带进入高温分离器,收集后返回燃烧室,烟气经尾部烟道进入净化装置进行净化后排入大气。如果在进料时同时加入石灰粉末,则在焚烧过程中可以去除部分酸性气体。

回转窑焚烧炉:回转窑是一个不停旋转的空心圆筒,其内壁可衬以耐火材料,一般窑体较长。生活垃圾从前端送入窑中进行焚烧,同时,窑体旋转,对窑中的垃圾起到搅拌混合的作用,垃圾从一端投入,到达另一端时已被燃尽成灰渣。在燃烧过程中,窑体旋转时保持适当的倾斜度,有利于垃圾的前进。垃圾焚烧厂中回转窑焚烧炉可单独使用或与炉排焚烧炉组合使用。

2.3.2 垃圾焚烧厂的系统构成

城市生活垃圾焚烧厂的系统构成主要包括前处理系统、垃圾焚烧系统、助燃空气系统、余热利用系统、灰渣处理系统、烟气净化系统、自动控制系统。图 2-4 为城市生活垃圾焚烧处理的典型工艺流程图。以下将对各系统做详细介绍。

1. 前处理系统

生活垃圾焚烧厂前处理系统即垃圾的接收和储存系统。负责垃圾焚烧前的运送、称重、卸料、储存。一般情况下,生活垃圾由垃圾运输车运入垃圾焚烧厂,先经过地衡称量并做记录,然后经垃圾卸料平台和卸料口倒入垃圾贮坑。垃圾

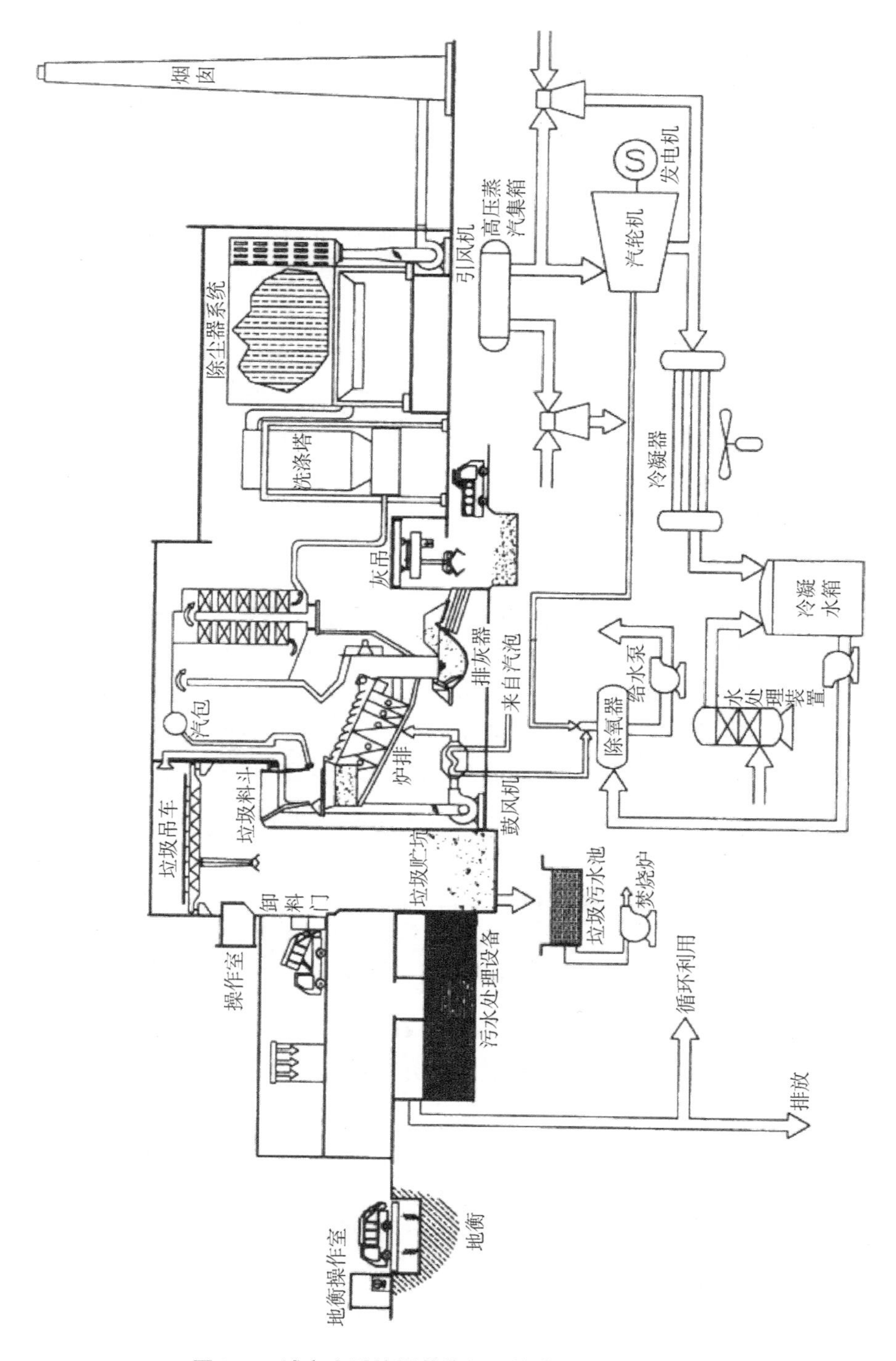

图 2-4　城市生活垃圾焚烧处理的典型工艺流程图

称重的目的在于正确记录进入垃圾焚烧厂的垃圾量，以及运出垃圾焚烧厂的灰渣量，称重系统应记录每车过磅资料，建立完整的统计资料，以计算处理效率和经营成本。在垃圾卸入贮坑前也可对垃圾进行分选，将废物中的可回收利用或不利于后续处理工艺要求的物料分离出来，通常采用机械与人工分选相结合的方式。

大型垃圾焚烧厂一般有多个垃圾卸料门，在无卸料操作的情况下，垃圾卸料门应处于关闭状态。垃圾卸料门的设计和操作，应使垃圾贮坑的臭气不外泄。同时，为保证贮坑中垃圾的合理均匀堆放，多个垃圾卸料门应配备自动控制系统，以合理控制垃圾卸料门的启闭，正确引导垃圾运输车辆的卸料操作。

进厂的生活垃圾在垃圾贮坑中暂时储存，以适应垃圾焚烧炉连续运转的需要。垃圾贮坑容量取决于垃圾焚烧厂的处理能力、垃圾运输车辆进厂的变化频率以及垃圾比重等因素。通常垃圾储坑的容量以可容纳 3～5 倍的最大日处理垃圾量为宜。

2. 垃圾焚烧系统

垃圾焚烧系统在广义上包括整个垃圾焚烧厂，即从垃圾的前处理系统到二次污染防治系统，狭义上即指焚烧炉本身。焚烧炉是垃圾焚烧厂中最关键的设备，它为垃圾提供了燃烧的场所，而垃圾的燃烧工况和燃烧效果取决于焚烧炉的结构和型式。以炉排焚烧炉为例，焚烧炉的工作过程可描述为料斗中的垃圾依靠自重滑入给料平台，由给料器将垃圾推至炉排预热段，炉排在驱动装置推动下运动，垃圾依次经过预热段、燃烧段及燃烬段，完全燃烧后的炉渣经降温后被输送至炉渣收集系统。

垃圾的燃烧和其他固体燃料一样，燃烧反应也很复杂，与炉膛温度密切相关，在炉膛温度为 800～1 000 ℃时，垃圾的燃烧反应较快。燃烧所需的空气由燃烧空气系统供给，一次风一般经炉床下方直接供给；如果燃烧时仅靠一次风垃圾无法充分燃烧时，可在炉床上方适当位置提供二次风。二次风以较高的风速吹入燃烧火焰中，可使燃烧气体与空气充分接触，加强混合效果，从而促使垃圾完全燃烧。

垃圾焚烧炉根据不同的区分角度可以有多种不同的分类。按焚烧室分类，可分为单室焚烧炉和多室焚烧炉；按炉型分类，可分为机械炉排焚烧炉、循环流化床焚烧炉、回转窑焚烧炉等。各种焚烧炉，其燃烧室有着不同的几何形状。燃烧室几何形状的设计要确保垃圾的完全燃烧并配合锅炉本体的整体布局。根据燃烧烟气的流向及垃圾的移动方向，焚烧炉体可分为顺流式、逆流式、交叉流式。烟气流向与垃圾的移动方向相同，为顺流式；烟气流向与垃圾的移动方向相反，为逆流式；炉出口位于炉排的中间，介于顺流式与逆流式之间的，称为交叉流式。其特点及适用范围见表 2-4。

表 2-4　机械炉排式生活垃圾焚烧炉炉型的种类

方式	顺流式	交叉流式	逆流式
特点	烟气流动方向与垃圾相同	烟气出口位于中间，介于顺逆流之间	烟气流动方向与垃圾相反
适用范围	低水分、高热值的生活垃圾	介于顺逆流之间的生活垃圾	高水分、低热值的生活垃圾

3. 助燃空气系统

助燃空气系统的目的是为垃圾在焚烧炉内稳定燃烧提供氧化剂，垃圾焚烧炉助燃空气（也可称为燃烧空气）的主要作用是：①提供垃圾干燥的风量和风温，为垃圾着火准备条件；②提供垃圾充分燃烧和燃尽的空气量；③促使炉膛内烟气的充分扰动，使炉膛出口 CO 的含量降至最低；④提供炉墙冷却风，以防炉渣在炉墙上结焦；④冷却炉排，避免炉排过热变形。

助燃空气包括炉排下送入的一次助燃空气（Primary Air）、二次燃烧室喷入的二次助燃空气（Secondary Air）、辅助燃油所需的空气以及炉墙密封冷却空气等。一次助燃空气系统是由炉排系统下方将一次助燃空气送入炉排系统各区段的装置，这些区段包括干燥段（或点火段）、燃烧段（或主燃烧段）和燃烬段（或后燃烧段）。一次助燃空气通常在垃圾储坑的上方抽取，在送入炉排前先经过空气预热器预热，以便为垃圾快速干燥和着火焚烧创造条件。二次助燃空气需经过预热后从位于前方或后方炉壁上一系列的喷嘴送入炉内。其流量占整个助燃空气量的 20%～40%。二次助燃空气的作用主要是加强燃烧室中气体的扰动、促进烟气中可燃气体的充分燃烧、增加烟气在炉膛中的停留时间以及调节炉膛的温度等。辅助燃油燃烧系统由位于炉体及炉壁的辅助燃烧器、储油罐及空气管线等组成。它的作用是提供在开机、停机过程中所需辅助的热量及在垃圾热值过低时，为维持炉内的最低燃烧温度而需补充的热量。

助燃空气系统的设备包括向垃圾焚烧炉内提供空气的送风机（一次风机、二次风机以及炉墙密封风机），对助燃空气进行预热的空气预热器（包括蒸汽空气预热器、烟气空气预热器），以及空气系统中的各种管道、阀门等。图 2-5 为助燃空气的工艺供给布置图。助燃空气系统中最主要的设备是送风机，其作用是将助燃空气送入垃圾焚烧炉内。根据垃圾焚烧炉构造及空气利用的目的不同，可以分为冷却用送风机和主燃烧用送风机。冷却用送风机主要提供使炉壁冷却以防止灰渣熔融结垢所需的冷空气。主燃烧用送风机提供燃料燃烧所必需的空气，是燃料正常燃烧的保证。主燃烧用送风机的送风方式有分离式和分流式。一次、二次燃烧用空气可以由一台送风机送风，经过分流后成为一次、二次助燃空气（即分流方式），也可以由两台送风机独立送风（即分离方式）。空气预热器的作用是利用高温空气去除垃圾中的水分，一般有利用蒸汽来加热空气的蒸汽空气预热器和利用燃烧烟气来加热空气的烟气空气预热器两种类型。

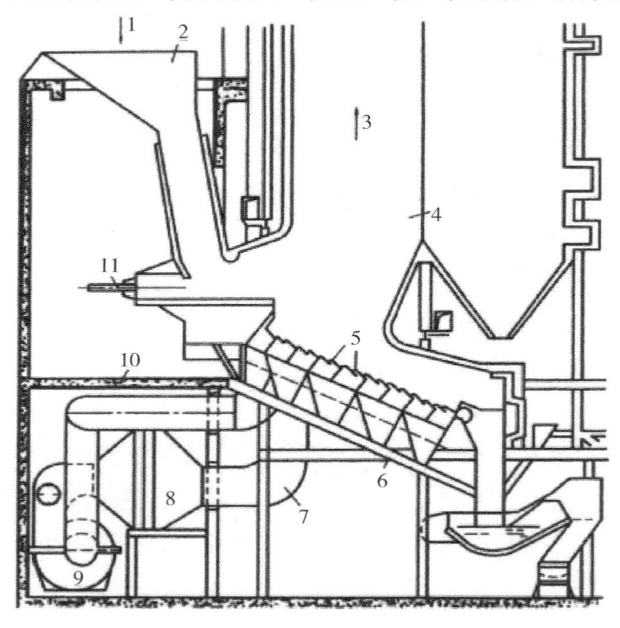

图 2-5　助燃空气工艺供给布置图

1——进料；2——进料斗；3——高温烟气；4——炉膛；5——炉排；6——一次助燃空气分配管（兼作炉底落灰管）；7——预热空气输送管；8——一次助燃空气预热管；9——风机；10——二次助燃空气输送管；11——推料器

4. 余热利用系统

从生活垃圾焚烧炉中排出的高温烟气必须经过冷却处理后方可排放，一般有直接冷却和间接冷却两种方式。直接冷却是利用惰性介质和尾气直接接触以吸收热量，达到冷却及调节温度的目的，一般采用喷水冷却；间接冷却方式是利用传热介质（空气、水等）经余热锅炉、换热器、空气预热器等热交换设备，以降低烟气温度，产生的蒸汽可用于发电、供热、加热燃烧空气或加热锅炉补给水。对于采用间歇焚烧方式的小型焚烧厂，因产生的热量较小，热量的回收利用较难且回收的经济效益较差，因此，大多采用喷水冷却方式来降低焚烧炉尾部的烟气温度。如果焚烧炉容量达到 150 t/d，且垃圾热值达到 7 500 kJ/kg 以上时，焚烧炉烟气适宜用余热锅炉进行冷却。大型垃圾焚烧厂具有规模效益，适宜采用余热锅炉冷却焚烧烟气，产生水蒸气，发电供热。

设置余热锅炉的垃圾焚烧高温烟气余热利用系统，其回收能量的方式一般有3种：①直接热能利用，转化为蒸汽、热水；②利用余热锅炉所产生的蒸汽进行余热发电；③产生蒸汽或热电联产。直接热能利用的热利用率高，设备投资较小，尤其适合小规模(日处理量≤100 t/d)垃圾焚烧处理设备和垃圾低位发热量较低的小型垃圾焚烧处理厂。所加热的燃烧热空气不但有助于焚烧炉垃圾的充分燃烧，对提高焚烧炉热效率也有一定的作用；所产生的热水及蒸汽可供系统及周围热用户使用。但这种热能利用形式受到初始规划的限制。余热发电需增加一套发电系统设备，虽然投资有所增大，但能获得较大的经济效益。目前，利用余热发电的大型生活垃圾焚烧厂在数量和规模上都有不断扩大的趋势。

只采用余热发电的垃圾焚烧厂的热效率为13%～22.5%，甚至更低。这是因为在热能转化为电能的过程中，热损失较大，它取决于垃圾低位发热量、焚烧炉热效率及汽轮发电机组的热效率。如果采用热电联供的方式，则垃圾焚烧厂的热效率将大大提高，这是因为在蒸汽发电过程中，汽轮发电机组的效率占去了较大的份额(62%～67%)，而直接供热就相当于把热量全部供给热用户(所供蒸汽不回收)或只回收返回的低温水的热量(如采用热交换器)。热效率的提高取决于发电和供热的比例关系，供热比例越大，则热效率越高。由此可见，垃圾焚烧厂如采用热电联供并优先供热将取得最大的经济效益。在规划大型垃圾焚烧处理厂时，此模式宜为首选。

5. 灰渣处理系统

垃圾焚烧处理过程中灰渣的主要来源有垃圾焚烧炉排下的炉渣和除尘器除去的飞灰、采用余热锅炉冷却烟气的垃圾焚烧炉在锅炉底部产生的飞灰以及采用喷水冷却烟气的垃圾焚烧炉在冷却室积累的飞灰。《生活垃圾焚烧污染控制标准》(GB 18485—2014)中要求对垃圾焚烧炉渣与除尘设备收集的焚烧飞灰分别进行收集、储存和运输，垃圾焚烧炉渣按一般固体废物处理，焚烧飞灰按危险废物处理。

(1) 炉渣处理系统

1) 炉渣输送工艺

为使垃圾焚烧后的炉渣顺利移出并获得适当的处理，必须设置漏斗或滑槽、排出装置、冷却设备、输送装置、贮坑及吊车与抓斗等设备。其一般的工艺流程如图2-6所示。

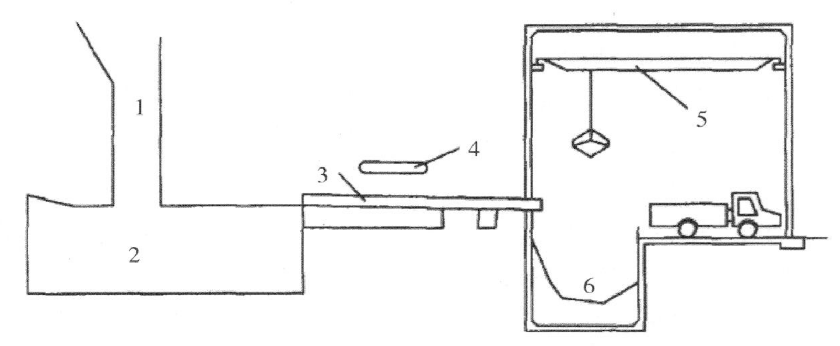

图 2-6　垃圾焚烧厂的炉渣输送工艺流程

1——灰渣漏斗；2——出渣机；3——输送带；4——磁选机；5——灰渣吊车；6——灰渣贮坑

2）炉渣输送设备

炉渣输送设备主要有以下几种：

①漏斗和滑槽：漏斗及滑槽为炉渣排出设备中不借机械力而凭借自重将炉排通风空隙中漏下的炉渣顺利排出的装置。其位置设置在炉排的下部，炉排下的漏斗通常也为一次助燃空气风箱的一部分。漏斗或滑槽的形状必须根据炉渣的特性，而具有适当的断面及倾斜角度，必要时也可设置振动装置，以防止“架桥”的发生。

②炉渣排出装置：炉渣排出装置主要用于将炉渣从其产生的场所移送至冷却装置。炉渣的排出可借助机械、水力或空气，如垂直移送则不必借助外力。排出装置应能防止外部空气漏入，可有效防止堵塞发生，防磨损、防腐蚀。焚烧炉运行时必须注意防止炉渣下落管的堵塞。

③炉渣冷却设备：炉渣冷却设备（有时也称为出渣设备）是炉渣处理系统中的关键设备，不仅可以冷却炉渣、增加炉渣的湿度，还具有将炉渣排出、密封焚烧炉的作用。采用冷却处理时，其冷却设备实际上是具有提升（倾斜或水平）机构或推渣装置的钢制或水泥的冷却水槽，炉渣经过冷却、脱水后排出，内部设有将冷却后的炉渣排出槽外的传送机。

④炉渣输送装置：炉渣输送装置是将经冷却的炉渣输送至灰渣贮坑的设备。若炉渣冷却设备靠近灰渣储坑时，可采用推灰器或滑槽，直接将炉渣送入储坑内。当炉渣冷却设备离灰渣贮坑较远时，炉渣输送设备一般采用输送带。输送带有两种形式：一种是在冷却水槽的上方返回，此时落渣管与管壁接触，易磨损；另一种是在冷却水槽的下方返回，此时输送带下的地面易污染，需经常清扫。炉渣输送带有带式、斗式、振动式、刮板式等几种形式。如要回收炉渣中的铁金属，可在振动式输送带后设置磁力分选装置。

⑤炉渣贮坑:冷却后的炉渣经炉渣输送装置被输送至炉渣贮坑暂时贮存,待装车外运。炉渣贮坑容量根据出渣作业情况而定,一般应设计有 3 d 的容量。炉渣贮坑应配有污水收集设施,必要时可加设沉淀池。

(2) 飞灰处理系统

1) 飞灰输送工艺

飞灰的输送工艺可描述为飞灰由漏斗收集,经排出装置排出到输送装置,再经过润湿装置增湿后排放至贮存坑,然后装车外运。

2) 飞灰输送设备

飞灰输送设备主要有以下几种:

①漏斗和滑槽:设置在锅炉烟道、除尘器等设备的下部,飞灰在自重作用下自动沉降。漏斗和滑槽具有适当断面和倾角及必要的保温措施。

②飞灰排出装置:飞灰多利用飞灰旋转阀排出,以保持气密性。经除尘器收集的飞灰可借其下部设置的漏斗或直接以输送带排出。同样也要保持排出装置的气密性,避免飞灰吸湿后附着在设备上,影响设备的正常运转。

③飞灰输送装置:可分为螺旋式输送带、刮板式输送带、链条式输送带、空气式输送管、水流式输送管等几种形式。其中,螺旋式输送带仅适合 5 m 之内的短距离输送。

④飞灰润湿装置:飞灰的颗粒较细小,为防止飞灰在临时贮坑内飞散,应设置飞灰润湿装置。一般常用双轴叶型混合器,添加水量为飞灰量的 10%左右,均匀混合后排出。为防止空气漏入,常采用旋转阀等密封装置,也可采用水封方式来防止空气漏入。

⑤贮存斗:经润湿后的锅炉飞灰,可暂时贮存在贮存斗中,待装车外运。贮存斗的容量一般为 10～12 m^3,如容量不足,可考虑设置多个贮存斗。贮存斗的设置应充分利用自然条件,为避免雨水渗入,应设置顶棚或设置在室内。

3) 飞灰的处理和处置

因为飞灰中含有重金属等危险废物,填埋时必须进行固化或稳定化处理。固化处理是利用固化剂与含大量重金属的除尘器飞灰混合后形成固化体,从而减少有害物质溶出;稳定化处理是用水、酸将飞灰中的重金属溶出,再做不溶化处理。固化的方法有水泥固化、沥青固化、烧结固化和熔融固化等。水泥固化是在飞灰中加入飞灰量为 10%～20%的水泥,利用水泥的强碱性将飞灰中的重金属化合成稳定的氢氧化物;沥青固化是借助沥青的不透水性,将飞灰表面包裹固定,防止有害物质溶出,不涉及化学变化;烧结固化是将飞灰单独或与玻璃质添加剂混合,高温(1 100 ℃)烧结固化,形成物化性质稳定的物质;熔融固化是将飞灰置于燃烧室内，利用燃料或电力加热至熔融温度(1 500 ℃)，使飞灰中高含量无机物变成熔渣。熔融固化的处理费用比其他方法费用高，但稳定度高，品质均匀，资源化效果好。

6. 烟气净化系统

生活垃圾焚烧产生的烟气中除了无害的二氧化碳和水外，还含有烟尘、氯化氢、氟化氢、硫氧化物、氮氧化物、汞、铬、铅、镉等金属气溶胶以及二噁英等有害成分，必须进行适当的处理才能排放，避免二次污染的产生。生活垃圾焚烧烟气净化处理工艺的形式较多，按其系统中是否有废水排出，一般分为湿法净化处理工艺、干法净化处理工艺和半干法净化处理工艺三种。典型的湿法处理工艺是文丘里洗涤器或布袋除尘器(或静电除尘器)与湿式吸收塔，文丘里洗涤器和布袋除尘器可有效地去除烟气中所含的粉尘颗粒，常用的湿式吸收塔是填料吸收塔，烟气中的酸性有害气体可被其有效地吸收；典型的干法处理工艺是由干式吸收塔与布袋除尘器或静电除尘器相互结合，以半干式吸收塔去除烟气中酸性有害气体，布袋除尘器或静电除尘器去除烟气中的粉尘颗粒；典型的半干法处理工艺是由半干式吸收塔与布袋除尘器或静电除尘器相互结合，以半干式吸收塔去除烟气中酸性有害气体，布袋除尘器或静电除尘器去除烟气中的粉尘颗粒。

湿法处理工艺的净化效率最高，但流程复杂，设备投资较高，还需对反应产物进行二次处理；干法处理工艺对污染物的去除效率相对较低，但工艺简单，设备投资低，且不需对反应产物进行二次处理；半干法净化不但具有净化效率较高的优点，且流程简单，投资及运行费用较低，也不需对反应产物进行后续处理，是一种较佳的烟气净化工艺。

7. 自动控制系统

垃圾焚烧厂的控制系统由给料控制系统、燃烧控制系统、余热利用控制系统、烟气净化控制系统、灰渣排放控制系统等共同组合而成，通过监控焚烧设备的运行，将各种操作集中化、自动化、最优化，它对于工厂的安全、稳定、高效运行，有着重要的意义。

大型垃圾焚烧厂自动控制对象包括以下几种：

①地磅：设计的目的在于正确记录进厂垃圾量、出厂灰渣量，地磅应能记录每一笔过磅资料，建立完整数据库并与中央控制系统连接。

②垃圾运输车辆：主要控制垃圾卸料门动作及卸料操作，垃圾运输车辆进入卸料区后，应有信号灯作引导标志。

③垃圾吊车：吊车功能是指挥抓斗将垃圾投入料斗，使垃圾均匀混合，自动控制系统应能切换成手动、半自动及全自动模式，必要时可由人工控制。

④抓斗:包括垃圾抓斗和灰渣抓斗。垃圾抓斗功能是搅拌垃圾及投料操作,依照料斗的填满程度(可在料斗两侧装感应装置)实现自动控制;而灰渣抓斗则是依据灰渣运输车辆的运载频率与装车容量予以控制。

⑤燃烧操作自动控制:依据垃圾热值和给料量,自动调整燃烧空气量及垃圾移动速度。应能保证烟气有足够的停留时间以达到完全燃烧,必要时可投入燃油助燃,以维持燃烧的稳定。在超出系统自动控制范围时,应能转化至人工操作。

⑥焚烧炉的自动启动及停炉控制:因为焚烧炉的启停往往有较多的不确定因素,自动控制的实现比较复杂和困难,所需的时间也较长,有待于计算机技术的进一步发展和提高,就目前而言,操作人员的操作经验依然起决定作用。

2.4　焚烧处理技术的炉型和特点

焚烧炉是垃圾焚烧厂的主要设备,其作用是通过燃烧将垃圾变成惰性残渣,以达到垃圾无害化、减量化(减容,减重)的目的,并将燃烧过程所产生的热量传递给余热利用系统以实现垃圾处理资源化。垃圾的燃烧工况和燃烧效果取决于焚烧炉的结构和型式。

按焚烧原理不同,垃圾焚烧炉主要分为机械炉排焚烧炉、循环流化床焚烧炉、回转窑焚烧炉三种。目前,国内外使用和在建的垃圾焚烧炉以机械炉排焚烧炉为主,少量采用循环流化床焚烧炉和回转窑焚烧炉。

2.4.1　机械炉排焚烧炉

机械炉排焚烧炉是发展历史最长、应用最广的炉型。其应用占全世界垃圾焚烧市场总量的80%以上,该类炉型的最大优势在于技术成熟,运行稳定、可靠,适应性广,绝大部分固体垃圾不需要任何预处理可直接进炉焚烧。尤其应用于大规模垃圾集中处理,可焚烧垃圾发电(或供热)。它采用活动式炉排,可实现垃圾焚烧操作的连续化和自动化,其工作过程如下:在焚烧炉中放置由一系列炉排片所组成的机械炉排,垃圾由添料设备送入焚烧炉后,在机械炉排往复运动的作用下,被逐步导向炉排上并随之向前移动。垃圾在由炉排下方送入的一次风和炉排运动的机械力共同推动和翻滚下,在向前移动的过程中水分不断蒸发,直到完全干燥并开始点燃和燃烧。垃圾燃尽后形成的灰渣由炉排尾部落入灰斗。炉排移动速度的设定原则是应保证垃圾在抵达炉排尾端时能够被完全燃尽成灰渣。炉排上垃圾燃烧所产生的烟气流上升而进入炉膛,并与由炉排上方导入的二次风充分搅拌、混合及完全燃烧。高温焚烧烟气随后被导入余热锅炉进行热量回收利用。

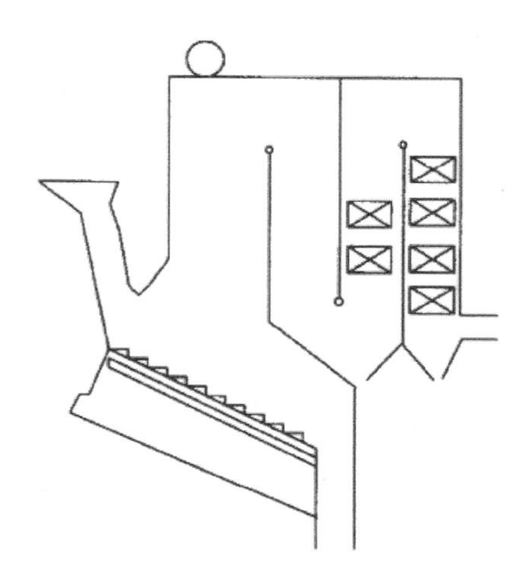

图 2-7　机械炉排焚烧炉示意图

1. 机械炉排燃烧过程

按其功能，机械炉排通常大体可分为干燥段、燃烧段和燃烬段三部分，如图 2-7 所示。各段中供应的空气量和运行速度可作调节。

(1) 干燥段

垃圾通过进料滑槽送入焚烧炉后，其干燥过程包括：炉内高温烟气、炉膛侧墙以及炉顶的辐射热干燥；由炉排下方提供的高温空气的对流接触干燥；垃圾表面和高温烟气的对流接触干燥；垃圾中部分组分的燃烧干燥。

利用炉膛壁面和火焰的辐射热，垃圾由其表面开始干燥，部分产生表面燃烧。干燥垃圾的着火温度一般为 200 ℃左右。如果提供 200 ℃以上的助燃空气，干燥的垃圾便会着火燃烧。垃圾在干燥段上的滞留时间约为 30 min，在干燥段送入炉子的一次风量约占总一次风量的 15%。针对我国目前高水分、低热值垃圾的焚烧，这一阶段必不可少。

(2) 燃烧段

垃圾在干燥段发生干燥和热分解过程并产生还原性气体，在燃烧段进行主要的燃烧过程并产生旺盛的燃烧火焰，在燃烬段进行静态燃烧（表面燃烧）。燃烧段与燃烬段的分界处称为“燃烧终了点”，即使垃圾特性发生变化，也应通过调节炉排移动速度来使燃烧终了点位置尽可能保持不变。垃圾在炉排燃烧段上的滞留时间约为 30 min，在燃烧段送入炉子的一次风量占总一次风量的 60%～

80%。垃圾的均匀供给与搅拌混合以及一次风量在干燥段、燃烧段和燃烬段的适当分配，对于达到良好的焚烧效果极为重要。一次风通过炉排进入炉内，易从通风阻力小的部分流入。但空气流入过多的部分会产生“火口”现象，易造成炉排片的烧损并产生垃圾熔融结块问题。因此，设计炉排时保证其具有一定且均匀的通风阻力也很重要。

（3）燃烬段

在燃烬段中，由燃烧段输送过来的固定碳和燃烧炉渣中的未燃尽部分将逐渐完全燃烧变成灰渣，在此阶段温度逐渐降低，炉渣被排出炉外。垃圾在燃烬段上的滞留时间约为 1 h。若保证燃烬段上充裕的滞留时间，则可将炉渣的热灼减率降低至 1%～2%。这里，炉渣的热灼减率定义为焚烧炉渣经灼热减少的质量占原焚烧炉渣质量的百分数。

2. 炉排炉的构造与功能

炉排炉技术成熟、对垃圾成分和质量要求低、预处理简单、飞灰量少、除渣系统稳定、燃烧过程控制简单、运营成本较小，目前，国内外的大型垃圾焚烧厂大都采用炉排炉作为主要的焚烧设备。炉排炉主要由炉膛和炉排构成。垃圾经由加料装置进入垃圾焚烧炉内，在炉排上先后经过干燥、热分解、燃烧和燃烬过程，通过炉排的移动或转动，使垃圾充分干燥、燃烧直至完全燃尽。燃烧过程主要受到炉膛的几何形状（即气流模式）和炉床构造的影响。

（1）炉膛的构造

炉膛的内部构造如图 2-8 所示。炉体两侧为钢架，侧面设置横梁以支持炉排和耐火材料，炉壁为高温耐火砖墙。耐火砖墙外设置足够厚度的保温绝热材料及外壳以确保炉壁的气密性，防止高温烟气外泄。炉体顶部大部分采用水冷壁构造，其目的是吸收炉膛的高温辐射热，保护炉壁，同时也可增加锅炉的换热面积，提高蒸汽出率。炉壁构造分为砖墙、塑性耐火砖墙、空冷砖墙和水冷壁 4 种。

（2）炉膛的类型

炉膛的几何形状与炉膛中烟气的流动状况有着密切的关系，且对焚烧效率具有重要的影响。炉膛中烟气的流动一方面配合炉排构造，为垃圾提供干燥、燃烧及完全燃烧的环境条件；另一方面则确保烟气在高温环境中有充裕的停留时间，以保证烟气中毒性物质的分解。此外，还需兼顾余热锅炉的布置和热能回收利用效率。

根据气流模式与垃圾在炉排上的运动方向之间的相互关系，可将焚烧炉的炉膛分为逆流式、顺流式、交流式和复流式 4 种类型。进入炉膛的一次风流动方

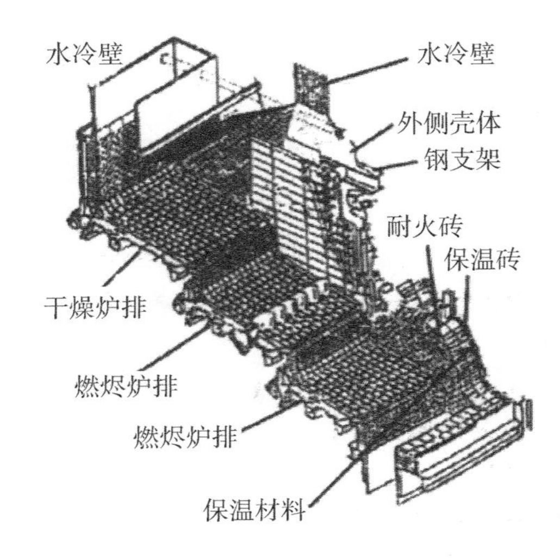

图 2-8　炉膛内部结构示意图

向与垃圾运动方向相反的称为逆流式，如此可以使垃圾受到充分的干燥，适合于处理低热值高含水率的垃圾。反之，进入炉膛的一次风流动方向与垃圾运动方向相同的，称为顺流式，通常用于处理高热值低含水率的垃圾。有些焚烧炉中垃圾的移动方向与一次风流动方向相交，称为交流式，主要适合于处理热值波动较大的生活垃圾。此外还有一种复流式炉膛，在燃烧室中设置有辐射隔板，使燃烧室分隔成两个烟道，靠近干燥段一次风与垃圾流动方向基本相反，为逆流式，靠近燃烬段一次风与垃圾流动方向基本相同，为顺流式。

（3）主要的机械式炉排

炉排是垃圾燃烧的主要装置，也是城市生活垃圾焚烧炉中最重要的部分。大型炉排炉均采用机械式炉排，通过炉排的反复运动或转动使垃圾在炉床上被预热、搅拌、混合，达到完全燃烧的目的。常见的机械式炉排主要分为逆推式、顺推式、阶梯式和旋转式炉排等几种。

逆推式：逆推式炉排由固定炉排和活动炉排交错布置构成。活动炉排运动方向与垃圾的传送方向相反，通过其运动使垃圾在重力的作用下翻滚滑落，从而起到良好的搅拌作用。逆推式炉排的炉排长度比其他形式同等容量的炉排短，燃烧空气与垃圾混合充分，对垃圾干燥效果明显，搅拌能力强，燃烧效率高，特别适合于处理低热值高含水率的垃圾。

顺推式：顺推式炉排由固定炉排和活动炉排交错布置构成。活动炉排的运动方向与垃圾的传送方向相同，通过其作用使垃圾在炉排上稳定前进燃烧。顺推式炉排对垃圾的搅拌效果不如逆推式炉排好，一般用于处理热值较高含水率较低的垃圾。但也有例外的情况，如二段式炉排炉就采用了“逆推式炉排＋顺推式炉排”的布置方式，在处理低热值高含水率垃圾方面效果不错。

阶梯式：此种炉排由干燥段、燃烧段和燃烬段组成，每段炉排都由固定炉排和活动炉排交替布置构成，每个炉排段之间设计有较大的垂直落差，垃圾在通过这些落差时翻转、坠落并散开，与空气充分混合，增强了燃烧效果。

旋转式：旋转式炉排由多个圆桶型滚轴构成，每个滚轴间旋转方向相反。炉排分为干燥区、蒸发区、燃烧区和燃烬区，垃圾在圆桶的滚动作用下向下移动，并可充分搅拌混合。这种形式的炉排冷却效果好，但圆桶之间的燃烧空气孔容易阻塞，影响运行的稳定性。

炉排机械负荷是单位时间内单位炉排面积上燃烧的垃圾量，炉排的机械负荷根据各厂家炉型的不同而不同，一般而言，炉排的机械负荷选择原则是：①高水分低热值的垃圾采用的机械负荷值较低；②机械负荷越低，炉渣的热灼减率越低；③燃烧空气的预热温度越高，机械负荷越高；④单台炉的处理能力越高，机械负荷越高；⑤水平炉排比倾斜炉排的机械负荷稍低。

（4）炉排炉的优缺点

优点：

单台炉处理量大，目前国内已有 800 t/d 的焚烧炉在运行。

垃圾在炉内分布均匀，料层稳定，燃烧完全。运行时可视炉内垃圾焚烧状况调整。

可调节炉排转速，控制垃圾在炉内的停留时间，使其燃尽。

由于鼓风机压头低，风机所需功率小，故动力消耗少。

因为垃圾在炉排上燃烧，不需掺燃煤，所以烟气中粉尘含量低，减轻了除尘器的负担，降低了运行成本。

炉排炉进料口宽，适合我国生活垃圾分类收集规范化程度差的现状，不需要对垃圾进行分选和破碎等预处理。采用层状燃烧方式，烟气净化系统进口粉尘浓度低，降低了烟气净化系统和飞灰处理费用，一般情况下，无需添加辅助燃料即可使燃烧温度在 850 ℃持续时间达到 2 s 以上。

缺点：

由于燃烧速度慢，炉排倾斜，因而使得炉体高大，占地面积大，同时，炉体散热损失增加。

高温区炉排片长期与炽热垃圾层接触，容易烧坏。

由于活动炉排与固定炉排等关键部件由耐热合金钢制造，所以设备造价较高。

主要炉排技术及厂商见表 2-5。

表 2-5 主要炉排技术及厂商

炉排技术	厂商
三菱—马丁逆推炉排炉	日本三菱重工株式会社
SN 型炉排炉	日本田熊株式会社
阶梯式顺推炉排炉	德国诺尔—克尔茨公司
往复顺推式炉排炉	德国斯坦米勒公司
SITY2000 倾斜往复式炉排炉	法国阿尔斯通公司
SHA 多级炉排炉	比利时西格斯公司
R－I0540 型炉排炉	瑞士 VonRoll 公司
机械往复式炉排炉	浙江伟明环保股份有限公司
机械往复式炉排炉	杭州新世界能源环保公司
德国马丁公司 SITY2000 炉排炉(国产化)	重庆三峰环境产业有限公司
多级液压机械炉排炉	中国光大国际有限公司

2.4.2 流化床焚烧炉

近年来,流化床开始用于焚烧污泥、煤和城市生活垃圾。适用于焚烧高水分的污泥类等固体废弃物。循环流化床焚烧炉的流动层根据垃圾颗粒的运动和风速可分为固定层、沸腾流动层和循环流动层,其焚烧原理是:流化床炉膛下部布置有耐高温的布风板,板上装有载热的惰性颗粒(通常为石英砂),通过床下布风,使惰性颗粒呈沸腾状,形成流化床段,上方设置足够高的燃烬段。热砂沸腾后,投入垃圾,两者一起沸腾,垃圾很快干燥、着火、燃烧。未燃尽的垃圾比重较轻,继续沸腾燃烧;燃尽的垃圾比重较大,落到炉底,经过水冷后,用分选设备将粗渣、细渣送到厂外,少量的中等炉渣和石英砂通过提升设备送回到炉中继续使用。图 2-9 为流化床密相区内气固两相流动示意图。

流化床技术的优点为设备较便宜、投资较小、国产率高、燃烧充分、运行稳定、使用寿命长、热效率相对较高。其缺点是必须对垃圾进行预处理、飞灰产生量大、操作过程气流量大、满负荷操作时间相对较短、必须掺煤、收益受煤价波动影响大、运营成本较高。流化床燃烧比较充分,环保贡献率较高,适合垃圾热值较低的地区。我国的流化床焚烧炉主要以国产化技术为主,以北京中科通用能源环保公司生产的循环流化床和浙江大学热能工程研究所研制的异重流化床应用范围最广,还有部分焚烧厂采用日本荏原公司制造的回旋流化床。表 2-6 为

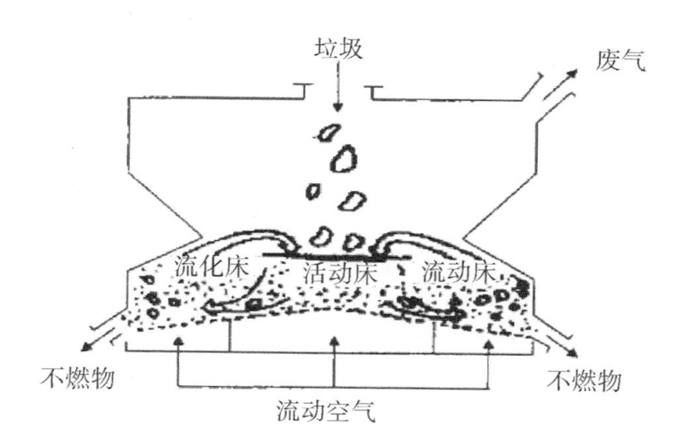

图 2-9　流化床密相区内气固两相流动示意图

我国主要流化床技术厂家。

表 2-6　我国主要流化床技术厂家

技术种类	厂商	垃圾焚烧电厂
循环流化床技术	北京中科通用能源环保有限责任公司	浙江嘉兴热电厂
		东莞市市区垃圾焚烧厂
		宁波市镇海垃圾焚烧厂
		四川彭州焚烧厂
异重流化床	浙江大学 & 杭州锦江集团	杭州老余杭垃圾焚烧厂
		杭州锦江乔司垃圾发电厂
		山东菏泽垃圾焚烧厂
		郑州荥阳垃圾焚烧厂
内循环流化床技术	日本荏原制造所	哈尔滨垃圾焚烧厂
		太原市垃圾焚烧厂
		大连市垃圾焚烧厂

2.4.3　回转窑焚烧炉

回转窑式焚烧炉是用冷却水管或耐火材料沿炉体排列，炉体水平放置并略为倾斜。通过炉身的不停运转，使炉体内的垃圾充分燃烧，同时向炉体倾斜的方向移动，直至燃尽并排出炉体。为使垃圾完全焚烧，一般设有二燃室。其独特的结构使垃圾在几种传热形式中完成干燥、挥发析出、着火直至燃尽的过程，并在二燃室内实现完全焚烧。回转窑式焚烧炉对焚烧物变化适应性强，特别对于含较高水分的特种垃圾均能实行燃烧。图 2-10 为回转窑焚烧炉示意图。

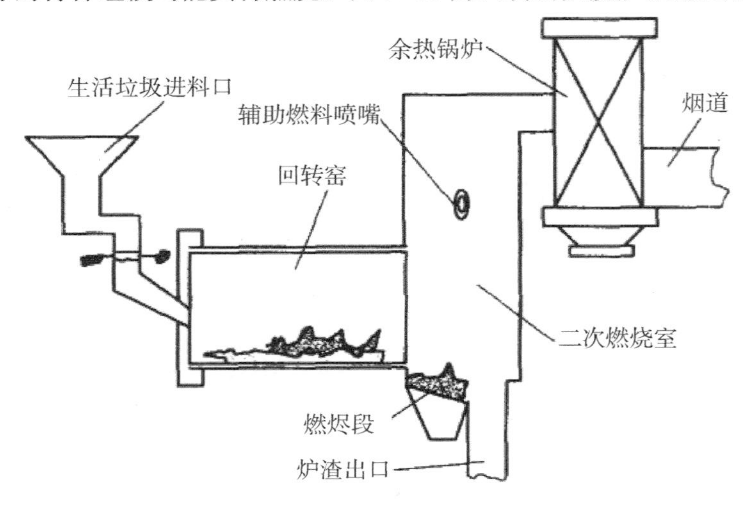

图 2-10　回转窑焚烧炉示意图

回转窑焚烧炉机械零件少、故障少，可以长时间连续运行。设备利用率高，灰渣中含碳量低，过剩空气量低，有害气体排放量低。但燃烧不易控制，垃圾热值低时燃烧困难。排出的气体有恶臭，需要脱臭装置，或导入高温后燃室焚烧。由于窑身较长，占地面积大，且燃室的炉排结构要求较为严格，因此成本高，价格昂贵。回转窑处理量小，不适用于生活垃圾大规模处理，主要应用于建材骨料的煅烧。

利用水泥窑协同处置生活垃圾的主要工艺有：①改造水泥窑使之与垃圾处理工艺相互融合，如铜陵海螺水泥厂的新型干法水泥窑和气化炉相融合的处置技术（简称 CKK 系统）；②对生活垃圾进行提质、原料化，在进入水泥窑炉焚烧之前将生活垃圾制备成下游原料，以供水泥工业使用，如华新水泥厂的垃圾衍生燃料技术（Refuse Derived Fuel，RDF）。表 2-7 为国内外水泥窑协同垃圾处理技术。

表 2-7　国内外水泥窑协同垃圾处理技术

技术种类	公司名称
L 型焚烧炉技术	中信重工机械股份有限公司
双筒热解窑与水泥回转窑协同技术	江苏鹏飞集团有限公司
立式悬浮热解气化炉技术	北京金隅集团水泥厂
机械生物法加热盘炉技术	丹麦史密斯公司

表 2-8 为上述三种焚烧炉型比较。

表 2-8　三种焚烧炉型比较

	机械炉排焚烧炉	流化床焚烧炉	回转窑焚烧炉
焚烧原理	将生活垃圾置于炉排上，助燃空气从炉排下供给，垃圾在炉内分为干燥段、燃烧段和燃烬段	垃圾从炉膛部分供给，助燃空气从下部鼓入，垃圾在炉内与流动的热砂接触并进行快速燃烧	垃圾从一端进入且在炉内翻动燃烧，燃尽的炉渣从另一端排出
应用范围	目前应用最广的生活垃圾焚烧技术	20 年前开始使用，目前几乎不再建设新厂	常用于处理高水分的生活垃圾和热值低的垃圾
最大处理能力	1 200 t/d	150 t/d	200 t/d
前处理	一般不需要	入炉前需粉碎到 20 cm 以下	一般不需要
烟气处理	烟气飞灰含量较高，除二噁英外，其余易处理	烟气中含大量灰尘，烟气处理较难	烟气除二噁英外，其余易处理
运行费	较低	较高	较低

第三章 城市生活垃圾焚烧处理的污染控制

由于城市生活垃圾组分复杂，在焚烧过程中，会有很多有害物质产生，如果不能有效控制垃圾焚烧过程中产生的污染，会给环境的生态平衡带来严重的影响，甚至给社会持续发展带来危害，也影响了人们的身体健康。本章对垃圾焚烧发电厂的常见污染问题，包括大气污染物、废水污染物、固体废弃物、噪声污染及控制技术措施进行了总结。

3.1 大气污染物及其控制措施

城市生活垃圾在焚烧处理过程中大量组分发生蒸发、分解、燃烧，产生大量垃圾焚烧烟气。垃圾焚烧烟气中含大量有毒有害物质，比较容易引起二次污染，危害人体健康和动植物生存环境。现已证实，垃圾焚烧烟气中的重金属污染物极易造成人体的金属中毒，导致大脑、神经、骨骼、生殖系统、消化系统等发生慢性病变；有机污染物，特别是二噁英类和呋喃类，是毒性非常大的致癌物质；NO_2污染物在阳光照射及碳氢化合物存在的情况下，进行光化反应，形成臭氧及其他二次污染。垃圾焚烧烟气中含量最大的污染物是酸性气体和烟尘，能刺激腐蚀皮肤和粘膜，导致慢性中毒引起呼吸道发炎、牙齿酸腐蚀、胃肠炎等疾病，严重者会出现肺水肿。酸性气体和烟尘还能使植物枯死，并强烈腐蚀器物。由此可见，垃圾焚烧烟气在排入大气之前，必须进行净化处理，达到排放标准。

3.1.1 大气污染物的产生原理及特性

垃圾焚烧会产生大量烟气，烟气中的主要成分是CO_2、H_2O、O_2、N_2，占烟气体积的99%，属无害成分，由于生活垃圾成分的复杂性、多变性以及焚烧过程中的不可控制性，会产生微量的有害成分，这些污染物的化学、物理性质及对人体和环境的危害程度各异，数量的差异也较大。

垃圾焚烧过程中产生的大气污染主要包括焚烧烟气污染和恶臭污染。其中焚烧烟气污染物根据化学、物理性质的不同，可分为酸性污染物、烟尘污染物、重金属污染物和有机污染物。

1. 焚烧烟气

(1) 酸性污染物

焚烧烟气中的酸性污染物主要包括 HCl、氟化物、硫氧化物、NO_x、CO 等。

①HCl：垃圾焚烧烟气中 HCl 的来源有两个，一是垃圾中的有机氯化物，如 PVC 塑料、橡胶、皮革等燃烧生成 HCl；二是垃圾中的无机氯化物，如厨余垃圾中的 NaCl、纸、布等在焚烧过程中与其他物质反应生成 HCl。

②氟化物：氟化物产生于垃圾中氟碳化物的燃烧，如氟塑料废弃物、含氟涂料等，形成机理与 HCl 相似，但产生量较少。

③硫氧化物：硫氧化物主要由垃圾中的有机硫化物燃烧氧化产生，一部分的 SO_2 来源于垃圾中无机硫化物的分解还原。燃烧时，当过量空气系数低于 1.0 时，有机硫将被分解，除 SO_2 外，还产生 HS、S、SO 等；当过量空气系数高于 1.0 时，将全部燃烧生成 SO_2；在完全燃烧的条件下，在生成 SO_2 的同时，约有 0.5%～2.0%的 SO_2 将进一步氧化生成 SO_3。目前，在生活垃圾焚烧炉中，还不能用改进燃烧技术的方法来控制 SO_2 的生成量，但 SO_2 的生成量与生活垃圾中的硫含量成正比。

④NO_x：在高温条件下，NO_x 主要来源于生活垃圾焚烧过程中与焚烧工况导致的空气中的 N 和 O 的氧化反应，另外，含氮有机物的焚烧也可以生成 NO_x。氮氧化物中主要成分为 NO，占 95%，NO_2 仅占很少一部分。少部分的 NO 也会进一步氧化为 NO_2。

⑤CO：一部分来自垃圾碳化物的热分解，另一部分来自不完全燃烧，垃圾燃烧效率越高，排气 CO 含量就越少。

(2) 烟尘

烟尘是焚烧过程中与废气同时排出的烟(粒径1 μm以下)和粉尘(粒径 1 μm～200 μm)的总称。垃圾在焚烧过程中，由于高温热分解氧化的作用，燃烧物及其产物的体积和粒度减小，其中的不可燃物大部分滞留在炉排上以炉渣形式排出，一小部分细小粒子在气流携带及热泳力作用下，与焚烧产生的高温气体一起在炉膛内上升，经过与锅炉的热交换后，形成含有颗粒物即飞灰的烟气流。焚烧烟气中烟尘一般占垃圾量的 3%～4%。

(3) 重金属污染物

重金属类污染物源于焚烧过程中生活垃圾所含重金属及其化合物的蒸发。

该部分物质在高温下由固态变为气态，一部分以气相的形式存在烟气中，如 Hg。另有相当一部分重金属分子进入烟气后被氧化，并凝聚成很细的颗粒物。还有一部分蒸发后附着在焚烧烟气中的颗粒物上，以固相的形式存在于焚烧烟气中。由于不同种类重金属及其化合物的蒸发点差异较大，在生活垃圾中的含量也各不相同，所以，它们在烟气中气相和固相存在形式的比例分配上也有很大的差别。以 Hg 为例，由于其蒸发点很低，故它在烟气中以气相形式存在。而对于蒸发点较高的重金属，如 Fe，则主要以固相附着的形式存在于烟气中。

(4) 有机污染物

烟气中还含有一些微量有机化合物，主要是垃圾中的氯、碳水化合物等在特殊温度场和特殊触媒作用下反应生成的微量有机化合物，如多环芳烃(PAHs)、多氯联苯(PCBs)、甲醛、二噁英(PCDD)及呋喃(PCDF)等。微量有机化合物结构比较稳定，对人或生物具有强烈的毒害作用。其中，二噁英类化合物是指那些能与芳香烃受体 Ah－R 结合并能导致一系列生物化学效应的一大类化合物。主要包括 75 种多氯代二苯并－对－二噁英(PCDDs)和 135 种多氯代二苯并呋喃(PCDFs)。其中，PCDDs 和 PCDFs 统称为二噁英类。此外，还包括多氯联苯(PCBs)和氯代二苯醚等。目前，已知所有二噁英类化合物中，毒性最为明显的是 7 种 PCDDs，10 种 PCDFs 和 12 种 PCBs，其中以 2，3，7，8－TCDD 的毒性最大。二噁英类难溶于水却很容易溶解于脂肪而在生物体内积累，并难以排出，生物降解能力差；具有很低的蒸气压，使该物质在一般环境温度下不容易从表面挥发；在 700 ℃下具有热稳定性，高于此温度即开始分解。这三种特性决定了二噁英在环境中的去向。二噁英进入生物体，并经过食物链积累，而造成传递性、累积性中毒。

在生活垃圾焚烧过程中，二噁英的生成机理相当复杂，至今为止，国内外的研究成果还不足以完全说明问题，目前已知的生成途径可能有以下几种：

①生活垃圾中本身含有微量的二噁英，由于二噁英具有热稳定性，尽管大部分在高温燃烧时得以分解，但仍会有一部分在燃烧以后排放出来；

②在燃烧过程中由含氯前体物生成二噁英，前体物包括聚氯乙烯、氯代苯、五氯苯酚等，在燃烧中，前体物分子通过重排、自由基缩合、脱氯或其他分子反应等过程生成二噁英，这部分二噁英在高温燃烧条件下大部分也会被分解；

③当因燃烧不充分而在烟气中产生过多的未燃尽物质，并遇适量的触媒物质(主要为重金属，特别是铜等)及 300～500 ℃的温度环境，那么在高温燃烧中已经分解的二噁英将会重新生成。

2. 恶臭

在垃圾焚烧发电项目工程运行过程中会产生 NH_3、H_2S 等恶臭气体，此类污染物主要来自垃圾贮存车间及厂内垃圾渗滤液处理站。同时，原始垃圾中含有很多细菌、病毒等有害微生物，这些微生物可能以气溶胶方式散发到空气中，而大部分气溶胶能被人体吸入呼吸道，对下呼吸道造成危害，特别是一些易感人群吸入后会造成免疫力下降，影响健康。通常状况下，整个垃圾库为封闭结构，并采用负压系统，确保臭气不外溢；自垃圾贮坑上方抽取池内气体并经预热后送入焚烧炉，作为助燃用一次空气；污水处理站产生恶臭气体的构筑物(调节池、厌氧池)考虑加盖密闭，将恶臭气体吸风排至垃圾坑负压区，控制恶臭气体外排。

3. 生活垃圾焚烧控制标准

根据《生活垃圾焚烧污染控制标准》(GB18485—2014)中的规定，表 3-1 列出了生活垃圾焚烧产生的各种污染物的控制标准。

表 3-1　生活垃圾焚烧污染控制标准

项目	单位	数值含义	排放限值
烟尘	mg/Nm^3	测定均值	30
烟气黑度	林格曼黑度，级	测定值	1
CO	mg/Nm^3	小时均值	100
NO_x	mg/Nm^3	小时均值	300
SO_x	mg/Nm^3	小时均值	100
HCl	mg/Nm^3	小时均值	60
Hg	mg/Nm^3	测定均值	0.05
Cd	mg/Nm^3	测定均值	0.1
Pb	mg/Nm^3	测定均值	1.0
二噁英	$ng\ TEQ/Nm^3$	测定均值	0.1

3.1.2 大气污染物处理技术

针对垃圾焚烧技术产生的大气污染物，以下分别从上述讨论的酸性污染物、烟尘、重金属污染物、有机污染物以及恶臭等多个方面具体阐述它们的污染控制技术。

1. 酸性污染物控制技术

酸性污染物控制技术主要有湿式洗气法、干式洗气法和半干式洗气法。

(1) 湿式洗气法

湿式洗气法就是将碱液喷淋到洗涤塔内,使之与酸性气体发生中和反应,达到去除酸性气体的目的。当以氢氧化钠溶液作碱性药剂时,其反应式为:

$$NaOH + HCl \rightarrow NaCl + H_2O$$

$$2NaOH + SO_2 \rightarrow Na_2SO_3 + H_2O$$

常用的湿式洗气装置是对流操作的填料吸收塔,烟气通过冷却塔降温后由喉部引导到填料塔的下部,然后通过塔内填料层向上流动,在此过程中,烟气与由顶部喷入(喷淋)、向下流动的碱性溶液在填料空隙和表面接触,并发生中和反应,从而去除酸性气体。

常用的碱性洗涤药剂有NaOH溶液(15%~30%)和$Ca(OH)_2$溶液(10%~30%)等。石灰液价格较低,但是石灰在水中的溶解度不高,含有许多悬浮氧化钙粒子,容易导致液体分配器、填料及管线的堵塞及结垢。虽然苛性钠比消石灰贵,但其去除效果较佳且用量较少,不会因pH值调节不当而产生管线结垢等问题,故一般均采用NaOH溶液为碱性中和剂。整个洗烟塔的中和剂喷入系统采用循环方式,当循环水的pH值或盐度超过一定标准时,即需排出,再补充新鲜的NaOH溶液,以节约处理成本并维持酸性气体去除效率。排出液中通常含有很多溶解性重金属盐类(如$HgCl_2$,$PbCl_2$等),氯盐浓度亦高达3%,必须进行适当处理,避免二次污染。

由于一般的湿法净化均采用充填吸收塔的方式设计,故其对粒状物质的去除能力几乎可被忽略。湿法净化多分为两阶段洗气,第一阶段针对SO_2,第二阶段针对HCl,主要原因是两者在最佳去除效率时的pH值不同。净化设备主要是文丘里洗涤器。湿式洗气塔的主要优点是对酸性气体的去除效率很高,HCl去除率可达98%,SO_x去除率也可达90%以上,并附带有去除高挥发性重金属(如汞)的潜力。缺点是造价高,耗电、耗水量大,产生含重金属和高浓度氯盐的废水,尾气排放时产生白烟现象,一般需另加装废气再热器。

(2) 干式洗气法

干式洗气法是将粉状的碱性物质直接通过压缩空气喷入烟管或烟管上某段反应器内,使其与酸性气体发生中和反应,达到去除酸性气体的目的。其化学反应式为:

$$2xHCl + ySO_2 + (x+y)CaO \rightarrow xCaCl_2 + yCaSO_3 + xH_2O$$

$$yCaSO_3 + 0.5yO_2 \rightarrow yCaSO_4$$

或

$$xHCl+ySO_2+(x+2y)NaHCO_3 \rightarrow xNaCl+yNa_2SO_3+(x+2y)CO_2+(x+y)H_2O$$

由于干式洗涤时，固相与气相的接触时间有限，且传质效果不佳，故常需超量加药，实际碱性固体的用量约为反应需求量的 3～4 倍，固体停留时间至少需要 1 s 以上。一般在应用干式烟塔法时，通常需要先加一个冷却塔在前面，借助喷入的冷水先将废气温度降至 150 ℃，以提高酸性气体的去除效率，但单独的干式洗气法去除率并不高（HCl 仅 60%，SO_2 仅 30%）。近年来，为提高干式洗气法对难以去除的一些污染物质的去除效率，有用硫化钠（Na_2S）及活性炭粉混合石灰粉末一起喷入的，可以有效吸收气态汞及二噁英。

干式洗气塔与布袋除尘器组合工艺是焚烧厂中尾气污染控制的常用方法，整个系统的优点为设计简单、维修方便及造价便宜，没有废液的产生，且碱性物质输送管线不易阻塞，但缺点是药剂的消耗量大，整体的去除效率较半干法和湿法低，产生的反应物及未反应物量也较多，需要最终处理。至于目前虽已有部分厂商运用回收系统，将由集尘器收集下来的飞灰、反应物与未反应物按一定比例与新鲜的消石灰粉混合利用，以节省药剂消耗量，但其成效并不显著，且会使整个药剂准备及喷入系统变得复杂，管线系统也因飞灰及反应物的介入而增加磨损或阻塞的频率，反而失去原系统设计操作维护容易的优势。

(3) 半干式洗气法

半干式洗气法是介于干式和湿式洗气法之间的一种方法。它是利用高效雾化器将碱浆（如消石灰泥浆）喷入干燥吸收塔中，喷入的泥浆与尾气可成同向流或逆向流的方式，使之与其中的酸性气体充分接触并发生反应，以去除酸性气体。以消石灰泥浆为药剂时，其化学反应式为：

$$CaO+H_2O \rightarrow Ca(OH)_2$$

$$Ca(OH)_2+SO_2 \rightarrow CaSO_3+H_2O$$

$$Ca(OH)_2+2HCl \rightarrow CaCl_2+2H_2O$$

或

$$SO_2+CaO+0.5H_2O \rightarrow CaSO_3 \cdot 0.5H_2O$$

该系统的关键设备是雾化器。由于消石灰泥浆流动性差、不容易雾化，因此，需要专门的雾化装置。目前使用较为普遍的是旋转雾化器，可提高气—浆接触面积和传质效果，提高酸性气体的去除效率。由于雾化效果佳（液滴的直径可低至 30 μm 左右），气、液接触面大，不仅可以有效降低气体的温度，中和气体中的酸性污染物，并且喷入的消石灰泥浆中的水分可在喷雾干燥塔内完全蒸发，不产生废水。

该工艺对操作水平要求较高，需要长时间地实践积累才能达到良好的净化效果。足够长的停留时间不但可以使化学吸收反应完全达到较高的污染物去除效率，而且可使反应产物（$CaCl_2$）所含的水分充分蒸发，最终以固态形式排出，同时，又影响到烟气流的速度，从而间接影响到净化设备内的混合效果，因此，停留时间是半干法净化反应器设计中非常重要的因素。国外经验证明，上流式和下流式半干法净化反应器的最小停留时间应分别为 8 s 和 18 s。另外，净化反应器入、出口的温差直接影响到反应产物是否能以固态形式排出。除停留时间、温差两个因素外，吸收剂的粒度、喷雾效果等对整个净化工艺也有较大的影响，在实际操作过程中，对上述影响因素都有严格要求，否则，可能会导致整个工艺的失败。半干法净化反应器与后续的袋式除尘器或电除尘器相连，构成了半干净化法。

半干式洗气法结合了干式法与湿式法两者的优点，表现为：构造相对简单、投资少；压差小、能耗低、运行费用低；耗水量远低于湿式法、产生的废水量少；雾化效果好、气液接触面大，去除效率高于干式法；操作温度高于气体饱和温度，尾气不产生白烟。缺点是喷嘴易堵塞、塔内壁易附着和堆积洗涤药剂、对加水量控制要求比较严格。

2. 烟尘控制技术

焚烧尾气中粉尘的主要成分为惰性无机物，如灰分、无机盐类、可凝结的气体污染物质及有害的重金属氧化物，其含量在 450～225 500 mg/m^{3}之间，视运转条件、废物种类及焚烧炉型式而异。一般来说，固体废物中灰分含量高时，所产生的粉尘也多，颗粒的大小范围也大，液体焚烧炉产生的粉尘较少。选择除尘设备时，应先考虑粉尘负荷、粉径大小、处理量及容许排放浓度等因素，若有必要则再进一步了解粉尘的特性（如粒径尺寸分布、平均与最大浓度、真密度、黏度、湿度、电阻系数、磨蚀性、磨损性、易碎性、毒性、可溶性及爆炸限制等），以及废气的特性（如压力损失、温度、湿度及其他成分等），以便作出合适的选择。

除尘设备的种类主要包括重力沉降室、旋风除尘器、喷淋塔、文丘里洗涤器、静电除尘器及布袋除尘器等。重力沉降室、旋风除尘器和喷淋塔等无法有效去除粒径 5～10 μm 的粉尘，只能视为除尘的前处理设备。静电集尘器、文丘里洗涤器及布袋除尘器等为固体废物焚烧系统中最主要的除尘设备。

（1）文丘里洗涤器

文丘里洗涤器能有效去除废气中直径小于 2 μm 的粉尘，其除尘效率和静电吸尘器及布袋除尘器相当。典型的文丘里洗涤器是由两个锥体组合而成，锥体交接部分(喉)截面积较小,便于气、液体的加速及混合。废气从顶部进入,和洗涤液相遇,经喉部时,由于截面积缩小,流体的速度增加,产生高度乱流及气、液的混合,速度降低,再经气水分离器作用,干净气体由顶端排出,而混入液体中的粉尘则随液体由气水分离器底部排出。由于文丘里洗涤器使用大量的水,可以防止易燃物质着火,并且具有吸收腐蚀性、酸性气体的功能,因此,较静电集尘器及布袋除尘器更适于有害气体的处理。

文丘里洗涤器依供水方式可分成非湿式及湿式两种。非湿式文丘里洗涤器中气体和液体在进入喉部前互相接触,适于低温及湿度高的气体处理,其价格较低。湿式文丘里洗涤器中液体从顶部流入,充分浇湿上部锥体内壁,因此,适用于夹带有黏性粉尘的废气处理,其价格比非湿式的要贵。文丘里洗涤器体积小,投资及安装费用远较布袋除尘器或静电吸尘器低,是最普通的焚烧尾气除尘设备。但由于其压差较其他设备高出很多(至少 7.5～19.9 kPa),抽风机的能源使用量也更高(抽风机消耗的电能和压差成正比),同时还需要处理大量废水,因此,运转及维护费用与其他设备相当。

(2) 静电除尘器

静电除尘器能有效去除焚烧烟气中所含的粉尘及烟雾,可分为干式静电集尘器、湿式静电集尘器及湿式电离洗涤器三种。

1) 干式静电集尘器

干式静电集尘器由排列整齐的集尘板及悬挂在板与板之间的电极所组成,利用主压电极所产生的静电电场去除气体所夹带的粉尘。电极带有高压(4 000 V 以上)负电荷,而集尘器板则接地线。当气体通过电极时,粉尘受电极充电带负电荷,被电极排斥而附着在集尘板上。

干式静电集尘器发展较早,普遍应用于传统工业尾气处理中。干式静电集尘器的功能仅限于固态粒子的去除,无法去除废气中的 SO_2 及 HCl 等酸性气体,也不适于处理含爆炸性物质的气体,静电集尘过程中经常会产生火花,可能造成设备的损坏。当气体中含有高电阻系数的物质时,集尘板面积及集尘设备体积必须增加,否则除尘效果不佳,氧化铅在 150 ℃左右时就具有此特性。干式静电集尘器的集尘效率和粉尘的电阻系数有很大的关系,由于焚烧废物的成分复杂,无法有效控制其粉尘的特性,粉尘的电阻系数变化很大,因此,干式静电集尘器通常仅用于焚烧尾气的初步处理,且无法有效去除所有的粉尘,甚少使用于焚烧尾气处理。

2) 湿式静电集尘器

湿式静电集尘器是干式设备的改良型,它较干式设备增加了一个进气喷淋系统和湿式集尘板面，因此，不仅可以降低进气湿度、吸收部分酸气，还可以防止集尘板面尘垢的堆积。进入湿式静电除尘器前的烟气，一般都要在喷雾塔或入口扩散段内增湿，并使之饱和，饱和烟气进入电场后，气流中的尘粒或雾滴很快就带上电荷。在电场力的作用下移向集尘电极，附着在极板上的雾滴连接成片，形成液膜。液膜连同尘粒在重力的作用下掉入除尘器下部的泥浆槽内。包覆粉尘的液滴和集尘板碰撞后，速度降低，可以增强气液分离作用，除尘效率亦不受粉尘电阻系数影响。由于液体不停地流动，集尘板上的尘垢可随时消除，不致堆积。气体所含的水分接近饱和程度，形成白色雾气从烟囱排出。由于湿式电除尘器是利用极板上的液膜水流清除灰尘的，无需振打装置，因此消除了粉尘的二次飞扬，提高了除尘效率。

湿式静电集尘器的优点有：除尘效率不受粉尘电阻系数的影响；能够同时去除酸性气体；能耗少；可以有效去除颗粒微细的粒子。其主要缺点有：受气体流量变化的影响大；产生大量废水，必须处理；酸气吸收率低，无法去除所有的酸气。

3）湿式电离洗涤器

湿式电离洗涤器是把静电集尘及湿式洗涤技术相结合而发展起来的设备，由一个高压电离器及交流式填料洗涤器组成。当气体通过电离器时，粉尘会被充电而带负电，带负电的粒子通过洗涤器时，由于引力的作用，易与填料或洗涤水滴接触而附着，因此，可以从气流中分离出来，附着于填料表面的粉尘粒子随着洗涤水的流动排出。由于填料可以增加气、液接触面积，所以酸气或其他有害气体可以被有效吸收。粒子充电的时间很短，但电压强度很高，放电电极本身带负电，集尘板上不断有洗涤水通过，可避免尘垢的堆积。

湿式电离洗涤器不仅可以有效去除直径小于 1 μm 的粉尘粒子，还可同时吸收腐蚀性和有害气体。它的构造简单，设计模组化，主要部分由耐蚀塑胶制成，质量轻，易于安装及运输。湿式电离洗涤器的优点有：集尘率高，可从废气中高效率地收集粉尘粒子，且效率不受粒子的电阻系数影响；能耗低；防腐性高；气体吸收率高；分别收集作用，湿式电离洗涤器基本上是一个分别收集器，除尘效率不受尾气中粉尘含量及颗粒大小变化影响，如果一套电离洗涤器无法达到所需效率，可以两套或三套设备串联使用，因此，几乎可以达到任何所需的效率；效率不受流体量影响。湿式电离洗涤器适于尾气流量变化大的危险废物及城市垃圾焚烧系统使用，它的主要缺点为废水产生量大，必须加以处理，填料之间易受堵塞，而且尾气中含雾状水滴，必须安装除雾器。

4）袋式除尘器

袋式除尘器又称布袋除尘器，是一种干式高效除尘器，用以净化含微细粉尘（$d_p>0.1\ \mu m$）的气体，除尘效率一般可达99%以上。袋式除尘器由排列整齐的过滤布袋组成，布袋的数目由几十个至数百个不等。废气通过滤袋时粒状污染物附在滤层上，再以振动、气流逆洗或脉动冲洗等方式清除。其除尘效果与废气流量、温度、含尘量及滤袋材料有关，去除粒子大小在0.05～20 μm范围。

由于焚烧厂排放的废气为高温且带有水分的酸性气体，以往较少采用袋式除尘器来去除粒状污染物，但近年来滤布材质有所改进，对于温度、酸碱及磨损的抵抗力均大为增强，例如，玻璃纤维耐热可达300 ℃，四氯乙烯耐热可达280 ℃，而且耐酸碱性良好，故使用频率越来越高。

及时清除滤袋上的积尘是保证除尘器正常工作的关键。附着在滤袋表面上的粉尘层，其本身又是一个过滤层，可以提高除尘器的效率，但积尘过多会使阻力剧增，导致滤袋的过滤风量减少。因此，袋式除尘器必须设清灰装置，定期清灰。常用的清灰装置有以下几种：

机械振动清灰。利用机械装置周期性地振动或摇动，使滤袋产生振动而清灰，常用的有水平振动清灰、垂直振动清灰、机械扭转振动清灰。机械清灰的特点是结构简单、运转可靠，但清灰强度较弱，目前已较少采用。

脉冲喷吹清灰。脉冲喷吹清灰是利用压缩空气（通常0.5～0.7 MPa）在极短的时间内高速喷入滤袋，形成空气波，使滤袋由袋口至底部发生急剧的膨胀和冲击振动，造成很强的清落积尘作用。目前，这种清灰方式在垃圾焚烧领域应用较多。

逆气流清灰。逆气流清灰是利用与过滤气流相反的气流，使滤袋变形造成粉尘层脱落的一种清灰方式。其机理是：一方面反向的清灰气流直接冲击尘块；另一方面由于气流方向的改变，滤袋产生涨缩振动而使尘块脱落。与脉冲喷吹清灰相比，逆气流清灰具有清灰气流分布均匀、振动不剧烈、对布袋损伤小、适用于长滤袋等优点。

3. 重金属污染物控制技术

垃圾焚烧厂典型的重金属污染物控制设备主要可分为干式、半干式和湿式三大类，其中，最大的区别在于废气是否达到饱和状态，当废气被冷却至饱和露点以下时，即可归类为湿式处理流程。

典型的干式处理流程由干式洗烟塔或半干式洗烟塔与静电除尘器或布袋除尘器组合而成，而典型的湿式处理流程则包括静电除尘器与湿式洗烟塔的组合。垃圾中含有的重金属物质经高温焚烧后，部分因挥发作用而以元素态形式及其氧化状态存在于废气中，是废气中重金属污染物的主要来源，由于每种重金属及其化合物均有其特定的饱和温度(与其浓度有关)，当废气通过废热回收设备及空气污染控制设备而被降温时，大部分成挥发状态的重金属，可自行凝结成颗粒或于飞灰表面凝结而被除尘设备收集去除，但挥发性较高的铅、镉及汞等少数重金属则不易凝结。根据垃圾焚烧厂的运行经验可得出以下结论：

单独使用静电除尘器时，对于重金属物质的去除效果较差，因为废气进入静电除尘器时温度较高，重金属物质无法充分凝结，且重金属物质与飞灰间的接触时间亦不足，无法充分发挥飞灰的吸附作用。

湿式处理流程中所采用的湿式洗烟塔，虽可降低废气温度至废气的饱和露点以下，去除重金属物质的主要机理仍为吸附作用，且因其设计成吸收塔，对粒状物质的去除效果甚微，尽管废气的温度可使重金属凝结(汞仍除外)，除非装设以去除颗粒状物为目的的高效率文丘里洗烟塔，凝结成颗粒状物的重金属仍无法被湿式洗烟塔去除。废气通过除尘设备后，其中的汞金属大部分为汞的氯化物，由于其饱和蒸气压高，于洗烟塔内仍为气态，但当它与洗涤液接触时，因其为水溶性，可因吸收作用而被洗涤下来，但由于其饱和蒸气压高，应避免其再次挥发随废气(如 $HgCl_2$)释放出来。

布袋除尘器与干式洗烟塔或半干式洗烟塔并用时，除了汞之外，对重金属的去除效率均十分优良；进入除尘器的废气温度越低，去除效率越高。但为维持布袋除尘器的正常操作，废气温度不得降至露点以下，以免引起酸雾凝结，造成布袋腐蚀，或因水汽凝结而使整个布袋阻塞。而汞金属由于其饱和蒸气压较高，不易凝结，其去除机理主要依赖布袋上的飞灰层对仍处于气态的汞金属进行吸附作用，且此种吸附效果与废气中飞灰层的厚度有直接的关系。为降低重金属汞的排放浓度，在干法处理流程中，可在布袋除尘器前喷入活性炭，或于尾气处理流程尾端使用活性炭滤床，加强对汞金属的吸附作用，吸附了重金属的活性炭随后被除尘设备一并收集去除。或在布袋除尘前喷入能与汞金属反应生成不溶物的化学药剂，如喷入 Na_2S 药剂，使其与汞作用生成 HgS 颗粒而被除尘系统去除，喷入抗高温液体螯合剂可使去除效率达到 50%～70%。在湿式处理流程中，在洗烟塔的洗液内添加催化剂(如 $CuCl_2$)，促使更多水溶性的 $HgCl_2$ 生成，再以螯合剂固定已吸收汞的循环液，确保吸收效果。

4. 二噁英类污染物控制技术

城市生活垃圾中含有数量不少的塑料、橡胶、合成纤维类的高分子材料，普遍存在含氯的物质，这为二噁英的产生提供了先决条件。因此，在生活垃圾焚烧处理过程中，如选择的工艺技术不当，操作不当，有可能造成大气、水源和土壤的污染，污染控制设备可采用"半干法＋活性炭喷射＋布袋"搭配的方式，从减少炉内形成、避免炉外低温再合成两方面入手，减少二噁英的产生。

二噁英类是具有高沸点及低蒸气压的化合物，因此，当烟气温度较低时，二噁英类气体较容易转化为细颗粒，由此可得出在较低的气相温度条件下，布袋除尘器可更有效地脱除二噁英类。三菱重工/马丁联合体在商业焚烧厂中（全连续燃烧系统）测得的二噁英类数据变化实例见表3-2。

表3-2 二噁英类与温度的变化分析 （O_2＝12%）

烟气温度	200 ℃				150 ℃			
测点位置	入口	出口	入口	出口	入口	出口	入口	出口
总当量（TEQ ng/m^3）	14.50	0.23	29.40	0.29	3.00	0.01	2.30	0.01

焚烧炉在保持燃烧条件不变的情况下，烟气温度从200 ℃降低至150 ℃后，在布袋除尘器出口处的二噁英类浓度进一步降低，在200 ℃操作温度下，出口处浓度范围在0.23～0.29 TEQ ng/m^3，而在150 ℃操作温度下，出口处浓度可降低至0.01 TEQ ng/m^3左右，相比200 ℃操作温度条件下有极大的降低。

控制二噁英类生成的措施主要包括：

①对垃圾贮坑进行优化设计及加强运行管理以提高进炉垃圾的热值，从而保证垃圾在炉内的正常稳定燃烧，具体措施有：增大垃圾贮坑的容积，有效容积按7天以上垃圾贮存量设计，从而保证垃圾中的水分充分淅出；设置完善的渗滤液导排及收集系统，使垃圾坑内的渗滤液导排顺畅；通过对垃圾进料的科学管理，如对贮坑内的垃圾进行倒垛、搬运等，从而提高进炉垃圾的热值。

通过以上措施，即使在夏季垃圾水分含量较高的情况下，也能有效提高进炉垃圾的热值，确保垃圾在炉内的充分稳定燃烧。

②在炉排设计中，加长炉排干燥段，严格控制炉排的机械负荷，同时选用最适宜于低热值垃圾燃烧的炉型，并对炉膛的设计有针对性地进行优化，以增强炉内热辐射，从而保证进炉垃圾的干燥和充分燃烧，确保炉膛温度在850 ℃以上。

③设置蒸汽空气预热器，可将助燃的空气温度提高，配以二次风组织进行扰动助燃，使燃烧的烟气与助燃空气充分混合，以保证烟气在大于850 ℃的温度下停留时间超过2 s，可使二噁英大量分解。

④焚烧炉单独设置燃油辅助燃烧系统，辅助燃烧系统由贮油箱、过滤器、油泵、喷嘴及自动点火、火焰监查、灭火报警及重新启动等设备组成。在极少数情况下，垃圾热值过低导致炉膛内温度不能达到850 ℃以上时，辅助燃烧器自动投运。

⑤根据国外焚烧厂的实践经验，CO、元素碳浓度与二噁英浓度有一定的相关性，烟气中CO和元素碳的浓度是衡量垃圾是否充分燃烧的重要指标之一，CO和元素碳浓度越低，说明燃烧越充分。工艺中可通过调整空气流量、速度和注入位置，减少CO和元素碳浓度，以减少二噁英的浓度。

⑥通过良好的燃烧控制，使炉膛进入余热锅炉前的烟道内，烟气温度不低于850 ℃，烟气在炉膛及二次燃烧室内的停留时间不少于2 s，O_2浓度不少于6%，并合理控制助燃空气的风量、温度和注入位置，即“三T”控制法。根据国外垃圾焚烧厂的实践资料表明，在上述条件下，可使垃圾中的原生二噁英绝大部分得以分解。

⑦尽量缩短烟气在处理和排放过程中处于300～500 ℃区域的时间，控制余热锅炉排烟温度不超过200 ℃，烟气除尘采用袋滤器，以便减少二噁英的再合成。

5. 恶臭控制措施

(1) 垃圾运输过程中恶臭防治措施

防止垃圾运输车渗滤液滴漏可采取以下措施：

垃圾运输车必须是全密闭自动卸载车辆，具有防臭味扩散、防遗撒、防渗滤液滴漏功能。

垃圾运输车辆在收集作业完成后，首先要将车上污水收集箱中的渗滤液经垃圾中转站的污水管网排入集中污水处理设施进行处理，在关闭防滴漏装置的放水阀后方可启运。还要对垃圾运输车辆的防渗滤液滴漏设施进行日常监督检查，定期更换橡胶密封条，更换破损部件。

环卫部门应加强日常道路的监督检查，严禁垃圾运输车在运输途中出现垃圾飞扬、洒落和垃圾渗滤液滴漏的现象。对垃圾运输车经过的道路增加保洁人员和班次，加大清扫、保洁力度，增加冲洗、洒水频率。

(2) 垃圾焚烧厂区恶臭防治措施

垃圾焚烧厂区恶臭主要来源于垃圾贮坑、渗滤液收集池、垃圾卸料大厅和渗滤液处理站等。为避免臭气外溢，可采取下列控制措施：

抽风。利用焚烧炉一次风机抽取垃圾贮坑、渗滤液收集池和垃圾卸料大厅内的空气，作为焚烧炉的助燃空气。所抽取的空气先经过过滤除尘，再经预热器后送入炉膛，恶臭物质在燃烧过程中被分解氧化而去除。

垃圾卸料大厅出入口设置快速关断门。

对卸料大厅及垃圾贮坑进行隔离。为将臭气及灰尘封闭在垃圾贮坑区域，在卸料大厅与垃圾贮坑之间设置若干可迅速启闭的卸料门及空气幕帘，平时保持其密闭，以将臭气封闭在贮坑内。

采用负压系统法。风机从垃圾贮坑抽吸空气送入炉膛作为燃烧用空气，使垃圾贮存坑保持负压状态，防止臭气外泄。垃圾产生的恶臭气体作为助燃空气通过负压系统被吸入焚烧锅炉，在焚烧炉内高温分解，实现了恶臭污染物的燃烧处理。负压法的最大缺点是：只要燃料存在，就会有异味产生，风机就要不停地运行，这样会导致电耗很大，运行成本增加。

加强垃圾贮坑的操作管理。规范垃圾贮坑的操作管理，利用抓斗不停地对垃圾进行搅拌翻动，不仅可使进炉垃圾热值均匀，还可避免垃圾的厌氧发酵，减少恶臭的发生。在运行阶段，主要通过加强管理来对臭气进行控制，如尽量减少全厂停产频率、一次抽风系统应保持正常运转、进厂垃圾车采用封闭式车辆、垃圾贮存池卸料门不用时关闭、使垃圾坑密闭化等。

3.2　废水污染物及其控制措施

垃圾焚烧厂中的污水按其来源一般可分为垃圾渗滤液、生产废水和生活污水三大类。生产废水主要来自垃圾卸料场地的地面冲洗水、灰渣池废水、出灰废水、锅炉连续排污水和定期排污水、洗烟废水、水处理设备废水、实验分析室废水、洗车废水等。生活污水主要来自职工生活产生的污水。其中，生产废水和生活污水可汇流至污水收集池，然后通过管线送入城市污水处理厂进行处理，也可与垃圾焚烧厂渗滤液混合后在厂内污水处理站进行处理。本节主要阐述渗滤液的处理方法。

3.2.1　垃圾焚烧厂渗滤液的性质及处理方式

1. 垃圾焚烧厂渗滤液的水质特性

垃圾渗滤液成分复杂，含有多种污染物质，是一种高浓度的有机废水，如不加以处理，将对环境造成严重的污染。垃圾渗滤液主要产生于垃圾贮坑，由垃圾在贮坑内堆酵过程中沥出的垃圾组分间隙水、有机质腐烂生成水和部分解吸吸附水组成。垃圾渗滤液的产量主要受进厂垃圾的成分、水分、贮存时间及天气的影响，其中，厨余和果皮类垃圾含量是影响渗滤液质和量的主要因素。由于地域和气候的差异，我国各地垃圾成分和含水率差别较大，垃圾渗滤液的产量也不相同，在夏季瓜果收获季节和雨季时，垃圾渗滤液的产量会更大一些。垃圾焚烧厂渗滤液主要有以下特点：

(1) 污染物的成分种类多、水质变化大

由于受地理位置、居住环境、垃圾源头等众多因素影响,导致垃圾焚烧厂渗滤液的水质成分极其复杂,不但有机污染物浓度高,还含有金属类、无机盐类、细菌微生物等有毒有害的物质。

焚烧厂的垃圾渗滤液属于原生废水,缺少酸化水解过程,因此含有种类繁多的有机物。由于垃圾主体多为厨余垃圾,所以垃圾渗滤液中脂肪酸类、腐殖类化合物较多,且含有灰黄霉酸类物质。并且含有数十种难降解有机物,因此垃圾渗滤液水质非常复杂,污染物种类多,而且浓度也有一定的波动性以及长期的变化。

(2) 有机污染物浓度较高

一般情况下,垃圾焚烧厂渗滤液废水中的COD浓度为40 000～80 000 mg/L,BOD浓度为20 000～40 000 mg/L。除此之外,还有数十种金属离子、无机污染物。通常可生化性较好,一般B/C大于0.4,如采用传统的生化处理工艺,达到要求的排放标准较为困难。

(3) 氨氮浓度高

垃圾焚烧厂渗滤液废水的氨氮浓度较高,通常为750～2 000 mg/L,这也为废水的处理工艺带来了难度,要求其具备较强的脱氮能力。

(4) 营养比例失调

对于高浓度的有机废水,我们通常采用生化处理工艺,但是相对来说,垃圾焚烧厂渗滤液废水中的营养比例失调,其中磷含量偏低而氨氮含量偏高。

(5) 重金属离子和盐分的含量高

由于垃圾中重金属离子与盐分含量较高,在垃圾堆放过程中,重金属离子与盐分被带入渗滤液中,导致渗滤液中含有较多的重金属离子与盐分。

(6) 焚烧厂渗滤液pH较低

焚烧厂渗滤液未经处理,其中含有大量的有机酸,导致渗滤液pH值较低,呈酸性,一般为4～6。

(7) 水量波动范围较大

当季节变化时,垃圾渗滤液的水量大小也会随之变化。不仅如此,垃圾运输的过程也会对垃圾渗滤液的水量造成一定的影响,考虑多种因素,垃圾焚烧厂渗滤液的水量变化很大。在冬季来临时,由于降雨量较少,导致渗滤液含水量减少,因此,渗滤液污染物浓度较高;当夏季来临,降雨量增加,此时垃圾渗滤液的含水量较高,因此,渗滤液污染物浓度较低。因此,要求渗滤液处理工艺具备强抗冲击负荷的能力。

2. 垃圾焚烧厂渗滤液处理方式

目前，不同垃圾焚烧厂渗滤液的处理方式不尽相同，处理要求也不一样，国家亦未制定统一的标准，一般根据各厂与政府签订的特许经营权协议的要求、环评批复意见以及各厂的实际条件（是否具备与污水管网连接的条件）而采取相应的处理方式，具体有以下几种：

（1）输送合并处理法——直接引入城市污水厂合并处理

早期建设的垃圾焚烧厂规模小，部分焚烧厂采用循环流化床技术，垃圾发酵时间短，渗滤液产生量本身就少，通常将渗滤液在焚烧厂收集后直接外运至城市污水厂进行合并处理。渗滤液输送合并处理的优点在于焚烧厂无需单独设置渗滤液处理系统，节省了工程投资，同时也降低了焚烧厂的运行压力，但这并非是普遍适用的方法。由于焚烧厂渗滤液污染物种类复杂、浓度大，并且含有有毒有害物质，若不加处理后直接引入污水厂，极易对污水厂的正常运行造成影响；另外，近几年建设的焚烧厂处理规模均较大，渗滤液产生量也多，而且随着国家相关环保新标准的出台，对渗滤液引入城市污水厂处理的方式以及掺入比例、部分重金属的含量限值、掺和方式均提出了限制要求，显然，输送合并处理方式已不能适应现阶段垃圾焚烧厂渗滤液处理的要求，也不能全部体现垃圾焚烧彻底无害化处理的要求。

（2）预处理后合并法——预处理后引入城市污水厂合并处理

预处理后合并法是一种厂内外联合处理的方式。首先在焚烧厂内对渗滤液进行预处理，以降低污染物浓度、去除部分有毒有害物质，待出水指标满足相应地区纳管要求后，通过城市污水管网进入污水处理厂进行合并处理，此处理方式的前提是焚烧厂附近有污水管网，该方法有时也受地方环保政策的限制。

（3）单独系统处理法——建设独立的厂内完全处理系统

单独系统处理法是指在焚烧厂单独建有渗滤液处理站，通过采取多种处理技术将渗滤液处理至一定标准后在焚烧厂内部进行回用，不外排。相对于其他处理方式，单独系统处理法实现了对渗滤液危害的全部消除，真正体现了垃圾焚烧无害化处理高标准的要求。但由于垃圾渗滤液水质的复杂性、多变性，要真正实现渗滤液处理后在焚烧厂内部回用，处理难度相对较大，因此，需要焚烧厂额外增加一定的投资费用、运营费用并配置相应的专业人才，更要有高标准的运行和技术管理水平。随着垃圾焚烧厂受社会关注度的提高，国家对焚烧厂环保要求也日趋严格，渗滤液单独处理的方式在焚烧厂得到了极大重视，并在行业内推广。

（4）直接回喷焚烧法

直接回喷焚烧法是将渗滤液收集后，通过相应的回喷设施直接回喷至焚烧炉炉膛内进行焚烧的方法。该方法适合于垃圾含水率低、热值高、渗滤液产量低的垃圾焚烧厂。回喷法在国外应用较普遍,国内通常将此方法作为渗滤液处理的一种补充手段,在渗滤液处理站处理能力不足,且焚烧炉燃烧工况较好的情况下,将部分渗滤液进行回喷处理。另外,有些焚烧厂为达到渗滤液处理"零排放"的目的,通过渗滤液回喷设施将渗滤液处理过程中产生的不易降解的浓缩液(如膜处理过程中产生的浓水)进行回喷。

3.2.2 垃圾焚烧厂渗滤液处理技术

垃圾渗滤液是一种极难处理的有机废液,由于渗滤液水质水量的复杂性、多变性,对处理技术的研究也是方法多样,大多根据具体情况采取有针对性的处理技术,典型的处理技术主要有生物处理技术、物理化学技术、回喷技术等以及上述技术的各种组合形式。

1. 生物处理技术

生物处理技术因技术成熟、运行成本低、处理效果好、操作简单,因而被广泛应用到垃圾渗滤液处理中,常用的处理技术主要有以下几类:

(1) 好氧生物处理

好氧生物处理是微生物在好氧条件下,利用废水中的有机污染物作为底物进行生物代谢,降解污染物。早期的垃圾渗滤液 BOD_5/COD_{Cr} 值一般在 0.5～0.6 之间,可生化性较好,此时,各种好氧处理工艺,如活性污泥法、生物膜法、曝气氧化塘等工艺对处理渗滤液均有良好的效果,近年来,MBR 技术被广泛应用到渗滤液处理中。

1) 活性污泥法

活性污泥法是污水处理领域最为常见的好氧处理方法,具有效率高、费用低的优点,在垃圾渗滤液处理领域,SBR 法(间歇式活性污泥法)及改良的 SBR 工艺是较为常见且有效的方法。

2) 生物膜法

生物膜法也是一种常见的好氧处理工艺,它可以利用微生物易在固体表面附着生长形成膜层(生物膜)的特点,利用微生物进行好氧氧化,实现对有机污水的处理。其中,由于生物膜从外到内溶解氧、有机物浓度等环境因素具有显著不同,在不同区域生长的微生物,其种类、代谢特点各不相同,因此,在生物膜上生长繁育的微生物种类极为丰富,且易于世代周期较长的微生物如硝化菌生长。这些特点使得生物膜法具有抗冲击负荷能力强、脱氮效果较好的优点,对于垃圾渗滤液的处理,具有潜在的优势。

3）曝气氧化塘

曝气氧化塘也是一种常用的好氧处理工艺，具有工程简单、运行成本低廉的优点，其不足之处在于有机负荷较低、反应塘体积较大、降解速率不高，根据氧化塘的特点，该工艺较为适合在土地资源丰富的地区使用。关于氧化塘在垃圾渗滤液处理领域的应用，美国、德国、英国等国研究者都进行了一系列研究工作，研究结果表明，曝气氧化塘处理工艺对垃圾渗滤液的各项指标均有较好的处理效果。

4）膜生物反应器（MBR）

MBR 工艺是目前污水处理领域最为热门的处理工艺之一，它采用膜分离技术，对反应器内的活性污泥和大分子有机物质进行有效截留，充分延长了污泥的停留时间，增加了反应区内的污泥浓度，能较好地提高反应器的生化处理效率，减少反应器的占地面积，减少反应器排泥，易于实现自动控制，因而在高浓度废水的处理领域有着很大的优势，同样在垃圾渗滤液处理领域应用广泛。

（2）厌氧生物处理

厌氧生物处理可以在无氧条件下，利用厌氧微生物（含兼性微生物）在无氧条件下的酸化、产甲烷等生化作用，将废水中的复杂有机物进行逐步降解。由于厌氧生物处理法具有运行能耗低、有机负荷高、水质要求低的特点，非常适合高浓度垃圾渗滤液的处理，主要的处理技术有以下几类：

1）厌氧生物滤池（AF）

厌氧生物滤池在反应池内部填充填料，在填料表面附着厌氧微生物，将过滤和厌氧处理进行有机结合，可以维持反应器内微生物的高浓度，因而可以提高反应器的 COD_{Cr} 负荷率，并保障其较高的去除率，具有启动时间短、水力负荷高、能耗小等优点，在垃圾渗滤液处理领域具有一定的优势。

2）UASB 反应器

上流式厌氧污泥床反应器（UASB）从底部到顶部，污泥浓度不同，其中底部积聚了高浓度、高活性的污泥层，因而使得反应器具有负荷率高、能耗低、抗冲击负荷能力强等优点，较为适合垃圾渗滤液的处理。有研究表明，使用 UASB 法对垃圾渗滤液进行处理，在一定的水力停留时间和容积复合的条件下，COD_{Cr} 去除率高达 93%。

2. 物理化学处理技术

物理化学处理技术是一种有效的渗滤液预处理或深度处理技术，用于预处理时，往往可以起到改善水质条件，为生物处理创造有利条件的作用；用作深度处理技术时，可以对污水进行进一步的处理，实现污水的达标排放。物理化学处理技术具有受进水水质变化影响小、出水水质稳定的优点，但与此同时，也存在处理效果单一、运行成本较高的缺点。主要的物理化学处理技术有以下几种：

（1）混凝沉淀法

混凝沉淀法采用混凝剂在水中的凝聚、成团效应，可以形成交联结构，束缚有机分子、金属大分子，形成团聚物，以沉淀的形式析出，因而可以有效地去除渗滤液的浊度、色度等指标，同时对 COD_{Cr} 也有一定的去除作用。

（2）氨吹脱法

氨吹脱法作为渗滤液处理中常用的脱氮工艺，具有操作简单、脱氮效果稳定等优点，但需对尾气作进一步的处理。

（3）高级氧化法

高级氧化法是对生物氧化法的一种有效补充，对于难降解的有机废水，高级氧化法可以起到预处理作用，提高渗滤液的可生化性，也可以用作深度处理技术，将有机污染物进行彻底降解。按照氧化机理的差别，高级氧化法可以分为化学氧化法、臭氧氧化法、电化学氧化法等几类。

（4）吸附法

吸附法常用活性炭、矿物吸附剂、粉煤灰等吸附剂，利用吸附剂与有机分子的化学键的交联作用，对有机分子进行吸附富集，进而对难生物降解的有机物、重金属离子和色度起到去除作用。

（5）膜分离法

膜分离法是一种物理分离技术，可以按照分子量大小，利用膜的选择透过的特点，起到对水溶液中特定物质的去除作用。按照透过分子从小到大进行分类，可以将膜处理法分为反渗透（RO）、纳滤（NF）、超滤（UF）、微滤（CMF）几类，其中，微滤和超滤一般作为纳滤和反渗透的预处理作用。实验证实，纳滤技术可以对 COD_{Cr} 和氨氮起到较好的处理作用，COD_{Cr} 去除率可达 90%以上，同时，氨氮的去除率为 45%～70%。在污水排放标准日趋严格的今天，膜处理技术在污水处理领域的应用越来越广泛，在解决了膜材料、膜孔径等技术难题的同时，膜处理技术也存在易堵塞、投资大、浓相处理困难等缺点。

3．回喷技术

生活垃圾焚烧厂中渗滤液回喷技术是通过将渗滤液回喷至焚烧炉进行高温氧化处理，从而实现对有机物的氧化降解，该方法较为适合于渗滤液产量少、垃圾热值高的焚烧厂。在西方发达国家建设的垃圾焚烧厂中，回喷技术应用较为常见，如比利时某 1 000 t/d 的垃圾焚烧厂，其最大渗滤液产量为 4 t/d，在垃圾热值高的条件下，可以全部直接回喷至焚烧炉进行氧化处理。而在我国，一般生活垃圾含水率高，垃圾热值较低，渗滤液产量大，不太适合采用回喷技术对渗滤液进行全量处理，一般把回喷技术作为渗滤液处理的补充手段，夏季是渗滤液产生量的高峰期，渗滤液处理站处理能力相对不足，而此时垃圾热值又相对较高，可采用回喷技术进行补充处理，如深圳宝安垃圾焚烧厂、光大环保苏州垃圾焚烧厂等都建有渗滤液回喷系统。

4. 垃圾焚烧厂渗滤液处理典型工艺

目前，焚烧厂渗滤液主要采用“预处理＋生化＋深度处理”组合工艺进行处理，如“UASB＋MBR＋NF”、“外置式 MBR＋NF/RO”与“预处理/UASB/MBR/NF/RO”等工艺。下文以福州市某垃圾焚烧厂为例，简要介绍“预处理/厌氧/外置式 MBR/RO”的垃圾渗滤液典型处理工艺。

渗滤液首先经过格栅机去除大颗粒固体，在进入初沉池前投加氯化铁混凝剂，经初沉池除渣后，进入调节池均化水质水量，防止进水的水质水量波动冲击后续生物系统。调节池出水分成两部分：一部分进入中温厌氧池水解酸化，降低渗滤液中有机物浓度并提高生化性，同时将有机氮水解成为 NH_3-N，厌氧产生的沼气经收集后进入火炬系统进行燃烧处理；另一部分超越进水直接进入 MBR 系统，目的是提供充足的反硝化碳源。MBR 系统由反硝化池（A 池）、硝化池（O 池）与超滤组成，废水经 MBR 系统去除大部分可降解有机物、NH_3-N 与 TN；超滤起到二沉池泥水分离的作用，浓缩污泥一部分回流至 MBR 前端，剩余污泥经离心机脱水形成含水率为 80%的泥饼进入垃圾炉焚烧，脱水上清液回流至调节池。超滤出水进入 RO 深度处理，截留废水中的难降解有机物及盐分，出水水质达标后排放至污水管网，RO 浓液则回喷至焚烧炉。如图 3-1 所示。

垃圾贮坑中渗出的垃圾渗滤液经导流引出沟流出，通过粗格栅去除渗滤液中的大颗粒悬浮物及漂浮物后进入渗滤液收集池。

收集池渗滤液经渗滤液输送泵输送进入细格栅渠和过滤器，进一步去除渗滤液中的颗粒悬浮物及漂浮物后进入渗滤液沉淀池，经沉淀处理，去除大部分的悬浮物及部分不溶性有机物。

沉淀池出水自流入调节池，进行调节均质。然后经厌氧进水泵提升进入 UASB 厌氧反应器，进行厌氧发酵处理，打开高分子物质的链节或苯环，将难降解的大分子有机物分解成较易生物降解的小分子有机物质，并最终转化为甲烷、二氧化碳和水。

经 UASB 厌氧反应器处理的渗滤液出水，自流依次进入一、二级缺氧/好氧（A/O）生化脱氮处理系统。在缺氧/好氧（A/O）系统中，渗滤液在硝化池（O 段）好氧的条件下，硝化菌将氨氮氧化成硝态氮。硝化池中处理的渗滤液经大回流量回流至反硝化池，与渗滤液进入原液混合，在反硝化池（A 段）缺氧的条件下，

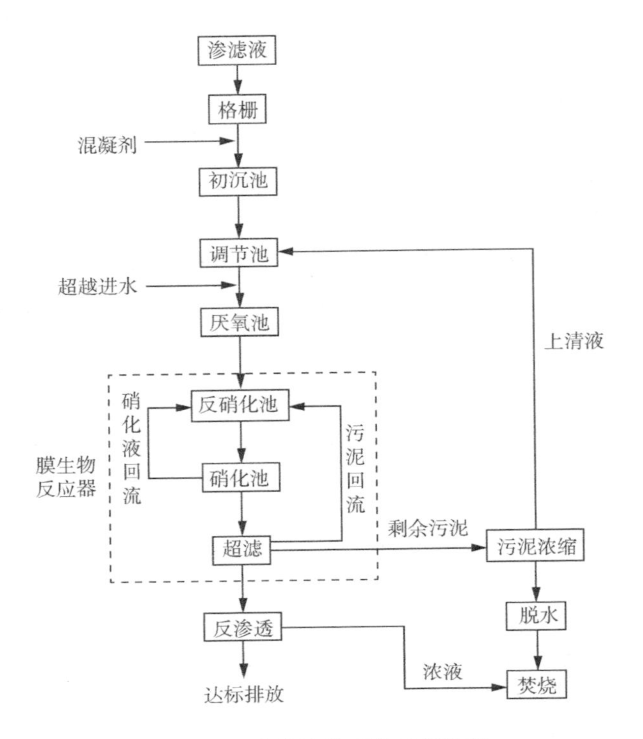

图 3-1　渗滤液处理站工艺流程

反硝化菌将硝态还原成氮气脱出。在缺氧、好氧状态下交替处理，达到去除大部分的有机物及脱氮的目的。其中，二级 A/O 作为强化硝化反硝化设计，确保氨氮及总氮的水质处理要求。

经两段 A/O 生化系统处理出水，通过 UF 超滤系统进水泵加压进入外置 MBR 超滤膜系统进行泥水分离，水中大部分的颗粒和胶体有机物被截留，出水进入纳滤系统处理进水池。

MBR 超滤膜系统处理出水进入 NF 纳滤膜系统，去除大部分二价离子和分子量在 200～1000 的有机物后，出水进入 NF 纳滤清液罐。

NF 纳滤系统处理出水，通过 RO 反渗透进水泵加压进入 RO 反渗透系统进行进一步处理，几乎可去除水中所有杂质(各种一价离子、无机盐、分子、有机胶体、细菌、病源体等)。确保出水水质满足《城市污水再生利用 工业用水水质》(GB/T 19923)和《城市污水再生利用 城市杂用水水质》(GB/T 18920)要求。

UASB 厌氧反应器、混凝沉淀池、沉淀池、UF 超滤系统排出的污泥先进入污泥池，污泥经污泥泵提升进入污泥浓缩池，经过污泥浓缩处理，浓缩污泥通过污泥脱水机进行脱水处理后，污泥含水率降至 75%～80%后，运至垃圾贮坑，通过焚烧炉进行焚烧处置。

NF 纳滤系统和 RO 反渗透系统产生的浓缩液，储存在浓缩液储池，用于石灰浆制备。

垃圾渗滤液的处理过程中，格栅间、调节池、混凝沉淀池、污泥池、污泥浓缩池、污泥脱水间产生的臭气经收集，由引风机通过风管送至垃圾池负压区，进入焚烧炉进行焚烧处置。在生产大修停运时，利用备用臭气处理装置处理臭气后排入大气，防止臭气的污染。

UASB 厌氧反应器产生的沼气，设一套火炬沼气燃烧处理装置，沼气经收集，进入焚烧炉焚烧，事故状态输送至火炬高空进行燃烧处置。

3.3 固体废弃物及其控制措施

在生活垃圾焚烧处理过程中，除产生大气污染物和废水污染物之外，还会产生一定量的固体废弃物，主要包括焚烧炉炉渣、除尘器收集的飞灰、废水处理污泥、生活垃圾等。一般情况下，污泥经脱水后和生活垃圾全部进入厂内垃圾焚烧炉进行焚烧处理，故不再对这两种固体废弃物进行介绍。焚烧灰渣中含有一定量的重金属、二噁英等污染物，若不加以妥善处理将对环境造成污染。以下介绍生活垃圾焚烧厂焚烧炉渣和飞灰的产生及控制措施。

3.3.1 焚烧灰渣的产生原理及性质

生活垃圾焚烧会产生原垃圾质量 0.3%～2.0%的飞灰和 20%～30%的炉渣。炉渣与飞灰这两种焚烧灰渣，不仅在数量上差别很大，而且性质也有显著差异。

1. *炉渣*

焚烧炉渣是指自炉床尾端排出的不可燃物，一般为无机物质，它们主要是金属的氧化物、氢氧化物、碳酸盐以及硅酸盐，另含有较大型的铁铝容器及其他金属等可直接回收的物质，其组成成分多为酸性盐。从表观上看，主要包括熔渣、玻璃、陶瓷和砖头、石块等物，还含有一定的塑料、金属物质和未完全燃烧的纸类、纤维、木头等有机物。主要成分有：SiO_2约 35.3%～42.3%，CaO 约 19%～27.2%，Al_2O_3约 7.4%～7.8%，Fe_2O_3约 3.9%～5.1%，还有少量的 Na_2O、K_2O、MgO、TiO_2等。炉渣浸出毒性试验中测出的各重金属浓度均低于我国危险废物浸出毒性鉴别标准限值，证明炉渣属于一般废物，经适当处理后，可以认定为无害物。当然，如果焚烧处理的垃圾种类变化较大时，如含可燃的工业垃圾、其他特殊垃圾等，重金属的含量亦会有较大的波动，不排除超标的可能性。

在发达国家，主要通过卫生填埋与资源利用等方式对炉渣进行处理，欧盟国家的炉渣利用率位居第一，超过总体的 50%。从理化性质上来看，炉渣具有骨料特性，内部重金属、溶解盐含量较低，无放射性危害，在资源利用时对环境的干扰较小，且炉渣中有机物含量相对较少，强度高，可将其制作成建筑材料用于土木工程中。

2. 飞灰

生活垃圾焚烧飞灰(简称“飞灰”)指的是生活垃圾焚烧设施的烟气净化系统捕集物和烟道及烟囱底部沉降的底灰。在生活垃圾焚烧过程中，产生的飞灰在被布袋捕获之前，在烟气中很容易富集二噁英、重金属污染物，同时，生活垃圾飞灰的含氯量一般在百分之十几，这对应着较大的含盐量，即飞灰在环境中的可溶部分会将较多的重金属等污染物带入环境。因此，飞灰被列入《国家危险废物名录》(编码为 HW18)。从物理化学性质方面来看，飞灰具有以下特性：颗粒较小；大部分为圆柱状、环状、碎海绵状，表面有结晶物沉淀；亲水性高，具吸水能力；孔隙率高，透水性大，表面积大；热灼减量高，约为 14%左右；呈碱性，pH 大于 11。

表 3-3 和 3-4 列出了我国东北、华北、华东和华南地区 14 座生活垃圾焚烧发电厂飞灰的主要成分和重金属含量，其中，样品 F 为循环流化床飞灰，其他都采用往复炉排炉的焚烧飞灰。从表格中可见，炉排炉飞灰成分以 CaO 和 Cl 为主，并含有大量易蒸发和有毒的重金属；流化床飞灰成分以 SiO_2、Al_2O_3 和 CaO 为主，重金属含量远低于炉排炉飞灰。

表 3-3　我国 14 座生活垃圾焚烧厂飞灰主要成分　　单位：%

地区	样品	SiO_2	CaO	Fe_2O_3	Al_2O_3	MgO	Na_2O	K_2O	Cl	S
东北	A	4.54	42.49	1.15	2.23	1.71	7.20	5.64	31.84	3.19
华北	B	5.75	51.03	1.12	3.86	3.44	4.37	4.79	22.52	2.11
	C	4.70	54.47	3.35	3.35	3.33	5.02	4.45	19.04	2.28
	D	4.59	56.80	2.45	3.56	1.88	4.54	3.66	19.83	2.71
	E	5.94	58.64	0.59	1.57	2.04	3.42	3.98	20.53	3.27
	F	30.71	30.94	3.10	17.91	4.71	2.48	1.49	7.88	0.78
华东	G	11.57	48.05	2.05	6.08	2.45	4.32	3.15	18.99	3.34
	H	11.36	46.65	0.72	1.43	0.87	4.86	3.81	27.22	3.06
	I	8.01	52.62	0.27	0.75	1.10	6.77	5.72	21.21	3.54
	J	10.17	55.58	1.29	3.78	1.33	3.79	3.36	18.54	2.16

续表

地区	样品	SiO_2	CaO	Fe_2O_3	Al_2O_3	MgO	Na_2O	K_2O	Cl	S
华南	K	7.46	47.93	3.93	2.55	1.74	5.22	5.17	22.61	3.39
	L	6.52	44.58	0.80	1.82	1.27	7.06	6.31	28.21	3.43
	M	7.14	48.38	1.83	5.21	3.38	5.56	5.01	20.58	2.91
	N	9.20	46.20	2.11	5.00	1.80	6.47	4.82	21.39	3.01

表 3-4　我国 14 座生活垃圾焚烧厂飞灰中重金属含量　　单位:mg/kg

地区	样品	As	Cd	总 Cr	Cu	Ni	Pb	Zn
东北	A	6.57	97.03	257.26	259.13	16.18	931.33	8 726.07
华北	B	23.60	25.02	151.04	222.25	125.07	358.05	2 397.64
	C	ND	24.98	53.94	132.21	14.06	482.06	2 064.36
	D	ND	15.57	55.23	99.60	12.24	308.01	1 289.41
	E	25.83	29.75	100.74	223.30	99.61	450.74	2 935.32
	F	ND	7.63	21.24	41.98	14.06	145.59	494.76
华东	G	17.40	51.45	314.95	63.87	5.57	938.27	1 726.51
	H	0.25	62.18	272.17	5.45	ND	481.76	3 369.23
	I	6.80	98.53	23.28	262.27	11.72	1 255.39	3 991.48
	J	2.51	23.53	61.43	12.65	ND	140.99	702.65
华南	K	10.91	181.20	474.25	278.15	14.16	886.59	6 014.04
	L	ND	83.83	106.11	1 357.14	46.24	1 103.22	7 180.02
	M	ND	36.46	14.06	139.58	ND	354.69	1 156.25
	N	0.93	29.21	50.97	308.39	15.20	371.19	2 219.91

3.3.2　焚烧灰渣的控制措施

重金属在炉渣和飞灰中的分布与重金属本身特性有关,难挥发金属主要分布于炉渣中,而易挥发金属主要分布于飞灰中。炉渣中可浸出的重金属的量明显低于飞灰,且在标准范围之内。因此,城市生活垃圾焚烧炉渣不在欧盟委员会规定的有害废物之列,而城市生活垃圾焚烧飞灰被欧盟委员会列为 19.01.03 号和 19.01.07 号废物。日本 1992 年修订的《废物处置和公共清扫法》规定:新建的垃圾焚烧炉须分别收集飞灰和炉渣。生活垃圾焚烧飞灰在比利时也被认为是有害物质。因此，应该将炉渣从灰渣中分离出来以便于利用炉渣和处理飞灰。目前，英国、德国、法国、荷兰、丹麦、加拿大以及日本等国大部分的生活垃圾焚烧厂，其炉渣和飞灰都是分别收集、处理和处置的；而在美国，炉渣和飞灰是混合收集、处理和处置的，因此被称作混合灰渣。

我国《生活垃圾焚烧污染控制标准》(GB 18485)中明确规定“生活垃圾焚烧飞灰应按危险废物进行管理，如进入生活垃圾填埋场处置，应满足 GB 16889 的要求；如进入水泥窑处置，应满足 GB 30485 的要求”。

1. 炉渣的处置及利用

生活垃圾焚烧炉渣的处理是一个重要的环境生态问题。在我国，炉渣属于一般废弃物，可直接填埋或作建材使用。但是，由于焚烧的垃圾组成复杂，炉渣中含有重金属、无机盐类物质，如铅、锡、铬、锌、铜、汞、镍、硒、砷等，在炉渣填埋或利用过程中可能会浸出而污染环境。欧美等发达国家早已开始采用卫生填埋方式来处理焚烧炉渣，以避免其中含有的可溶有害成分进入土壤。然而，由于卫生填埋的维护费用极高，进而增加了整个焚烧过程的费用，因此，这种方法在我国现阶段是不可行的。炉渣引起的环境污染问题是其不能直接填埋的主要原因。另外，填埋场地急剧减少的客观现实也限制了焚烧炉渣的填埋处理。

(1) 预处理

焚烧炉渣成分复杂，且含有污染物质，因此在处理和利用之前，必须进行适当的预处理，主要包括分选、风化、水洗、固化、药剂稳定化、热处理等。

1) 分选

分选就是利用固体混合物中各组成物的物理性能的差异(如粒度、密度、磁性、光电性和润湿性等)，采用相应的手段将其分离的过程。分选的方式主要有筛选、重力筛选、磁选以及手工分选等。为了经济有效地回收、利用焚烧灰渣中的有用物质，根据灰渣的性质和要求，将两种或两种以上的分选单元有机组成一条分选回收工艺就变得很重要。例如，可以采用人工分选或机械筛分选出灰渣中一些大的石块、砖头等建筑垃圾；再采用风选将灰渣按粒度大小分级，得到大量粒度较小的灰分，这些灰分大多是有机垃圾焚烧后的产物，有一定的养分，可用作植物肥料；还可以采用磁选方法把铁质物质分离出来加以回收利用。

2) 风化

风化是在处置和资源化利用之前，先把炉渣放置一段时间，从几个星期到几个月不等，达到降低炉渣 pH 和使金属氢氧化物氧化成难溶的金属氧化物从而减少重金属物质的浸出、稳定炉渣性质的目的。

3）水洗

水洗过程能改变灰渣的化学成分，如减少水溶性化合物的含量（大多数氯化物、可浸出盐类），增加玻璃化氧化物的含量，并能去除轻质的细微成分。此外，水洗过程还可大幅减弱固化产物的硬化时间的延迟作用。除去炉渣中部分轻质细微成分，有利于提高固化体的硬化性能，并提高灰渣烧结产物的化学和工程性质。然而，水洗过程虽然去除可溶氯化物，但是炉渣的碱性较强，水洗并不能显著地降低炉渣的重金属含量。另外水洗预处理会产生大量的清洗废水，处理这部分废水将产生一定的工程费用。

4）固化

固化是用物理化学方法将有害废物掺合并包容在密实的惰性基材中，使其稳定化的一种过程。固化处理机理十分复杂，目前尚在研究和发展中，常用的固化过程有：将有害废物通过化学转变或引入某种稳定的晶格中的过程；将有害废物用惰性材料加以包容的过程；兼有上述两种过程。常用的固化剂主要有水泥、石灰、石膏、硅酸盐、火山灰和沥青等。焚烧灰渣的水泥固化体主要用于路基、河坝等场合。水泥固化的缺点是固化体增容比大，且存在长期稳定性问题，例如固化体中重金属稳定性可能会因水溶性硫酸盐、有机酸和有机质分解产生的二氧化碳气体而降低。

5）药剂稳定化

药剂稳定化是指使用药品使废物中所含的重金属生成稳定的化合物，根据重金属种类可以采用的稳定化药剂有：石膏、漂白粉、硫代硫酸钠、硫化钠和高分子有机稳定剂。近年来，发展较快的是重金属螯合剂的应用。它是一种水溶性的螯合高分子，其母体高分子具有亲水性螯合基，与重金属离子反应生成不溶于水的高分子络合物。磷酸盐也被应用于稳定焚烧炉渣，磷酸盐能与重金属反应形成自然界稳定存在的金属三态磷酸盐和磷灰石族矿物，这些物质具有相当高的稳定性，从而降低炉渣中重金属的浸出。

6）热处理

热处理是处理城市生活垃圾焚烧灰渣最有效的方法，它既能固定重金属，又能减少废物的体积。当条件控制得当时，还能生产适于进一步利用的材料，是一种节省费用的处理方法。但是热处理方法的能耗高，限制了其使用。通常，热处理方法有熔融和烧结两种类型。

熔融法是将焚烧炉渣在 1 200～1 400 ℃熔化，使有机组分热分解、燃烧气化，而无机成分熔融成玻璃质熔渣，形成稳定的玻璃态物质。熔融过程中，低沸点的重金属及盐类挥发成气体被收集，不挥发的重金属与二氧化硅发生反应被包封在硅酸盐网状基体结构中，或者在浸出时被吸附在熔融产物人工玻璃上的铝硅酸层上。炉渣经熔融处理，质量和体积均大大减少，并产生高密度稳定的熔融产物，这种熔融产物不仅可节省填埋场库容，且可用作填充料和路基、混凝土、沥青和水泥原料等建筑材料，如进一步去除重金属便能促进炉渣的再利用，如作水泥、装饰瓦、沥青和铺路砖等。

烧结是将粘结在一起的颗粒进行热处理来增强压实颗粒的强度和其他工程性质的一种手段。多类炉渣可以使用烧结的方法进行处理，如陶瓷、金属和各种复合材料的产品，以及对炉渣中的二噁英进行清除和将重金属稳定于烧结基体中以应用于建筑材料的粘合料、路基的粒料、路面砖等方面。烧结产物用于建筑材料时，要求重金属浸出性能极低和足够的抗压强度。然而，烧结过程中由于碱金属氯化物的挥发使孔隙率增加，和未充分形成的晶间玻璃相会导致压实样品固化程度较低，机械强度下降。通常，烧结产物适用于波特兰水泥的集合料、路基的沥青混凝土、路面砖、花园砖、高温矿物棉隔热材料。

（2）资源化利用

炉渣的理化性质及工程特性表明炉渣具有骨料性质。同时，炉渣的重金属含量、浸出毒性和溶解盐含量均较低，没有放射性危害，因此资源化利用的环境风险较小。而且炉渣残余有机物含量较少，坚固性较好，作为土木工程材料进行资源化利用具有可行性。在美国、欧洲和日本，炉渣（或是混合灰渣）已经有几十年的应用历史，尤其在欧洲，炉渣资源化利用的比例较高，总体比例在50%以上，其中作为道路工程的集料和填埋场的覆盖材料是目前炉渣资源化利用最主要的方式。

1）沥青混凝土或水泥混凝土的替代骨料

炉渣的物理组成、级配、坚固性等均符合沥青混凝土和水泥混凝土替代骨料的要求。另外有研究发现，垃圾焚烧炉渣中含有一定量的活性 SiO_2、Al_2O_3、Fe_2O_3等成分，具备一定的火山灰活性，故将炉渣用作水泥混凝土骨料对强度有一定的促进作用。美国联邦公路管理局在休斯敦、华盛顿和费城等地，至少完成了6项含混合炉渣的沥青道路铺筑示范工程，炉渣被分别用于道路粘结层、耐磨层或表层和基层。示范工程的测试结果表明，石油沥青铺面在一年内不会发生开裂现象，并且只要处置得当，炉渣沥青利用并不会对环境造成危害。

但与传统的砂石相比，炉渣作为集料仍有其欠缺之处，应用时需注意以下几点：一是原状炉渣由于含有大粒径砖块、石头和金属，使得其只能用作二级公路及二级以下公路的底基层集料，只有去除这些大颗粒后，炉渣才能用作基层和二级以上公路底基层集料。另外大颗粒组成可能会破毁施工设备，对施工的危害较大，应该尽可能地除去。二是由于水淬降温排渣作用，原状炉渣的含水率高达12.0%～18.9%，炉渣含水率会直接影响到集料压实程度、密度、强度和抗变形能力。含水率过高，还会出现渗水现象，且不便于运输，也难以形成高强度。在应用时，必须根据应用途径作进一步分析确定是否需要通过风干来降低炉渣的含水率。三是由于炉渣中含有一定量的重金属等污染物，对环境有一定的潜在影响，资源化应用过程中应对炉渣及其产品进行严格的环保检测，另外工程应用时可以考虑加入适量的水泥、石灰等胶凝材料进行稳定化处理，以降低环境风险。

2）路基、路堤等的建筑填料

由于天然砂石骨料的缺乏，将炉渣用作停车场、道路等的建筑填料，成为欧洲目前灰渣资源化利用的重要途径之一。由于炉渣的稳定性好，其物理和工程性质与轻质的天然骨料相似，并且容易进行粒径分配，易加工成商业化产品，因此成为一种适宜的建筑填料。欧洲多年的工程实践经验表明，将炉渣作为建筑填料的资源化利用方式是可行的，在环境协调性和材料的使用性能方面均符合要求。

3）填埋场覆盖材料

填埋场的覆盖层由5个部分组成，由上到下分别是植被层、营养层、排水层、阻隔层和基础层。其中基础层对整个覆盖系统起着支撑、稳定的作用，其材料为土壤、砂砾，甚至可以为一些坚固的垃圾，如建筑垃圾等。炉渣若用作填埋场覆盖材料，可不必采取筛选、磁选、粒径分配等预处理工艺。由于填埋场自身存在有利的卫生条件（具备环境保护设施如防渗层及渗滤液回收系统等），能够很好地控制炉渣中的重金属或水溶性盐分的浸出对人类健康和环境的不利影响。另外，焚烧炉渣作为垃圾填埋场的日常临时覆盖材料可以起到一定的阻止填埋场臭气溢出的作用。

2. 飞灰的处置及利用

（1）技术分类及预处理

为加强对飞灰的环境管理，生态环境部2020年8月发布《生活垃圾焚烧飞灰污染控制技术规范（试行）》（HJ 1134）。根据该技术规范，生活垃圾焚烧飞灰的利用处置分为填埋和资源化两种方式。填埋是飞灰处置的传统方法，而资源化是近些年发展起来的新处理方式。根据飞灰的化学成分特点，目前飞灰资源化利用方式主要为建材化，即作为替代原料用于建材产品生产。

在飞灰填埋或资源化利用处置前，均需对飞灰进行适当的预处理。飞灰的预处理是指通过物理或化学方法，对飞灰中的重金属、二噁英类、氯盐等物质进行一定程度的去除，或者抑制其可浸出性或扩散性，使预处理后的飞灰满足后续利用处置的要求。目前飞灰的预处理技术主要包括水洗、固化/稳定化、高温烧结、高温熔融、低温热解等。

(2) 主要处置技术

根据上述生活垃圾焚烧飞灰的分类及预处理技术，目前我国主要的飞灰处置技术可总结为固化/稳定化-填埋、高温烧结制陶粒、等离子体熔融、水泥窑协同处置和低温热解等。

1) 固化/稳定化-填埋技术

固化/稳定化-填埋是指将飞灰中的有毒有害组分包容覆盖起来，或者使其呈现化学惰性，然后进入填埋场进行填埋。《危险废物填埋污染控制标准》(GB 18598)中规定，飞灰满足稳定化控制限值后可进入危废填埋场进行填埋；2008年修订颁布的《生活垃圾填埋场污染控制标准》(GB 16889)中规定，飞灰经过预处理满足入场要求后，可以进入垃圾填埋场的独立单元进行填埋。根据《生活垃圾填埋场污染控制标准》(GB 16889)中6.3的要求，安全填埋条件为：含水率小于30%；二噁英含量低于3 μg TEQ/kg；制备的浸出液中危害成分浓度低于《固体废物　浸出毒性浸出方法　醋酸缓冲溶液法》(HJ/T 300)中规定的限值。

固化/稳定化是飞灰填埋处置利用的预处理技术，其主要作用是控制和降低飞灰中的重金属溶出。固化/稳定化技术主要包括水泥固化法、化学药剂稳定化法两大类，其中化学药剂稳定化法因增容体积小、固化效果较好，近年来研究报道较多。目前常用药剂可分为无机类和有机类，无机药剂主要包括石膏、磷酸盐、硫化物(硫代硫酸钠、硫化钠)、铁酸盐、硅酸盐、硅胶、石灰等，有机药剂主要包括巯基胺盐、EDTA 连接聚体、柠檬酸盐、多聚磷酸盐、壳聚糖衍生物等。

固化/稳定化-填埋处理技术是目前我国最主要的飞灰处置方式，但是该技术占用大量土地资源，二噁英和重金属仍然存在，具有潜在环境风险。未来随着相关标准及技术的完善，该技术可以应用于飞灰产生量不高而土地资源相对宽裕的中小城市。

2) 高温烧结制陶粒技术

高温烧结制陶粒技术是将飞灰与工业固体废物或黏土等原料的混合物加入助熔剂、黏结剂等添加剂后，加热至飞灰的熔点，促使飞灰的物相重组，形成的轻质致密固体可作为陶粒使用，而产生的烟气采用高温燃烧、石灰脱酸、活性炭吸附等方法处理的技术。目前该技术在天津地区的飞灰处置中已得到应用。

飞灰中的二噁英在高温烧结过程中得到分解，降解率可达到99%以上。飞灰中难挥发的重金属固化在矿物晶格中，而其他重金属形成低熔点、易挥发的氯化物进入烟气中。高温烧结制陶粒的烟气处理系统会产生较多量的浓缩灰(二次飞灰),需要进一步处置,如果送至厂外处置应按危险废物管理。

2018 年,天津市出台的《高温烧结处置生活垃圾焚烧飞灰制陶粒技术规范》(DB12/T 779—2018)为高温烧结制陶粒技术的发展提供了技术支撑。但高温烧结制陶粒技术工艺路线较为复杂,尾气处理难度较大,产生的二次飞灰较多,还有许多的技术难题需要克服。

3) 等离子体熔融技术

等离子体熔融技术是将飞灰与固体废物等原料的混合物加入添加剂后,利用等离子炬产生的热源,加热至飞灰完全熔融后冷却,形成致密玻璃体的过程。等离子体具有高温高热特性,内部温度一般可达 3 000 ℃以上,可完全分解二噁英及其他有机污染物。等离子体熔融最终产生无毒无害的玻璃体渣,可以直接用于制备微晶玻璃、人工砂石、免烧砖等建材产品。

作为高温熔融的一种重要方式,等离子体熔融技术被认为是飞灰的安全处置方法之一,上海固体废物处置中心、浙江大学、中广核研究院、中国天楹等单位建立了中试规模的工业装置,并开展了相关试验,结果表明,飞灰经过等离子熔融处理后,二噁英类物质被彻底分解,高沸点重金属被包封在硅酸盐的网状晶格中,形成的具有刚性的玻璃体浸出毒性远低于《危险废物鉴别标准 浸出毒性鉴别》(GB 5085.3)中的标准限值。但等离子体熔融技术由于处置成本高、技术难度大,又有二次飞灰的问题,目前处于小规模处置阶段,该技术的应用推广还有较长的路要走。

4) 水泥窑协同处置技术

水泥窑协同处置技术是将飞灰进行水洗处理(氯盐去除)后作为水泥原料,通过水泥窑高温焚烧后彻底分解二噁英,将重金属固化稳定化在水泥熟料中,同时水洗废水通过处理后全部回用,烟气经水泥窑系统处理满足标准后排放。目前国内已建成两条产能共为 7 万 t/a 的飞灰处置生产工业线,都已达产达标并稳定运行。

采用水泥窑协同处置飞灰后,水泥熟料中重金属浸出毒性满足《水泥窑协同处置固体废物技术规范》(GB 30760)要求,排放烟气中污染物浓度符合《水泥窑协同处置固体废物污染控制标准》(GB 30485)中的限值要求,水泥质量符合《通用硅酸盐水泥》(GB 175)标准。

水泥窑协同处置飞灰技术凭借其处置彻底、无二次污染和资源化利用的优势,得到了政府部门的认可,入选原环境保护部 2017 年发布的固体废物治理领域的《国家先进污染防治技术名录》和工业和信息化部《建材工业鼓励推广应用的技术和产品目录(2018—2019年本)》,是国家鼓励推广应用的环保技术。水泥窑协同处置飞灰技术相对成熟,标准体系完善,是拥有水泥厂的大中型城市的首选飞灰处置技术,具有良好的发展前景。

5) 低温热解技术

低温热解技术是指在低温条件下将飞灰中二噁英类物质去除的技术。目前报道的低温热解方式有微波加热、催化降解等。飞灰低温热解实际上是解毒处理过程,根据《生活垃圾焚烧飞灰污染控制技术规范(试行)》(HJ 1134)的规定,当飞灰中二噁英类残留的总量满足不超过50 ng-TEQ/kg的要求后才可进行建材化利用。

飞灰主要成分为钙、硅、铝、铁等的氧化物,与制备水泥、混凝土、免烧砖等建材产品的原料成分相类似,因此将飞灰低温热解后进行建材化利用是飞灰处置很好的工艺路线,有关单位正在开展这方面研究。低温热解技术的明显优势是可实现飞灰大规模处置,目前研究的较少,技术成熟度不高,但其处置成本和技术难度相对较低,处置后的飞灰可用做多种建材的替代原料,因此很有发展潜力,有望在未来成为没有水泥厂的大中型城市的首选飞灰处置技术。

3.4 噪声污染及其控制措施

3.4.1 噪声污染

各种不同类型的机械在运转过程中可能引起多种多样的噪声,机械噪声主要有空气动力性噪声和机械性噪声两类。两者往往交错或同时存在,以何种为主,按其机械类别和采用运动部件的结构而有所不同;另外还有由电磁性应力作用引起的机械性噪声,称为电磁噪声。

空气动力性噪声是气体的滚动或物体在气体中运动引起空气的振动产生的,它也被认为是气流噪声。机械性噪声是由固体振动产生的,在撞击、摩擦、交变机械应力或磁性应力等作用下,因机械的金属板、轴承、齿轮等发生碰撞、冲击、振动而产生机械性噪声。在电动机和发电机中,电磁噪声是由交变磁场对定子和转子作用,产生周期性的交变力,引起振动产生的。

垃圾焚烧厂的主要噪声源包括余热锅炉蒸汽排空管、高压蒸汽吹管、汽轮发电机组、风机、空压机、水泵、管路系统和垃圾运输车辆。还有吊车、大件垃圾破碎机、给水处理设备、烟气净化器、振动筛等次要噪声源。

垃圾焚烧厂噪声的声学特性大多属于空气动力性噪声。其次是电磁和机械性噪声。由于垃圾焚烧厂是一种连续生产过程,大多数噪声为固定式稳态噪声,但也有随生产负荷变化而变化的排气放空间歇噪声、定期清洗管道的高压吹管间歇噪声以及运输车辆的流动噪声。垃圾焚烧厂噪声的频谱一般集中分布在125～4 000 Hz的频率范围内。各类噪声源的A声级范围和频谱特性见表3-5。

表3-5　典型噪声源的频率及等级　　单位:dB(A)

名称	声级	频率
垃圾破碎机	90～95	低频
汽轮发电机	105～110	中低频
柴油发电机	105～110	中低频
空气压缩机	80～85	中低频
送风机、引风机	85～90	低频
喷雾反应塔	95～105	中高频
安全阀	95～110	高频
排气管	95～100	中高频
冷凝管	85～95	中低频
垃圾吊车、汽机吊车	80～90	低频
废渣输运带	80～90	低频
垃圾运输车辆	75～85	中低频
搅拌机	80～90	低频

3.4.2　噪声污染控制措施

垃圾焚烧厂噪声应符合《工业企业厂界环境噪声排放标准》(GB 12348)，标准的具体内容详见表3-6。

表3-6　工业企业厂界环境噪声排放限值　　单位:dB(A)

厂界外声环境功能区类别	时段	
	昼间	夜间
0	50	40
1	55	45
2	60	50
3	65	55
4	70	55

城市生活垃圾焚烧厂根据设备情况主要采用的噪声控制措施主要有以下几种：

1. 锅炉安全阀排汽系统噪声控制

电厂锅炉设备在点火、停炉以及遇到紧急事故时，要对空排放蒸汽，产生很强的噪声。声源中除排放蒸汽的喷流噪声外，还由于锅炉内压力比外界气压高得多，导致在排汽管局部范围内产生一系列的激波(冲击波)，也辐射出很强烈的激波噪声。这种锅炉排汽噪声强度很高，辐射的声功率级往往高达 150～170 dB (A)，属于高声强噪声。其特点是：声级高、频带宽、传播远。因此，影响范围广，不仅危害职工的身体健康，而且严重污染周围环境，干扰附近的机关、学校和居民的工作、学习和休息，甚至会掩盖马路上的车辆信号，影响正常的交通秩序。

控制这种噪声一般有两种方法：喷雾式消声器；在排汽管上安装消声器。

所谓喷雾消声是向辐射噪声的排汽口均匀地喷水。其消声原理为：①在水汽两相介质混合时，会产生一种类似玻璃棉状的液－固体介质，这种介质会降低声能传播；②水汽两相介质混合时，在交界面处发生摩擦，使能量损失，从而衰减一部分声能；③喷水后蒸汽密度和声速都发生变化，声阻抗率发生变化，使声波沿相反方向反射回去，因而取得降低噪声的效果。

喷雾消声器的淋水喷嘴要很细并畅通，以把水喷成雾状、保持均匀不停。这样才能保证一定的消声效果。如果使用合理，一散可取得 20 dB(A)以上的消声效果。这种消声方法需要专门淋水装置和供水泵以及联动装置，并要经常进行维护检修。

控制排汽噪声的另一种方法，是在排汽管口上安装消声器，是一种简单有效的方法。根据电厂锅炉排汽的高压、高温、高速的特点，排汽噪声的消声器应该设计为两级：第一级主要用于降低扩容，把原来高压蒸汽直接排空的压降，通过设置多级结构，使压级分配在各个构件上逐步来降低。这样，即可以取得消声效果，也为下一级使用吸声结构创造了条件。第二级在降低消声的基础上安装吸声结构，利用吸声结构的吸声性能把噪声进一步降低，以满足保护职工健康的要求。由于锅炉排出的是水蒸气，所以在选用吸声结构时还应注意防水蒸气的问题。

2. 风机噪声控制

锅炉引风机和送风机噪声是垃圾焚烧厂的主要噪声。由于风机的种类和型号不同，其噪声的强度和频率也有所不同，一般在 85～120 dB(A)之间。风机辐射噪声包括：进气口和出气口辐射的空气动力噪声，一般送风机主要辐射部位在进气口，引风机主要辐射部位在出气口；机壳及电动机、轴承等辐射的机械性噪声；基础振动辐射固体声。风机噪声是以空气动力噪声为主的宽频噪声，空气动力噪声一般比其他部位辐射的噪声高出 10～20 dB(A)。

风机的主要降噪措施有 3 种：在风机进出口安装消声器，垃圾焚烧厂鼓风机应使用阻性或阻抗复合性消声器；加装隔声罩，隔声罩由隔声、吸声和阻尼材料构成，主要降低机壳和电机的辐射噪声；减振，风机振动产生低频噪声，可在风机与基础之间安装减振器并在风机进出口和管道之间加一段柔性接管。

3. 汽轮发电机组噪声控制

汽轮发电机组噪声有五个重要部分：高温、高压蒸汽通过汽轮机调节阀时泄漏产生的气体动力性噪声；主辅机产生的机械噪声；发电机产生的电磁噪声；发电机转子旋转产生的涡流和空气脉动噪声；箱壁振动所辐射的二次空气噪声。它们发出噪声的频谱范围较宽，声强较高，合成噪声可达 100 dB(A)以上。

具体降噪措施如下：选用低噪声的发电机组；在进、排气管道上装设阻尼消声器；机器四周安装隔声箱体(罩)；机座下安装隔振支撑，用于控制结构声；发电间采用吸声和消声设计，在房间顶部屋架吊设吸声体，并在墙体表面敷设吸声材料。

4. 空压机噪声控制

空压机噪声在 90～100 dB(A)之间，以低频噪声为主。主要噪声是进、排气口辐射空气噪声，机械运动部件产生的机械性噪声和驱动噪声。其中主要辐射部位是进气口，超过其他部位的 5～10 dB(A)。

空压机的降噪措施主要包括：进气口装消声器，应选用阻抗性消声器；机组加装隔声罩，最好做成可拆卸式便于检修和安装，并设置进排气消声器散热；避开共振管长度在管道中加设孔板进行管道防振降噪；在贮气罐内适当位置悬挂吸声锥体，打破驻波降低噪声。

5. 水泵噪声控制

水泵噪声主要是泵体和电机产生的以中频为主的机械和电磁噪声。噪声随水泵扬程和叶轮转速的增高而增高。主要控制措施是安装隔声罩，并在泵体与基础之间设置减振器。

6. 管路系统噪声控制

垃圾焚烧厂的管路系统较为复杂，阀门和管道很多，形成了线噪声源。一般情况以阀门噪声为主。阀门噪声主要有 3 种：低、高频机械噪声；以中、高频为主的空气动力性噪声；气穴噪声(当阀门开度较小时尤其突出)。管道噪声包括风机和泵的传播声，以及湍流冲刷管壁的振动噪声。

管路系统的噪声控制措施有：选用低噪声阀门，比如多级降压阀、分散流通阀流道型阀门以及组合型阀门；在阀门后设置节流孔板，可使管路噪声降低10～15 dB(A)；在阀门后设置消声器；合理设计和布置管线，设计管道时尽量选用较大管径以降低流速，减少管道拐弯、交叉和变径，弯头的曲率半径至少5倍于管径，管线支撑架设要牢固，靠近振源的管线处设置波纹膨胀节或其他软接头隔绝固体声传播，在管线穿过墙体时，最好采用弹性连接；在管道外壁敷设阻尼隔声层，提高隔声能力，可与保温措施结合起来，形成防止噪声辐射的隔声保温层。

7. 车辆噪声控制

车辆噪声包括排气噪声、发动机噪声、轮胎噪声和喇叭噪声。音频以低、中频为主。除了选用低噪声的垃圾运输车辆外，主要靠车辆的低速平稳行驶和少鸣喇叭等措施降噪。

8. 其他次要噪声控制

焚烧车间大件垃圾破碎机、给水处理设备、空气预热器、烟气冷却装置、净化器、振动筛等设备也能产生80～90 dB(A)的噪声。主要通过选用低噪声设备和房间的隔声和吸声措施降噪。

第四章　垃圾焚烧工程前期环境管理要求

4.1　前期关注的垃圾焚烧工程相关的法律、法规、技术规范

4.1.1　国内环保法律体系

《中华人民共和国宪法》(以下简称《宪法》)是我国根本大法,《宪法》第二十六条规定:国家保护和改善生活环境和生态环境,防治污染和其他公害。该条规定奠定了我国环境保护法律体系的基础。

《中华人民共和国环境保护法》(以下简称《环境保护法》)于1989年12月26日第七届全国人民代表大会常务委员会第十一次会议通过,2014年4月24日第十二届全国人民代表大会常务委员会第八次会议修订,自2015年1月1日起施行。它是我国环境保护法律中综合性的实体法,是为保护和改善生活环境与生态环境,防治污染和其他公害,保障人民身体健康,促进社会主义现代化建设的发展而制定的。对于环境保护方面的重大问题加以全面综合调整,对环境保护的目的、范围、方针政策、基本原则、重要措施、管理制度、组织机构、法律责任等做出了原则规定。

《中华人民共和国环境保护法》中明确规定:

第五条　环境保护坚持保护优先、预防为主、综合治理、公众参与、损害担责的原则。

其中有关建设项目前期环境管理的规定如下:

第十九条　编制有关开发利用规划,建设对环境有影响的项目,应当依法进行环境影响评价。

未依法进行环境影响评价的开发利用规划,不得组织实施;未依法进行环境影响评价的建设项目,不得开工建设。

第四十一条　建设项目中防治污染的设施，应当与主体工程同时设计、同时施工、同时投产使用。防治污染的设施应当符合经批准的环境影响评价文件的要求，不得擅自拆除或者闲置。

第四十二条　排放污染物的企业事业单位和其他生产经营者，应当采取措施，防治在生产建设或者其他活动中产生的废气、废水、废渣、医疗废物、粉尘、恶臭气体、放射性物质以及噪声、振动、光辐射、电磁辐射等对环境的污染和危害。

排放污染物的企业事业单位，应当建立环境保护责任制度，明确单位负责人和相关人员的责任。

《中华人民共和国固体废物污染环境防治法》于 1995 年 10 月 30 日第八届全国人民代表大会常务委员会第十六次会议通过，最新修订是 2020 年 4 月 29 日第十三届全国人民代表大会常务委员会第十七次会议第二次修订，自 2020 年 9 月 1 日起施行。该法律是为了保护和改善生态环境，防治固体废物污染环境，保障公众健康，维护生态安全，推进生态文明建设，促进经济社会可持续发展而制定，2020 年的修订完善了工业固体废物污染环境防治制度，增加排污许可等制度，明确固体废物污染环境防治坚持减量化等原则。其中第五十五条规定：建设生活垃圾处理设施、场所，应当符合国务院生态环境主管部门和国务院住房城乡建设主管部门规定的环境保护和环境卫生标准。鼓励相邻地区统筹生活垃圾处理设施建设，促进生活垃圾处理设施跨行政区域共建共享。

2018 年 8 月 31 日，第十三届全国人大常委会第五次会议全票通过了《中华人民共和国土壤污染防治法》，自 2019 年 1 月 1 日起施行。该法律由环保部起草，是为了保护和改善生态环境，防治土壤污染，保障公众健康，推动土壤资源永续利用，推进生态文明建设，促进经济社会可持续发展而制定的法律，目的是制定土壤污染行动计划。《中华人民共和国土壤污染防治法》第十八条要求：各类涉及土地利用的规划和可能造成土壤污染的建设项目，应当依法进行环境影响评价。环境影响评价文件应当包括对土壤可能造成的不良影响及应当采取的相应预防措施等内容。

《中华人民共和国大气污染防治法》于 1987 年 9 月 5 日第六届全国人民代表大会常务委员会第二十二次会议通过，2015 年 8 月 29 日第十二届全国人民代表大会常务委员会第十六次会议第二次修订，最新修正是根据 2018 年 10 月 26 日第十三届全国人民代表大会常务委员会第六次会议《关于修改〈中华人民共和国野生动物保护法〉等十五部法律的决定》第二次修正。从内容上看，不仅实现了与新修订的《环境保护法》的衔接，也将“大气十条”中的有效政策转化为法律制度，除总则、法律责任和附则外，分别对大气污染防治标准和限期达标规划、大气污染防治的监督管理、大气污染防治措施、重点区域大气污染联合防治、重污染天气应对等内容作了规定。其中第二十条规定：企业事业单位和其他生产经营者向大气排放污染物的，应当依照法律法规和国务院生态环境主管部门的规定设置大气污染物排放口。禁止通过偷排、篡改或者伪造监测数据、以逃避现场检查为目的的临时停产、非紧急情况下开启应急排放通道、不正常运行大气污染防治设施等逃避监管的方式排放大气污染物。

《中华人民共和国环境影响评价法》由第九届全国人民代表大会常务委员会第三十次会议于 2002 年 10 月 28 日修订通过，自 2003 年 9 月 1 日起施行。2016 年 7 月 2 日第十二届全国人民代表大会常务委员会第二十一次会议重新修订。2018 年 12 月 29 日，第十三届全国人民代表大会常务委员会第七次会议重新修订。该法律是为了实施可持续发展战略，预防因规划和建设项目实施后对环境造成不良影响，促进经济、社会和环境的协调发展而制定。

《建设项目环境保护管理条例》于 1998 年 11 月 18 日国务院第 10 次常务会议通过，1998 年 11 月 29 日发布施行。《建设项目环境保护管理条例》是由国务院颁布的关于建设项目环境保护方面的法律，目的是为了防止建设项目产生新的污染、破坏生态环境。

2016 年 5 月 31 日，国务院发布《国务院关于印发土壤污染防治行动计划的通知》(国发〔2016〕31 号)。《土壤污染防治行动计划》是为了切实加强土壤污染防治，逐步改善土壤环境质量而制定的。

除以上提到的法律法规外，还有《中华人民共和国水污染防治法》《中华人民共和国环境噪声污染防治法》《中华人民共和国清洁生产促进法》《中华人民共和国循环经济促进法》等，开展生活垃圾焚烧建设项目之前，须严格按照相关法律法规中的要求执行。

4.1.2　垃圾焚烧工程相关的政策、规划、技术规范

2011 年 4 月 19 日，国务院印发《国务院批转住房城乡建设部等部门关于进一步加强城市生活垃圾处理工作意见的通知》(国发〔2011〕9 号)，文件指出："城市人民政府要按照生活垃圾处理技术指南，因地制宜地选择先进适用、符合节约集约用地要求的无害化生活垃圾处理技术。土地资源紧缺、人口密度高的城市要优先采用焚烧处理技术……鼓励有条件的城市集成多种处理技术，统筹解决生活垃圾处理问题。"

《城市生活垃圾处理及污染防治技术政策》(建城〔2000〕120 号)中指出"焚

烧适用于进炉垃圾平均低位热值高于5 000 kJ/kg、卫生填埋场地缺乏和经济发达的地区”，并对焚烧炉、烟气停留时间、焚烧余热利用以及焚烧厂产生的污染物(烟气、渗滤水、炉渣和飞灰等)的处理作出了相关建议和要求。

《“十三五”全国城镇生活垃圾无害化处理设施建设规划》中提出城镇生活垃圾无害化处理设施的建设要求：“经济发达地区和土地资源短缺、人口基数大的城市，优先采用焚烧处理技术，减少原生垃圾填埋量。建设焚烧处理设施的同时要考虑垃圾焚烧残渣、飞灰处理处置设施的配套。鼓励相邻地区通过区域共建共享等方式建设焚烧残渣、飞灰集中处理处置设施。”

住房和城乡建设部、国家发展和改革委员会、环境保护部于2010年4月22日联合发布《生活垃圾处理技术指南》(建城〔2010〕61号)，该指南主要介绍了生活垃圾填埋技术和焚烧技术的适用性、处理设施建设技术要求、运行监管要求等。其中指出“生活垃圾焚烧厂设计和建设应满足《生活垃圾焚烧处理工程技术规范》(CJJ 90—2009)、《生活垃圾焚烧处理工程项目建设标准》(建标142—2010)和《生活垃圾焚烧污染控制标准》(GB18485—2014)等相关标准以及各地地方标准的要求”，以及“生活垃圾焚烧厂运行和监管应符合《生活垃圾焚烧厂运行维护与安全技术规程》(CJJ 128—2009)、《生活垃圾焚烧污染控制标准》(GB 18485—2014)等相关标准的要求”，同时对生活垃圾焚烧厂建设过程包括选址、垃圾焚烧设备、污染物控制设备及措施以及运行监管过程需要采取的措施作出规定。

《生活垃圾焚烧处理工程项目建设标准》(建标142—2010)由住房和城乡建设部门负责修订，自2011年1月1日起施行，分为九章：总则、建设规模与项目构成、选址与总图布置、工艺与装备、配套工程、环境保护与劳动保护、建筑标准与建设用地、运营管理与劳动定员、主要技术经济指标。该标准详细介绍了生活垃圾焚烧处理设施建设过程的选址与规模、工程及设备、环保方面相关要求，且要求政府投资的生活垃圾焚烧处理工程建设应严格执行。

为规范生活垃圾焚烧处理工程建设的技术要求，做到焚烧工艺技术先进、运行可靠、控制污染、安全卫生、节约用地、维修方便、经济合理、管理科学，制定《生活垃圾焚烧处理工程技术规范》(CJJ 90—2009)，规范的主要技术内容包括：总则；术语；垃圾处理量与特性分析；垃圾焚烧厂总体设计；垃圾接收、储存与输送；焚烧系统；烟气净化与排烟系统；垃圾热能利用系统；电气系统；仪表与自动化控制；给水排水；消防；采暖通风与空调；建筑与结构；其他辅助设施；环境保护与劳动卫生；工程施工及验收。该规范适用于以焚烧方法处理垃圾的新建和改扩建工程的规划、设计、施工及验收。该规范为垃圾焚烧工程规模的确定和工艺技术路线的选择以及工程建设提供有效参考。

《生活垃圾焚烧污染控制标准》(GB 18485—2014)由环境保护部科技标准司组织制定，2014 年 4 月 28 日批准执行，该标准规定了生活垃圾焚烧厂的选址要求、技术要求、入炉废物要求、运行要求、排放控制要求、监测要求、实施与监督等内容，适用于生活垃圾焚烧厂的设计、环境影响评价、竣工验收以及运行过程中的污染控制及监督管理。

《生活垃圾焚烧发电建设项目环境准入条件(试行)》(环办环评〔2018〕20 号)是为规范生活垃圾焚烧发电建设项目环境管理，引导生活垃圾焚烧发电行业健康有序发展而制定，作为开展生活垃圾焚烧发电建设项目环境影响评价工作的依据，适用于新建、改建和扩建生活垃圾焚烧发电项目。

4.2　垃圾焚烧厂选址与总体设计

在垃圾焚烧发电厂建设中厂址选择是一个非常重要的环节，它是一项政策性和技术性很强的综合性工作。厂址的选择不但对焚烧发电厂本身的建设进度、投资、经济效益有直接影响，而且对运行的安全性、周围环境等都会产生影响。

4.2.1　厂址选择要求

2017 年，国家发改委、住房城乡建设部、国家能源局、环境保护部、国土资源部发布了《关于进一步做好生活垃圾焚烧发电厂规划选址工作的通知》(发改环资规〔2017〕2166 号)，提出了生活垃圾焚烧厂选址的重要意义："焚烧发电是生活垃圾处理的重要方式，对实现垃圾减量化、资源化和无害化，改善城乡环境卫生状况，解决'垃圾围城''垃圾上山下乡'等突出环境问题具有重要作用。科学合理确定生活垃圾焚烧发电厂规划与选址，对推进焚烧设施项目顺利实施、提高垃圾无害化处理能力具有重要意义。对此，各地应当高度重视，提早规划、合理布局、明确厂址，切实保障生活垃圾焚烧发电厂有序建设。"

该通知指出："项目选址应符合与'三区三线'配套的综合空间管控措施要求，尽量远离生态保护红线区域，并严格按照《生活垃圾焚烧处理工程项目建设标准》要求，设定防护距离，明确四至边界，合理安排周边项目建设时序，不得因周边项目建设影响生活垃圾焚烧发电项目选址落地。鼓励利用既有生活垃圾处理设施用地建设生活垃圾焚烧发电项目；鼓励采取产业园区选址建设模式，统筹生活垃圾、建筑垃圾、餐厨垃圾等不同类型垃圾处理，形成一体化项目群；鼓励在京津冀、长三角等国家级城市群打破省域(市域)限制,探索跨地市、跨省域生活垃圾焚烧发电项目建设,实现一定区域内共建共享。”

关于生活垃圾焚烧发电建设项目选址方面,众多国家、行业标准都有明确规定,其中,《生活垃圾焚烧处理工程项目建设标准》(建标 142—2010)、《生活垃圾焚烧污染控制标准》(GB 18485—2014)、《生活垃圾焚烧处理工程技术规范》(CJJ 90—2009)中给出了生活垃圾焚烧厂选址的详细要求。

1.《城市生活垃圾焚烧处理工程项目建设标准》相关要求

《城市生活垃圾焚烧处理工程项目建设标准》(建标 142—2010)中规定,焚烧厂的厂址选择应符合下列要求:

(1) 焚烧厂的选址,应符合城市总体规划、环境卫生专业规划以及国家现行有关标准的规定。

(2) 应具备满足工程建设的工程地质条件和水文地质条件。

(3) 不受洪水、潮水或内涝的威胁。受条件限制,必须建在受到威胁区时,应有可靠的防洪、排涝措施。

(4) 不宜选在重点保护的文化遗址、风景区及其夏季主导风向的上风向。

(5) 宜靠近服务区,运距应经济合理。与服务区之间应有良好的交通运输条件。

(6) 应充分考虑焚烧产生的炉渣及飞灰的处理与处置。

(7) 应有可靠的电力供应。

(8) 应有可靠的供水水源及污水排放系统。

(9) 对于利用焚烧余热发电的焚烧厂,应考虑易于接入地区电力网。对于利用余热供热的焚烧厂,宜靠近热力用户。

2.《生活垃圾焚烧污染控制标准》相关要求

《生活垃圾焚烧污染控制标准》(GB 18485—2014)对新建垃圾焚烧厂的选址有以下要求:

(1) 生活垃圾焚烧厂的选址应符合当地的城乡总体规划、环境保护规划和环境卫生专项规划,并符合当地的大气污染防治、水资源保护、自然生态保护等要求。

(2) 应依据环境影响评价结论确定生活垃圾焚烧厂厂址的位置及其与周围人群的距离。经具有审批权的环境保护行政主管部门批准后,这一距离可作为规划控制的依据。

(3) 在对生活垃圾焚烧厂厂址进行环境影响评价时,应重点考虑生活垃圾焚烧厂内各设施可能产生的有害物质泄漏、大气污染物(含恶臭物质)的产生与扩散以及可能的事故风险等因素，根据其所在地区的环境功能区类别，综合评价其对周围环境、居住人群的身体健康、日常生活和生产活动的影响，确定生活垃圾焚烧厂与常住居民居住场所、农用地、地表水体以及其他敏感对象之间合理的位置关系。

3.《生活垃圾焚烧处理工程技术规范》相关要求

《生活垃圾焚烧处理工程技术规范》(CJJ 90—2009)对于焚烧厂厂址选择的要求与规定如下：

(1) 垃圾焚烧厂的厂址选择应符合城乡总体规划和环境卫生专业规划要求，并应通过环境影响评价的认定。

(2) 厂址选择应综合考虑垃圾焚烧厂的服务区域、服务区的垃圾转运能力、运输距离、预留发展等因素。

(3) 厂址应选择在生态资源、地面水系、机场、文化遗址、风景区等敏感目标少的区域。

(4) 厂址条件应符合下列要求：

1) 厂址应满足工程建设的工程地质条件和水文地质条件，不应选在发震断层、滑坡、泥石流、沼泽、流沙及采矿陷落区等地区；

2) 厂址不应受洪水、潮水或内涝的威胁；必须建在该类地区时，应有可靠的防洪、排涝措施，其防洪标准应符合现行国家标准《防洪标准》(GB 50201—2001)的有关规定；

3) 厂址与服务区之间应有良好的道路交通条件；

4) 厂址选择时，应同时确定灰渣处理与处置的场所；

5) 厂址应有满足生产、生活的供水水源和污水排放条件；

6) 厂址附近应有必需的电力供应。对于利用垃圾焚烧热能发电的垃圾焚烧厂，其电能应易于接入地区电力网；

7) 对于利用垃圾焚烧热能供热的垃圾焚烧厂，厂址的选择应考虑热用户分布、供热管网的技术可行性和经济性等因素。

此外，《生活垃圾焚烧发电建设项目环境准入条件》(环办环评〔2018〕20 号)中规定：

“禁止在自然保护区、风景名胜区、饮用水水源保护区和永久基本农田等国家及地方法律法规、标准、政策明确禁止污染类项目选址的区域内建设生活垃圾焚烧发电项目。项目建设应当满足所在地大气污染防治、水资源保护、自然生态保护等要求。

鼓励利用现有生活垃圾处理设施用地改建或扩建生活垃圾焚烧发电设施，

新建项目鼓励采用生活垃圾处理产业园区选址建设模式，预留项目改建或者扩建用地，并兼顾区域供热。”

环保部、国家发改委、国家能源局联合出台的《关于进一步加强生物质发电项目环境影响评价管理工作的通知》(环发〔2008〕82号)中要求在垃圾焚烧厂选址时应注意：

“选址必须符合所在城市的总体规划、土地利用规划及环境卫生专项规划(或城市生活垃圾集中处置规划等)；应符合《城市环境卫生设施规划规范(GB 50337—2003)》、《生活垃圾焚烧处理工程技术规范(CJJ 90—2009)》对选址的要求。

除国家及地方法规、标准、政策禁止污染类项目选址的区域外，以下区域一般不得新建生活垃圾焚烧发电类项目：城市建成区；环境质量不能达到要求且无有效削减措施的区域；可能造成敏感区环境保护目标不能达到相应标准要求的区域。

新改扩建项目环境防护距离不得小于300 m。”

总的来说，垃圾焚烧发电厂的选址应符合国家现行有关标准的规定和城市总体规划、环境卫生专业规划的要求，并综合考虑工程建设的工程地质条件和水文地质条件、便捷性(给排水、交通、通信、电力)及灰渣的处理与处置场所等。

4.2.2 焚烧厂总体设计

根据《生活垃圾焚烧处理工程技术规范》(CJJ 90—2009)中相关要求，将生活垃圾焚烧厂的总体设计分为以下几个部分：

1. 垃圾焚烧厂规模

(1) 垃圾焚烧厂应包括：接收、储存与进料系统、焚烧系统、烟气净化系统、垃圾热能利用系统、灰渣处理系统、仪表及自动化控制系统、电气系统、消防、给排水及污水处理系统、采暖通风及空调系统、物流输送及计量系统，以及启停炉辅助燃烧系统、压缩空气系统和化验、维修等其他辅助系统。

(2) 垃圾焚烧厂的处理规模应根据环境卫生专业规划或垃圾处理设施规划、服务区范围的垃圾产生量现状及其预测、经济性、技术可行性和可靠性等因素确定。

(3) 焚烧线数量和单条焚烧线规模应根据焚烧厂处理规模、所选炉型的技术成熟度等因素确定，宜设置2～4条焚烧线。

(4) 垃圾焚烧厂的规模宜按下列规定分类：

1）特大类垃圾焚烧厂：全厂总焚烧能力 2 000 t/d 及以上；

2）Ⅰ类垃圾焚烧厂：全厂总焚烧能力 1 200～2 000 t/d(含 1 200 t/d)；

3）Ⅱ类垃圾焚烧厂：全厂总焚烧能力 600～1 200 t/d(含 600 t/d)；

4）Ⅲ类垃圾焚烧厂：全厂总焚烧能力 150～600 t/d(含 150 t/d)。

2. 全厂总图设计

(1) 垃圾焚烧厂的全厂总图设计，应根据厂址所在地区的自然条件，结合生产、运输、环境保护、职业卫生与劳动安全、职工生活，以及电力、通信、燃气、热力、给水、排水、污水处理、防洪、排涝等设施环境，特别是垃圾热能利用条件，经多方案综合比较后确定。

(2) 焚烧厂的各项用地指标应符合国家有关规定及当地土地、规划等行政主管部门的要求。

(3) 垃圾焚烧厂人流和物流的出、入口设置，应符合城市交通的有关要求，并应方便车辆的进出。人流、物流应分开，并应做到通畅。

(4) 垃圾焚烧厂宜设置必要的生活服务设施，具备社会化条件的生活服务设施应实行社会化服务。

3. 总平面布置

(1) 垃圾焚烧厂应以垃圾焚烧厂房为主体进行布置，其他各项设施应按垃圾处理流程、功能分区，合理布置，并应做到整体效果协调、美观。

(2) 油库、油泵房的设置应符合现行国家标准《石油库设计规范》(GB 50074—2014)中的有关规定。

(3) 燃气系统应符合现行国家标准《城镇燃气设计规范》(GB 50028—2020)中的有关规定。

(4) 地磅房应设在垃圾焚烧厂内物流出入口处，并应有良好的通视条件，与出入口围墙的距离应大于一辆最长车的长度，且宜为直通式。

(5) 总平面布置应有利于减少垃圾运输和处理过程中的恶臭、粉尘、噪声、污水等对周围环境的影响，防止各设施间的交叉污染。

(6) 厂区各种管线应合理布置、统筹安排。

4. 厂区道路

(1) 垃圾焚烧厂区道路的设置，应满足交通运输和消防的需求，并应与厂区竖向设计、绿化及管线敷设相协调。

(2) 垃圾焚烧厂区主要道路的行车路面宽度不宜小于 6 m。垃圾焚烧厂房周围应设宽度不小于 4 m 的环形消防车道，厂区主干道路面宜采用水泥混凝土或沥青混凝土，道路的荷载等级应符合现行国家标准《厂矿道路设计规范》(GBJ

22—87)中的有关规定。

(3) 通向垃圾卸料平台的坡道应按国家现行标准《公路工程技术标准》(JTG B01—2014)的规定执行。为双向通行时,宽度不宜小于 7 m;单向通行时,宽度不宜小于 4 m。坡道中心圆曲线半径不宜小于 15 m,纵坡不应大于 8%。圆曲线处道路的加宽应根据通行车型确定。

(4) 垃圾焚烧厂宜设置应急停车场,应急停车场可设在厂区物流出入口附近处。

5. 绿化

(1) 垃圾焚烧厂的绿化布置,应符合全厂总图设计要求,合理安排绿化用地。

(2) 厂区的绿地率不宜大于 30%。

(3) 厂区绿化应结合当地的自然条件,厂区美化应选择适宜的植物。

4.3 环境影响评价管理要求

我国是最早实施环境影响评价制度的发展中国家之一。自 1979 年《中华人民共和国环境保护法(试行)》首次将建设项目环评制度作为法律确定下来后的四十多年间,环境影响评价在防治建设项目污染和推进产业的合理布局,加快污染治理设施的建设等方面,发挥了积极作用,成为在控制环境污染和生态破坏方面最为有效的措施。2002 年 10 月颁布的《中华人民共和国环境影响评价法》进一步强化了环境影响评价制度在法律体系中的地位。

本节总结了我国生活垃圾焚烧项目环境影响评价和管理工作经验,归纳了此类项目环评特点及重点。内容涉及有关法律法规、环保政策及产业政策、环评技术方法等。

4.3.1 环保政策及产业政策

1. 我国当前的垃圾处理标准体系

尽管我国垃圾处理的产业尚未最终形成,但目前我国垃圾收集—转运—处理(焚烧、堆肥、填埋)已初步形成了一个标准体系框架。在垃圾的收集、转运、处理方面按照设计、施工、验收的技术要求编制的工程技术标准作为通用标准,就相关方面的技术要求进行规定或强制性规定;同时,对这些工程在工艺、操作、安装、检测、运行管理等具体技术要求方面编制更加细化的专用标准,对工程在实施中的具体细节性技术要求进行规定。

目前，与垃圾从收集到处理过程中的各环节技术要求相对应的工程技术标准有：《生活垃圾转运站技术规范》(CJJ/T47—2016)；《城市生活垃圾分类及评价标准》(DB64/T 1766—2021)；《生活垃圾卫生填埋技术规范》(CJJ 17—2001)；《生活垃圾堆肥处理技术规范》(CJJ 52—2014)；《生活垃圾焚烧处理工程技术规范》(CJJ 90—2009)。

在这些技术要求和规定中，对一般性的技术要求，执行者在实际操作中应做到符合标准中的一般性技术规定；对涉及环境保护、劳动安全、环境卫生、节能、消防、职业卫生的要求和规定，执行者在实际操作中必须要按国家对强制性条文的规定执行。

除了上述通用标准，我国垃圾处理体系中对各种垃圾处理设施的运行管理过程也有相应的专门标准。目前，这一层次的专用标准已有：《生活垃圾卫生填埋场运行维护技术规程》(CJJ 93—2011)；《生活垃圾转运站运行维护技术规程》(CJJ 109—2018)；《生活垃圾焚烧厂运行维护与安全技术标准》(CJJ 128—2017)。

垃圾的处理和处置是公共卫生基础设施建设的一部分，也是城市基础设施建设的重要组成部分，直接关系到社会公众利益和安全，关系到人民群众的身体健康，更影响到经济社会的可持续发展。因此，对这部分基础设施的建设除了在技术要求上做出规定，制定相应的工程技术标准外，国家还对整个项目进行宏观控制，制定了工程项目建设标准。

1998 年以来建设部、国家计委相继发布实施了《城市生活垃圾卫生填埋处理工程项目建设标准》(建标〔2001〕101 号)；《生活垃圾焚烧处理工程项目建设标准》(建标 142—2010)；《城市生活垃圾堆肥处理工程项目建设标准》(建标〔2001〕213 号)。

上述三个工程项目建设标准的制定使垃圾处理项目从立项开始就按照国家建设和计划主管部门的要求来进行。项目建设标准对项目决策和建设中有关政策、技术、经济等方面做出规定，对建设项目在技术、经济、管理上起宏观调控作用，具有较强的政策性。标准对垃圾处理过程中涉及的建设原则、国家有关的经济建设方针、有关的行业发展和产业政策、有关合理利用资源、能源、土地以及环境保护、职业安全卫生等方面的相关条款，以强制性为主，要求项目在决策和建设中，有关各方认真贯彻执行。对处理设施在选址、建设规模与项目构成、主体工程与设备、配套工程、建设用地与建筑标准、运营管理与劳动定员、主要技术经济指标等方面，虽做出规定，但以指导性为主，由投资者、业主自主决定。

有关垃圾处理方面在建设标准和技术标准的规定中都有强制性规定，前者是国家需要宏观控制的，主要涉及国家的技术经济政策；后者则是在标准的条文中根据技术标准的要求从安全、环保、卫生、公众利益等方面作具体规定。

2.《可再生能源发电有关管理规定》内容

2006年初，国家发展改革委公布《可再生能源发电有关管理规定》(以下简称《规定》)，作为《中华人民共和国可再生能源法》和《可再生能源发电价格和费用分摊管理试行办法》的配套法规，明确给出了可再生能源发电项目的审批和管理方式。《规定》所称可再生能源包括：风力发电、生物质发电(包括农林废弃物直接燃烧和气化发电、垃圾焚烧和垃圾填埋气发电、沼气发电)、太阳能发电、海洋能发电和地热能发电。此规定是继鼓励国内各类经济主体参与可再生能源开发利用之后，给企业进入可再生能源发电产业提供了指导方向和实施标准。

为鼓励可再生能源的电力发展，《规定》要求可再生能源发电项目实行中央和地方分级管理，并需将发电规划纳入同级电力规划。主要河流上建设的水电项目和25万千瓦及以上水电项目、5万千瓦及以上风力发电项目，由国家发展和改革委员会核准或审批。其他项目由省级人民政府投资主管部门核准或审批，并报国家发展和改革委员会备案。生物质发电、地热能发电、海洋能发电和太阳能发电项目等四类项目可向国家发改委申报政策和资金支持。国家发改委原副主任张国宝曾指出，根据《规定》，发电企业应当积极投资建设可再生能源发电项目并承担国家规定的可再生能源发电配额义务。大型发电企业应当优先投资可再生能源发电项目。

《规定》指出，可再生能源发电项目的上网电价，由国务院价格主管部门根据不同类型可再生能源发电的特点和不同地区的情况，按照有利于促进可再生能源开发利用和经济合理的原则确定，并根据可再生能源开发利用技术的发展适时调整和公布。实行招标的可再生能源发电项目的上网电价，按照中标确定的价格执行；电网企业收购和销售非水电可再生能源电量增加的费用在全国范围内由电力用户分摊，具体办法另行制定。国家电力监管委员会负责可再生能源发电企业的运营监管工作，协调发电企业和电网企业的关系，对可再生能源发电、上网和结算进行监管。

《规定》要求电网企业根据长期发展规划要求，开展电网设计和研究论证工作，根据项目建设进度和需要，积极建设与改造电网，确保可再生能源发电。全额上网对直接接入输电网的水力发电、风力发电、生物质发电等大中型可再生能源发电项目，其接入系统由电网企业投资，产权分界点为电站(场)升压站外第一杆(架)。同时，太阳能发电、沼气发电等小型可再生能源发电项目，其接入系统原则上由电网企业投资建设。发电企业(个人)经与电网企业协商，也可以投资建设。

《规定》的意义在于明确了可再生能源发电项目的审批和管理方式，给企业进入可再生能源发电产业提供了指导方向和实施标准。而根据我国可再生能源发电产业的发展现状，预计未来发改委将会对《规定》进行调整和细化，具体如下：一是加大对风电、太阳能等新能源型可再生资源发电的支持和扶植力度，从技术、规模和审批等方面规范和适度限制生物质发电；二是提高电价补贴标准，变政策推动为经济刺激，进一步促进可再生资源发电产业的发展。

3.《关于进一步加强城市生活垃圾焚烧处理工作的意见》内容

《关于进一步加强城市生活垃圾焚烧处理工作的意见》是住房城乡建设部、国家发展改革委、国土资源部和环境保护部联合印发的关于城市生活垃圾处理工作意见，主要有以下几个要点：

加强焚烧设施规划选址管理。项目用地纳入城市黄线保护范围，规划用途有明显标示。优先安排垃圾焚烧处理设施用地计划指标，地方国土资源管理部门可根据当地实际单列，并合理安排必要的配套项目建设用地，确保设施同步或超前落地建设。设施选址应符合相关政策和标准的要求。同时，加强区域统筹，实现设施共享。

建设高标准清洁焚烧项目。遵循安全、可靠、经济、环保原则，选择安全适用技术。按照相关标准规范，严控工程建设质量。分析项目投资与运行费用，合理确定补贴费用。充分考虑飞灰处置出路，加强飞灰污染防治。积极推进产业园区建设，统筹生活垃圾、建筑垃圾、餐厨垃圾等不同类型垃圾处理，优化配置焚烧、填埋、生物处理等不同处理工艺，实现在园区内有效治理。此外，对现有垃圾焚烧厂也提出了开展专项整治的要求，确保达标排放。

各地要深入细致做好相关工作。要在项目属地入社区、入村广泛开展调研，认真倾听群众意见，系统分析各方诉求。对疑虑和误解，应耐心做好沟通解释工作，并充分考虑其合理诉求，积极研究解决措施。要通过广泛宣传、解疑释惑，争取群众对项目建设的信任和理解。在项目建设过程中，有关部门要加强协同配合，做好项目统筹安排，形成合力，与项目属地政府共同做好相关工作。

构建邻利型服务设施，实现共享发展。要实施精细化管理，落实运行管理责任制度和应急管理预案，采取切实有效措施，控制二次污染。在落实环境防护距离基础上，面向周边居民设立共享区域，因地制宜配套绿化、体育和休闲设施，实施优惠供水、供热、供电服务，安排群众就近就业。变短期补偿为长期可持续发展，变“邻避效应”为“邻利效益”，实现共享发展。

全面加强监管，接受公众监督。加快信用体系建设，鼓励和引导专业化规模化企业规范建设和诚信运行。对于中标价格明显低于预期的企业要给予重点关注，加大监管频次。焚烧厂运行主体要向社会定期公布运行基本情况，公示污染物排放数据，社会单位和公众可依法依规参与焚烧厂规划建设运行监督。通过驻场监管、公众监督、经济杠杆等手段进行监管，采用多种方式实现全过程监管。充分发挥新闻媒体作用，引导全社会客观认识生活垃圾处理问题，凝聚共识，营造良好舆论氛围。

4.3.2 环境影响评价分类管理与文件要求

《中华人民共和国环境影响评价法》第十六条和《建设项目环境保护管理条例》第七条中具体规定了国家对建设项目的环境保护实行分类管理。

《中华人民共和国环境影响评价法》第十六条规定：

国家根据建设项目对环境的影响程度，对建设项目的环境影响评价实行分类管理。

建设单位应当按照下列规定组织编制环境影响报告书、环境影响报告表或者填报环境影响登记表（以下统称环境影响评价文件）：

（一）可能造成重大环境影响的，应当编制环境影响报告书，对产生的环境影响进行全面评价；

（二）可能造成轻度环境影响的，应当编制环境影响报告表，对产生的环境影响进行分析或者专项评价；

（三）对环境影响很小、不需要进行环境影响评价的，应当填报环境影响登记表。

《建设项目环境保护管理条例》对分类管理也有相同的规定，但提法是环境保护分类管理。《建设项目环境保护管理条例》第七条规定：

国家根据建设项目对环境的影响程度，按照下列规定对建设项目的环境保护实行分类管理：

（一）建设项目对环境可能造成重大影响的，应当编制环境影响报告书，对建设项目产生的污染和对环境的影响进行全面、详细的评价；

（二）建设项目对环境可能造成轻度影响的，应当编制环境影响报告表，建设项目产生的污染和对环境的影响进行分析或者专项评价；

（三）建设项目对环境影响很小、不需要进行环境影响评价的，应当填报环境影响登记表。

根据《建设项目环境影响评价分类管理名录（2021 年版）》，生活垃圾发电（掺烧生活垃圾发电的除外）应编制环境影响报告书。

为保证环境影响评价的工作质量，督促建设单位认真履行环境影响评价义务，规范环境影响评价文件的编制，《中华人民共和国环境影响评价法》第十七条和《建设项目环境保护管理条例》第八条对建设项目环境影响报告书的内容以及环境影响报告表、环境影响登记表的内容和格式作出了规定。

《中华人民共和国环境影响评价法》第十七条规定：

建设项目的环境影响报告书应当包括下列内容：

（一）建设项目概况；

（二）建设项目周围环境现状；

（三）建设项目对环境可能造成影响的分析、预测和评估；

（四）建设项目环境保护措施及其技术、经济论证；

（五）建设项目对环境影响的经济损益分析；

（六）对建设项目实施环境监测的建议；

（七）环境影响评价的结论。

除上述评价内容外，根据形势的发展，鉴于建设项目风险事故对环境会造成危害，对存在事故风险的建设项目，特别是在原料、生产、产品、储存、运输中涉及危险化学品的建设项目，在环境影响报告书的编制中，还须有环境风险评价的内容。

生活垃圾焚烧发电项目，其目的是将生活垃圾经过焚烧做到无害化、减量化、资源化处理。生活垃圾本身不属于危险废物，因此在储存运输过程中发生恶性环境事故可能性极小，但在垃圾处理过程中储存的氨水以及产生的有害烟气在事故排放时会存在某些潜在的环境风险因素。

根据《关于印发〈突发环境事件应急预案管理暂行办法〉的通知》（环发〔2010〕113 号）、《关于进一步加强环境影响评价管理防范环境风险的通知》（环发〔2012〕77 号）、《关于进一步加强生物质发电项目环境影响评价管理工作的通知》（环发〔2008〕82 号）和《建设项目环境风险评价技术导则》（HJ 169—2018）的要求，需要对生活垃圾焚烧发电项目建设进行环境风险评价，通过评价认识其风险程度、危险环节和事故后果影响大小，从中提高风险管理的意识，提出环境风险防范措施和应急预案，杜绝环境污染事故的发生。

《关于进一步加强环境影响评价管理防范环境风险的通知》（环发〔2012〕77 号）关于防范建设项目环境风险的有关要求如下：

（一）提高认识，强化管理。各级环保部门要充分认识目前环境保护工作面临的新形势、新任务，以不断改善环境质量、解决突出环境问题为着眼点，按照“预防为主、防控结合”的原则，加强环境影响评价管理，督促企业认真落实环境风险防范和应急措施，全面提高环境保护监管水平，有效防范环境风险。

（二）突出重点，全程监管。对石油天然气开采、油气/液体化工仓储及运输、石化化工等重点行业建设项目，应进一步加强环境影响评价管理，针对环境影响评价文件编制与审批、工程设计与施工、试运行、竣工环保验收等各个阶段实施全过程监管，强化环境风险防范及应急管理要求。其他存在易燃易爆、有毒有害物质（如危险化学品、危险废物、挥发性有机物、重金属等）的建设项目，其环境管理工作可参照本通知执行。

（三）明确责任，强化落实。建设单位及其所属企业是环境风险防范的责任主体，应建立有效的环境风险防范与应急管理体系并不断完善。环评单位要加强环境风险评价工作，并对环境影响评价结论负责；环境监理单位要督促建设单位按环评及批复文件要求建设环境风险防范设施，并对环境监理报告结论负责；验收监测或验收调查单位要全面调查环境风险防范设施建设和应急措施落实情况，并对验收监测或验收调查结论负责。各级环保部门要严格建设项目环境影响评价审批和监管，在环境影响评价文件审批中对环境风险防范提出明确要求。

（四）建设项目环境风险评价是相关项目环境影响评价的重要组成部分。新、改、扩建相关建设项目环境影响评价应按照相应技术导则要求，科学预测评价突发性事件或事故可能引发的环境风险，提出环境风险防范和应急措施。论证重点如下：(1) 从环境风险源、扩散途径、保护目标三方面识别环境风险。环境风险识别应包括生产设施和危险物质的识别，有毒有害物质扩散途径的识别（如大气环境、水环境、土壤等）以及可能受影响的环境保护目标的识别。(2) 科学开展环境风险预测。环境风险预测设定的最大可信事故应包括项目施工、营运等过程中生产设施发生火灾、爆炸，危险物质发生泄漏等事故，并充分考虑伴生/次生的危险物质等，从大气、地表水、海洋、地下水、土壤等环境方面考虑并预测评价突发环境事件对环境的影响范围和程度。(3) 提出合理有效的环境风险防范和应急措施。结合风险预测结论，有针对性地提出环境风险防范和应急措施，并对措施的合理性和有效性进行充分论证。

（五）改、扩建相关建设项目应按照现行环境风险防范和管理要求，对现有工程的环境风险进行全面梳理和评价，针对可能存在的环境风险隐患，提出相应的补救或完善措施，并纳入改、扩建项目“三同时”验收内容。

（六）对存在较大环境风险的相关建设项目，应严格按照《环境影响评价公众参与暂行办法》（环发〔2006〕28 号）做好环境影响评价公众参与工作。项目信息公示等内容中应包含项目实施可能产生的环境风险及相应的环境风险防范和应急措施。

（七）环境风险评价结论应作为相关建设项目环境影响评价文件结论的主要内容之一。无环境风险评价专章的相关建设项目环境影响评价文件不予受理；经论证，环境风险评价内容不完善的相关建设项目环境影响评价文件不予审批。

（八）环保部门在相关建设项目环境影响评价文件审批中，对存在较大环境风险隐患的，应提出环境影响后评价的要求。相关建设项目的环境影响评价文件经批准后，环境风险防范设施发生重大变动的，建设单位应按《环境影响评价法》要求重新办理报批手续。

4.3.3　公众参与与信息公开机制

环境影响评价公众参与和信息公开是保障公众环境保护权益、构建共同参与的环境治理体系的有效途径。2006 年 2 月，原国家环保总局发布了《环境影响评价公众参与暂行办法》（环发〔2006〕28 号），首次对环境影响评价公众参与进行了全面系统规定。为了健全环境治理体系，建立全过程、全覆盖的建设项目环评信息公开机制，保障公众对项目建设的环境影响知情权、参与权和监督权，原环境保护部于 2015 年 12 月 10 日发布了《建设项目环境影响评价信息公开机制方案》（环发〔2015〕162 号）。2018 年 7 月 16 日，生态环境部发布《环境影响评价公众参与办法》（生态环境部令第 4 号），对原暂行办法进行了全面修订，并于 2018 年 10 月 12 日发布《关于发布〈环境影响评价公众参与办法〉配套文件的公告》（公告 2018 年第 48 号），2019 年 1 月 1 日起施行。

1. 法律和行政法规有关规定

《中华人民共和国环境影响评价法》规定：

第五条　国家鼓励有关单位、专家和公众以适当方式参与环境影响评价。

第二十一条　除国家规定需要保密的情形外，对环境可能造成重大影响、应当编制环境影响报告书的建设项目，建设单位应当在报批建设项目环境影响报告书前，举行论证会、听证会，或者采取其他形式，征求有关单位、专家和公众的意见。

建设单位报批的环境影响报告书应当附具对有关单位、专家和公众的意见采纳或者不采纳的说明。

《建设项目环境保护管理条例》规定：

第十四条　建设单位编制环境影响报告书，应当依照有关法律规定，征求建设项目所在地有关单位和居民的意见。

2. 环境影响评价公众参与的原则

《环境影响评价公众参与办法》规定：

第三条　国家鼓励公众参与环境影响评价。

环境影响评价公众参与遵循依法、有序、公开、便利的原则。

3. 建设单位听取意见的范围

《环境影响评价公众参与办法》规定：

第五条 建设单位应当依法听取环境影响评价范围内的公民、法人和其他组织的意见，鼓励建设单位听取环境影响评价范围之外的公民、法人和其他组织的意见。

4. 建设单位公开环境影响评价信息的方式、内容和程序

《环境影响评价公众参与办法》规定：

第八条 建设项目环境影响评价公众参与相关信息应当依法公开，涉及国家秘密、商业秘密、个人隐私的，依法不得公开。法律法规另有规定的，从其规定。

生态环境主管部门公开建设项目环境影响评价公众参与相关信息，不得危及国家安全、公共安全、经济安全和社会稳定。

第九条 建设单位应当在确定环境影响报告书编制单位后 7 个工作日内，通过其网站、建设项目所在地公共媒体网站或者建设项目所在地相关政府网站（以下统称网络平台），公开下列信息：

（一）建设项目名称、选址选线、建设内容等基本情况，改建、扩建、迁建项目应当说明现有工程及其环境保护情况；

（二）建设单位名称和联系方式；

（三）环境影响报告书编制单位的名称；

（四）公众意见表的网络链接；

（五）提交公众意见表的方式和途径。

在环境影响报告书征求意见稿编制过程中，公众均可向建设单位提出与环境影响评价相关的意见。

公众意见表的内容和格式，由生态环境部制定。

第十条 建设项目环境影响报告书征求意见稿形成后，建设单位应当公开下列信息，征求与该建设项目环境影响有关的意见：

（一）环境影响报告书征求意见稿全文的网络链接及查阅纸质报告书的方式和途径；

（二）征求意见的公众范围；

（三）公众意见表的网络链接；

（四）公众提出意见的方式和途径；

（五）公众提出意见的起止时间。

建设单位征求公众意见的期限不得少于 10 个工作日。

第十一条　依照本办法第十条规定应当公开的信息，建设单位应当通过下列三种方式同步公开：

（一）通过网络平台公开，且持续公开期限不得少于 10 个工作日；

（二）通过建设项目所在地公众易于接触的报纸公开，且在征求意见的 10 个工作日内公开信息不得少于 2 次；

（三）通过在建设项目所在地公众易于知悉的场所张贴公告的方式公开，且持续公开期限不得少于 10 个工作日。

鼓励建设单位通过广播、电视、微信、微博及其他新媒体等多种形式发布本办法第十条规定的信息。

第十二条　建设单位可以通过发放科普资料、张贴科普海报、举办科普讲座或者通过学校、社区、大众传播媒介等途径，向公众宣传与建设项目环境影响有关的科学知识，加强与公众互动。

5. 公众座谈会、专家论证会和听证会程序

《环境影响评价公众参与办法》规定：

第十四条　对环境影响方面公众质疑性意见多的建设项目，建设单位应当按照下列方式组织开展深度公众参与：

（一）公众质疑性意见主要集中在环境影响预测结论、环境保护措施或者环境风险防范措施等方面的，建设单位应当组织召开公众座谈会或者听证会。座谈会或者听证会应当邀请在环境方面可能受建设项目影响的公众代表参加。

（二）公众质疑性意见主要集中在环境影响评价相关专业技术方法、导则、理论等方面的，建设单位应当组织召开专家论证会。专家论证会应当邀请相关领域专家参加，并邀请在环境方面可能受建设项目影响的公众代表列席。

建设单位可以根据实际需要，向建设项目所在地县级以上地方人民政府报告，并请求县级以上地方人民政府加强对公众参与的协调指导。县级以上生态环境主管部门应当在同级人民政府指导下配合做好相关工作。

第十五条　建设单位决定组织召开公众座谈会、专家论证会的，应当在会议召开的 10 个工作日前，将会议的时间、地点、主题和可以报名的公众范围、报名办法，通过网络平台和在建设项目所在地公众易于知悉的场所张贴公告等方式向社会公告。

建设单位应当综合考虑地域、职业、受教育水平、受建设项目环境影响程度等因素，从报名的公众中选择参加会议或者列席会议的公众代表，并在会议召开的 5 个工作日前通知拟邀请的相关专家，并书面通知被选定的代表。

第十六条　建设单位应当在公众座谈会、专家论证会结束后 5 个工作日内，根

据现场记录，整理座谈会纪要或者专家论证结论，并通过网络平台向社会公开座谈会纪要或者专家论证结论。座谈会纪要和专家论证结论应当如实记载各种意见。

第十七条　建设单位组织召开听证会的，可以参考环境保护行政许可听证的有关规定执行。

6. 建设项目环境影响评价公众参与简化规定

《环境影响评价公众参与办法》规定：

第三十一条　对依法批准设立的产业园区内的建设项目，若该产业园区已依法开展了规划环境影响评价公众参与且该建设项目性质、规模等符合经生态环境主管部门组织审查通过的规划环境影响报告书和审查意见，建设单位开展建设项目环境影响评价公众参与时，可以按照以下方式予以简化：

（一）免予开展本办法第九条规定的公开程序，相关应当公开的内容纳入本办法第十条规定的公开内容一并公开；

（二）本办法第十条第二款和第十一条第一款规定的 10 个工作日的期限减为 5 个工作日；

（三）免予采用本办法第十一条第一款第三项规定的张贴公告的方式。

7. 生态环境主管部门建设项目环境影响评价公众参与

《环境影响评价公众参与办法》规定：

第二十二条　生态环境主管部门受理建设项目环境影响报告书后，应当通过其网站或者其他方式向社会公开下列信息：

（一）环境影响报告书全文；

（二）公众参与说明；

（三）公众提出意见的方式和途径。

公开期限不得少于 10 个工作日。

第二十三条　生态环境主管部门对环境影响报告书作出审批决定前，应当通过其网站或者其他方式向社会公开下列信息：

（一）建设项目名称、建设地点；

（二）建设单位名称；

（三）环境影响报告书编制单位名称；

（四）建设项目概况、主要环境影响和环境保护对策与措施；

（五）建设单位开展的公众参与情况；

（六）公众提出意见的方式和途径。

公开期限不得少于 5 个工作日。

生态环境主管部门依照第一款规定公开信息时，应当通过其网站或者其他方式同步告知建设单位和利害关系人享有要求听证的权利。

生态环境主管部门召开听证会的，依照环境保护行政许可听证的有关规定执行。

第二十四条　在生态环境主管部门受理环境影响报告书后和作出审批决定前的信息公开期间，公民、法人和其他组织可以依照规定的方式、途径和期限，提出对建设项目环境影响报告书审批的意见和建议，举报相关违法行为。

生态环境主管部门对收到的举报，应当依照国家有关规定处理。必要时，生态环境主管部门可以通过适当方式向公众反馈意见采纳情况。

第二十五条　生态环境主管部门应当对公众参与说明内容和格式是否符合要求、公众参与程序是否符合本办法的规定进行审查。

经综合考虑收到的公众意见、相关举报及处理情况、公众参与审查结论等，生态环境主管部门发现建设项目未充分征求公众意见的，应当责成建设单位重新征求公众意见，退回环境影响报告书。

第二十六条　生态环境主管部门参考收到的公众意见，依照相关法律法规、标准和技术规范等审批建设项目环境影响报告书。

第二十七条　生态环境主管部门应当自作出建设项目环境影响报告书审批决定之日起 7 个工作日内，通过其网站或者其他方式向社会公告审批决定全文，并依法告知提起行政复议和行政诉讼的权利及期限。

4.4　垃圾焚烧厂的工艺与装备要求

《生活垃圾焚烧处理工程项目建设标准》（建标 142—2010）和《生活垃圾焚烧处理工程技术规范》（CJJ 90—2009）对生活垃圾焚烧厂的工艺与装备都给出了详细要求，本节主要介绍《生活垃圾焚烧处理工程项目建设标准》（建标 142—2010）中关于生活垃圾焚烧厂工艺与装备的相关规定。

焚烧厂的工艺与装备，应根据焚烧厂建设规模、垃圾成分特点及本地区的经济、技术发展水平等条件合理确定。应满足适度提高机械化、自动化水平，保证安全、改善环境卫生和劳动条件，提高劳动生产率的要求。焚烧厂工艺和装备的选择，应根据垃圾的物理化学成分，采用成熟的技术，有利于垃圾的稳定焚烧、降低环境二次污染，符合节能减排的要求。入炉垃圾低位热值不宜低于 5 000 kJ/kg。焚烧厂年工作日 365 d，每条焚烧线的年运行时间应在 8 000 h 以上。

1. 垃圾受料和供料系统

焚烧厂垃圾受料和供料系统应符合下列要求：

(1) 设进厂垃圾计量设施。

(2) 卸料场地满足垃圾车顺畅作业的要求。减小垃圾、污水以及臭气对环境的影响。

(3) 根据垃圾接收量和生产线布置情况合理确定卸料门数量。

(4) 进入焚烧厂的垃圾应储存于垃圾仓内。垃圾仓应具有良好的防渗和防腐性能。垃圾仓内应处于负压状态,以使臭气不外逸。垃圾仓必须设置渗滤液收集设施。

(5) 垃圾抓斗起重机的能力应根据焚烧厂的规模进行选择,并应考虑垃圾的混合、倒堆、给料的时间分配;垃圾抓斗起重机应具有防碰撞和称量功能。

(6) 垃圾破碎设备的选用应根据垃圾特性和焚烧设备的特点决定。

2. 焚烧系统

焚烧厂焚烧系统应符合下列要求:

(1) 新建焚烧厂宜采用同一种容量、同一种型号的焚烧炉。

(2) 焚烧炉进料设备:垃圾进料斗应有足够的垃圾储存容量,并避免产生搭桥现象;垃圾推料器应能根据燃烧要求向炉内供应垃圾,并可调节供应量。

(3) 应根据垃圾特性选择合适的焚烧炉炉型,Ⅲ类(含Ⅲ类)以上焚烧厂宜优先选用炉排型焚烧炉,审慎采用其他形式的焚烧炉。严禁选用不能达到污染物排放标准的焚烧炉。

(4) 焚烧炉的选择:对垃圾特性适应性强,在确定的垃圾特性范围内,保持额定处理能力;焚烧炉内烟气温度和停留时间应满足国家有关技术标准的规定;炉渣热灼减率不应大于5%。

(5) 燃烧空气设施由一次空气系统和二次空气系统组成。燃烧空气应从垃圾仓内抽取,可采用一、二次空气加热装置,一、二次风机台数应根据焚烧炉设置要求确定。

(6) 启动点火及辅助燃烧设施的能力应能满足点火启动和停炉要求,并能在垃圾热值较低时助燃。

3. 余热利用系统

焚烧厂余热利用系统应符合下列要求:

(1) 余热利用方式可根据垃圾特性、工程规模及当地具体情况,经过技术经济比较后确定。

(2) 利用焚烧垃圾余热发电或供电、供热、供冷联合生产,新建工程的发电机组不宜超过2台(套)。

(3) 利用焚烧垃圾余热生产饱和蒸汽或热水,除满足工厂自用外,有条件时可直接外供或将蒸汽转换成热水外供。

4. 烟气净化系统

焚烧厂必须设置烟气净化系统。烟气净化系统应符合下列要求：

(1) 净化后排放的烟气应达到国家现行有关排放标准的规定。

(2) 应对烟气中不同污染物采用相应治理措施；在选择治理方案时应充分考虑垃圾特性和焚烧后各种污染物的物理、化学性质的变化。

(3) 应选用袋式除尘器作为烟气净化系统的除尘设备，同时应充分注意对滤袋材质的选择。

(4) 氯化氢、硫氧化物和氟化氢的去除宜用碱性药剂进行中和反应，并宜优先采用半干法烟气净化工艺。

(5) 应采取相应措施，严格控制二噁英类和重金属对环境的污染。

(6) 氮氧化物的去除，宜采用燃烧方式进行控制，在此基础上再考虑是否设置氮氧化物去除装置。

(7) 烟气净化系统与焚烧系统应同步运行。

5. 灰渣处理系统

焚烧产生的炉渣与飞灰必须分别进行处理与处置。焚烧厂灰渣处理系统应根据炉渣与飞灰的产量、特性、综合利用方式、当地自然条件、运输条件，通过技术经济比较后确定。

6. 自动化控制系统

焚烧厂应根据工艺装备情况，按适用、可靠的原则，选择合理的仪表及自动化控制系统。仪表及自动化控制系统应采用成熟的控制技术和质量可靠、性能良好的设备和元件。自动化控制的范围和水平应根据焚烧设施的规模及自动化程度确定。Ⅲ类(含Ⅲ类)以上焚烧厂应有较高的自动化控制水平。

4.5　环境影响因素与评价标准

4.5.1　环境影响因素识别

生活垃圾焚烧工程建设施工及运营期均会产生环境污染。

施工期对水环境造成的污染主要是基础施工和清洗搅拌设备产生的泥浆水，以及施工人员生活污水，污染因子为SS、COD、氨氮、石油类；大气污染包括两部分，一是建筑材料堆放的风吹扬尘，二是施工车辆产生的道路扬尘，污染因子为颗粒物；噪声污染主要是施工机械产生的噪声，一般为80～100 dB(A)左右，污染因子为连续等效A声级；固体废物主要是渣土、建筑垃圾等固体废物。

运营期产生的大气污染主要包括焚烧烟气污染和恶臭污染，其中焚烧烟气可分为烟尘、酸性气体、重金属污染物、二噁英类污染物等；废水包括垃圾渗滤液和生活污水；固体废物包括焚烧灰渣、废水处理污泥和厂区生活垃圾，噪声污染主要为厂区内设备运行和垃圾运输车辆产生的噪声。

根据垃圾焚烧工程特点及环境状况，通过初步分析识别环境因素，得出环境影响因子识别表，见表4-1。

表4-1　环境影响因子识别表

环境资源		开发活动									
		施工期				运营期					
		土建工程	安装工程	设备运输	废水排放	废气排放	固废排放	噪声排放	绿化	垃圾处置	车辆交通
自然环境	地表水	－1SP			－1LP	－1LP			＋1LP	＋3LP	－1LP
	地下水	－1SP			－1LP				＋1LP	＋1LP	
	环境空气	－2SP		－1SP		－2LP			＋1LP	＋2LP	－1LP
	声环境	－2SP	－1SP	－2SP				－1LP	＋1LP		－2LP
	土壤	－1LP				－2LP	－1LP			＋3LP	

备注：影响程度：1——轻微；2——一般；3——显著　　影响范围：P——局部；W——大范围
影响时段：S——短期；L——长期　　影响性质：＋——有利　－——不利

通过表4-1可以看出，综合考虑生活垃圾焚烧工程对环境的影响，在建设施工期对环境影响较小且多为短期影响，施工结束后很快恢复原有状态。在运营期的各种活动所产生的污染物对环境资源的影响是长期的，且影响程度大小有所不同。生活垃圾焚烧工程的环境影响主要体现在对大气环境、土壤环境、水环境、声环境方面。据此可以确定，生活垃圾焚烧工程评价时段为建设工程运营期。在评价时段内，对周围环境影响因子主要为废气，其次是固体废物、废水及噪声等。

4.5.2　评价标准

环境影响评价标准主要分两类：环境质量标准和污染物排放标准。生活垃圾焚烧厂运营期内会产生多种污染物，需要使用相关环保设施进行控制，各类污染物排放标准可为环保设施设计单位提供相关设计依据。环境质量标准主要用于环境影响评价工作中对焚烧厂所在区域环境质量现状评价及焚烧厂建设和运营期的环境影响预测。

1. 环境质量标准

环境质量标准是指在一定时间和空间范围内，对环境中有害物质或因素的容许浓度所做的规定。它是国家环境政策目标的具体体现，是制定污染物排放标准的依据，也是环保部门进行环境管理的重要手段。环境质量标准包括国家环境质量标准和地方环境质量标准。

环境质量标准按环境要素分，有水质量标准、大气质量标准、土壤质量标准和生物质量标准四类，还有噪声、辐射、振动、放射性物质和一些建筑材料、构筑物等方面的质量标准。与生活垃圾焚烧工程相关的环境质量标准主要有环境空气质量标准、地表水环境质量标准、地下水质量标准、土壤环境质量标准、声环境质量标准。

（1）环境空气质量标准

环境空气质量标准首次发布于1982年，1996年第一次修订，2000年发布了《环境空气质量标准》(GB 3095—1996)修改单(第二次修订)，2012年第三次修订。GB 3095—2012标准自2016年1月1日起在全国实施。2018年发布了《环境空气质量标准》(GB 3095—2012) 修改单(第四次修订)，自2018年9月1日起实施。

GB 3095—2012中根据不同功能对环境质量的不同要求，实现对不同保护对象进行分区保护，划分不同的功能区。一类区以保护自然生态及公众福利为主要对象，二类区以保护人体健康为主要对象。GB 3095—2012 环境空气功能区分类为：一类区为自然保护区、风景名胜区和其他需要特殊保护的区域；二类区为居住区、商业交通居民混合区、文化区、工业区和农村地区。

不同环境空气功能区适用不同级别的环境空气污染物浓度限值，它们是为不同保护对象而建立的评价和管理环境空气质量的定量目标。GB 3095—2012 中环境空气质量分为二级，一类区适用一级浓度限值，二类区适用二级浓度限值。

除《环境空气质量标准》(GB 3095—2012)外，《环境影响评价技术导则 大气环境》(HJ 2.2—2018)附录D中相关标准限值也常用于建设项目的环境影响评价。

生活垃圾焚烧工程产生的主要污染因子有 SO_2、NO_2、NO_x、PM_{10}、$PM_{2.5}$、CO、O_3、Pb、氟化物(F)、Hg、As、Cd、NH_3、H_2S、HCl、Mn、Ni、Cu、Cr、二噁英类。开展生活垃圾焚烧建设项目环境影响评价工作时，环境空气中 SO_2、NO_2、NO_x、PM_{10}、$PM_{2.5}$、CO、O_3、Pb、氟化物(F)、Hg、As、Cd 执行《环境空气质量标准》(GB 3095—2012)二级标准，NH_3、H_2S、HCl、Mn 参照 HJ 2.2—2018 附录D标准。对于国内未作规定的污染物，参照国外相关标准进行约束。Ni 参照苏联(1978)环境空气中最高容许浓度，Cu、Cr 参照苏联工作区大气中有害物质的最大允许浓度，二噁英类参照日本环境厅中央环境审议会制定的环境标准。臭气浓度执行《恶臭污染物排放标准》(GB 14554—1993)厂界标准，具体见表4-2。

表 4-2　环境空气质量标准

污染物	平均时间	浓度限值		单位	标准来源
		一级	二级		
SO_2	年平均	20	60	μg/m³	《环境空气质量标准》(GB 3095—2012)二级标准
	24 小时平均	50	150		
	1 小时平均	150	500		
NO_2	年平均	40	40		
	24 小时平均	80	80		
	1 小时平均	200	200		
CO	24 小时平均	4	4	mg/m³	
	1 小时平均	10	10		
O_3	日最大 8 小时平均	100	160	μg/m³	
	1 小时平均	160	200		
PM_{10}	年平均	40	70		
	24 小时平均	50	150		
$PM_{2.5}$	年平均	15	35		
	24 小时平均	35	75		
NO_x	年平均	50	50		
	24 小时平均	100	100		
	1 小时平均	250	250		
Pb	年平均	0.5	0.5		
	日平均 * *	1	1		
氟化物(F)	24 小时平均	7	7	μg/m³	《环境空气质量标准》(GB 3095—2012)附录 A 表 A.1 二级参考浓度限值
	1 小时平均	20	20		
Cd	年平均	0.005	0.005		
	日平均 * *	0.01	0.01		
Hg	年平均	0.05	0.05		
	日平均 * *	0.1	0.1		
As	年平均	0.006	0.006		
	日平均 * *	0.012	0.012		

续表

<table>
<tr><th rowspan="2">污染物</th><th rowspan="2">平均时间</th><th colspan="2">浓度限值</th><th rowspan="2">单位</th><th rowspan="2">标准来源</th></tr>
<tr><th>一级</th><th>二级</th></tr>
<tr><td>NH_3</td><td>1 小时平均</td><td colspan="2">200</td><td rowspan="5">μg/m³</td><td rowspan="5">《环境影响评价技术导则 大气环境》(HJ 2.2—2018)附录 D</td></tr>
<tr><td>H_2S</td><td>1 小时平均</td><td colspan="2">10</td></tr>
<tr><td rowspan="2">HCl</td><td>1 小时平均</td><td colspan="2">50</td></tr>
<tr><td>日平均</td><td colspan="2">15</td></tr>
<tr><td>Mn</td><td>日平均</td><td colspan="2">10</td></tr>
<tr><td>Ni</td><td>日平均</td><td colspan="2">1</td><td>μg/m³</td><td>参照苏联(1978)环境空气中最高容许浓度</td></tr>
<tr><td>Cu</td><td>一次值</td><td colspan="2">1</td><td>mg/m³</td><td rowspan="2">参照苏联工作区大气中有害物质的最大允许浓度</td></tr>
<tr><td>Cr</td><td>一次值</td><td colspan="2">1.5</td><td>μg/m³</td></tr>
<tr><td rowspan="3">二噁英类</td><td>一次值</td><td colspan="2">3.6</td><td rowspan="3">TEQpg/m³</td><td rowspan="3">环发〔2008〕82 号推荐的日本年平均浓度标准</td></tr>
<tr><td>日平均</td><td colspan="2">1.2</td></tr>
<tr><td>年平均</td><td colspan="2">0.6</td></tr>
<tr><td>臭气浓度</td><td>—</td><td colspan="2">20</td><td>无量纲</td><td>《恶臭污染物排放标准》(GB 14554—93)厂界标准</td></tr>
</table>

注：* *参照 HJ 2.2—2018，对仅有 8 小时平均质量浓度限值、日平均质量浓度限值或年平均质量浓度限值的，可分别按 2 倍、3 倍、6 倍折算为 1 小时平均质量浓度限值。

(2) 地表水环境质量标准

《地表水环境质量标准》(GB 3838—83)为首次发布，1988 年第一次修订，1999 年第二次修订，2002 年第三次修订，自 2002 年 6 月 1 日起实施《地表水环境质量标准》(GB 3838—2002)，该标准按照地表水环境功能分类和保护目标，规定了水环境质量应控制的项目及限值，以及水质评价、水质项目的分析方法和标准的实施与监督。

依据地表水水域环境功能和保护目标，按功能高低依次划分为五类：

Ⅰ类：主要适用于源头水、国家自然保护区；

Ⅱ类：主要适用于集中式生活饮用水地表水源地一级保护区、珍稀水生生物栖息地、鱼虾类产卵场、仔稚幼鱼的索饵场等；

Ⅲ类：主要适用于集中式生活饮用水地表水源地二级保护区、鱼虾类越冬场、洄游通道、水产养殖区等渔业水域及游泳区；

Ⅳ类：主要适用于一般工业用水区及人体非直接接触的娱乐用水区；

Ⅴ类：主要适用于农业用水区及一般景观要求水域。

对应地表水上述五类水域功能，将地表水环境质量标准基本项目标准值分为五类，不同功能类别分别执行相应类别的标准值。水域功能类别高的标准值严于水域功能类别低的标准值。同一水域兼有多类使用功能的，执行最高功能类别对应的标准值。实现水域功能与达功能类别标准为同一含义。

根据国家和地区规定的水环境功能区划，开展对企业周边水体水质的评价。具体标准值见表 4-3。

表 4-3　地表水环境质量标准　　单位：mg/L

项目	Ⅰ类	Ⅱ类	Ⅲ类	Ⅳ类	Ⅴ类
pH(无量纲)	6～9				
溶解氧　≥	饱和率 90%(或 7.5)	6	5	3	2
化学需氧量(COD)　≤	15	15	20	30	40
五日生化需氧量(BOD_5)　≤	3	3	4	6	10
氨氮(NH_3-N)　≤	0.15	0.5	1.0	1.5	2.0
总磷(以 P 计)　≤	0.02	0.1	0.2	0.3	0.4
高锰酸盐指数　≤	2	4	6	10	15
石油类　≤	0.05	0.05	0.05	0.5	1.0

(3) 地下水质量标准

《地下水质量标准》(GB/T 14848—2017)于 1993 年首次发布，2017 年第一次修订，自 2018 年 5 月 1 日起实施。该标准规定了地下水质量分类、指标及限值、地下水质量调查与监测、地下水质量评价等内容，适用于地下水质量调查、监测、评价与管理。

依据我国地下水水质现状、人体健康基准值及地下水质量保护目标，并参照了生活饮用水、工业、农业用水水质最高要求，将地下水质量划分为五类：

Ⅰ类：主要反映地下水化学组分的天然低背景含量。适用于各种用途。

Ⅱ类：主要反映地下水化学组分的天然背景含量。适用于各种用途。

Ⅲ类：以人体健康基准值为依据。主要适用于集中式生活饮用水水源及工、农业用水。

Ⅳ类：以农业和工业用水要求为依据。除适用于农业和部分工业用水外，适当处理后可作生活饮用水。

Ⅴ类：不宜饮用，其他用水可根据使用目的选用。

《地下水质量标准》(GB/T 14848—2017)标准具体见表 4-4。

表 4-4　地下水环境质量标准

项目	Ⅰ类	Ⅱ类	Ⅲ类	Ⅳ类	Ⅴ类
pH(无量纲)	6.5≤pH≤8.5			5.5≤pH≤6.5 8.5＜pH≤9.0	pH＜5.5 或 pH＞9
氨氮(以 N 计)/(mg/L)	≤0.02	≤0.10	≤0.50	≤1.50	＞1.50
硝酸盐(以 N 计)/(mg/L)	≤2.0	≤5.0	≤20.0	≤30.0	＞30.0
亚硝酸盐(以 N 计)/(mg/L)	≤0.01	≤0.10	≤1.00	≤4.80	＞4.80
挥发性酚类(以苯酚计)/(mg/L)	≤0.001	≤0.001	≤0.002	≤0.010	＞0.010
氰化物(mg/L)	≤0.001	≤0.01	≤0.05	≤0.10	＞0.10
砷(mg/L)	≤0.001	≤0.001	≤0.01	≤0.05	＞0.05
汞/(mg/L)	≤0.000 1	≤0.000 1	≤0.001	≤0.002	＞0.002
铬(六价)/(mg/L)	≤0.005	≤0.01	≤0.05	≤0.10	＞0.10
总硬度(以 $CaCO_3$ 计)/(mg/L)	≤150	≤300	≤450	≤650	＞650
铅/(mg/L)	≤0.005	≤0.005	≤0.01	≤0.10	＞0.10
氟化物/(mg/L)	≤1.0	≤1.0	≤1.0	≤2.0	＞2.0
镉/(mg/L)	≤0.000 1	≤0.001	≤0.005	≤0.01	＞0.01
铁/(mg/L)	≤0.1	≤0.2	≤0.3	≤20	＞2.0
锰/(mg/L)	≤0.05	≤0.05	≤0.10	≤1.50	＞1.50
溶解性总固体/(mg/L)	≤300	≤500	≤1 000	≤2 000	＞2 000
耗氧量(CoD_{Mn}法，以 O_2 计)/(mg/L)	≤1.0	≤2.0	≤3.0	≤10.0	＞10.0
总大肠菌群(MPN/100 mL 或 CFU/100 mL)	≤3.0	≤3.0	≤3.0	≤100	＞100
硫酸盐/(mg/L)	≤50	≤150	≤250	≤350	＞350
氯化物/(mg/L)	≤50	≤150	≤250	≤350	＞350
铜/(mg/L)	≤0.01	≤0.05	≤1.00	≤1.50	＞1.50
锌/(mg/L)	≤0.05	≤0.50	≤1.00	≤5.00	＞5.00
色度	≤5	≤5	≤15	≤25	＞25
镍/(mg/L)	≤0.002	≤0.002	≤0.02	≤0.10	＞0.10
硒/(mg/L)	≤0.01	≤0.01	≤0.01	≤0.10	＞0.10

续表

项目	Ⅰ类	Ⅱ类	Ⅲ类	Ⅳ类	Ⅴ类
铍/(mg/L)	≤0.000 1	≤0.000 1	≤0.002	≤0.06	>0.06
钡/(mg/L)	≤0.01	≤0.10	≤0.70	≤4.00	>4.00

(4) 土壤环境质量标准

现行的土壤环境质量标准为生态环境部与国家市场监督管理总局联合发布的《土壤环境质量 农用地土壤污染风险管控标准(试行)》(GB 15618—2018)和《土壤环境质量 建设用地土壤污染风险管控标准(试行)》(GB 36600—2018)。

其中,《土壤环境质量 农用地土壤污染风险管控标准(试行)》(GB 15618—2018)规定了农用地土壤污染风险筛选值和管制值,以及监测、实施和监督要求,适用于耕地土壤污染风险筛查和分类,园地和牧草地可参照执行;《土壤环境质量 建设用地土壤污染风险管控标准(试行)》(GB 36600—2018)规定了保护人体健康的建设用地土壤污染风险筛选值和管制值,以及监测、实施与监督要求,适用于建设用地土壤污染风险筛查和风险管制。

土壤环境质量执行《土壤环境质量 建设用地土壤污染风险管控标准(试行)》(GB 36600—2018)中表1标准(第二类用地筛选值),农用地的土壤环境质量执行《土壤环境质量 农用地土壤污染风险管控标准(试行)》(GB 15618—2018)中表1标准(其他农用地筛选值)。农用地二噁英类参照执行《土壤环境质量 建设用地土壤污染风险管控标准(试行)》(GB 36600—2018)中表2标准(第一类用地筛选值)。具体标准值见表4-5和表4-6。

表4-5 建设用地土壤污染风险筛选值和管制值 单位:mg/kg

污染物项目	筛选值		管制值	
	第一类用地	第二类用地	第一类用地	第二类用地
重金属和无机物				
砷	20[a]	60[a]	120	140
镉	20	65	47	172
铬(六价)	3.0	5.7	30	78
铜	2 000	18 000	8 000	36 000
铅	400	800	800	2 500
汞	8	38	33	82
镍	150	900	600	2 000

续表

污染物项目	筛选值		管制值	
	第一类用地	第二类用地	第一类用地	第二类用地
挥发性有机物				
四氯化碳	0.9	2.8	9	36
氯仿	0.3	0.9	5	10
氯甲烷	12	37	21	120
1,1-二氯乙烷	3	9	20	100
1,2-二氯乙烷	0.52	5	6	21
1,1-二氯乙烯	12	66	40	200
顺-1,2-二氯乙烯	66	596	200	2 000
反-1,2-二氯乙烯	10	54	31	163
二氯甲烷	94	616	300	2 000
1,2-二氯丙烷	1	5	5	47
1,1,1,2-四氯乙烷	2.6	10	26	100
1,1,2,2-四氯乙烷	1.6	6.8	14	50
四氯乙烯	11	53	34	183
1,1,1-三氯乙烷	701	840	840	840
1,1,2-三氯乙烷	0.6	2.8	5	15
三氯乙烯	0.7	2.8	7	20
1,2,3-三氯丙烷	0.05	0.5	0.5	5
氯乙烯	0.12	0.43	1.2	4.3
苯	1	4	10	40
氯苯	68	270	200	1 000
1,2-二氯苯	560	560	560	560
1,4-二氯苯	5.6	20	56	200
乙苯	7.2	28	72	280
苯乙烯	1 290	1 290	1 290	1 290
甲苯	1 200	1 200	1 200	1 200
间-二甲苯+对-二甲苯	163	570	500	570

续表

污染物项目	筛选值		管制值	
	第一类用地	第二类用地	第一类用地	第二类用地
邻-二甲苯	222	640	640	640
半挥发性有机物				
硝基苯	34	76	190	760
苯胺	92	260	211	663
2-氯酚	250	2 256	500	4 500
苯并[a]蒽	5.5	15	55	151
苯并[a]芘	0.55	1.5	5.5	15
苯并[b]荧蒽	5.5	15	55	151
苯并[k]荧蒽	55	151	550	1 500
䓛	490	1 293	4 900	12 900
二苯并[a,h]蒽	0.55	1.5	5.5	15
茚并[1,2,3-cd]芘	5.5	15	55	151
萘	25	70	255	700
其他项目中重金属和无机物				
锑	20	180	40	360
铍	15	29	98	290
钴	20[a]	70[a]	190	350

[a] 具体地块土壤中污染物检测含量超过筛选值，但等于或者低于土壤环境背景值水平的，不纳入污染地块管理。土壤环境背景值可参见 GB 36600—2018 附录 A

表 4-6　农用地土壤环境质量标准　　单位：mg/kg

污染项目[a,b]		风险筛选值			
		pH≤5.5	5.5<pH≤6.5	6.5<pH≤7.5	pH>7.5
镉	水田	0.3	0.4	0.6	0.8
	其他	0.3	0.3	0.3	0.6
汞	水田	0.5	0.5	0.6	1.0
	其他	1.3	1.8	2.4	3.4

续表

污染项目[a,b]		风险筛选值			
		pH≤5.5	5.5<pH≤6.5	6.5<pH≤7.5	pH>7.5
砷	水田	30	30	25	20
	其他	40	40	30	25
铅	水田	80	100	140	240
	其他	70	90	120	170
铬	水田	250	250	300	350
	其他	150	150	200	250
铜	果园	150	150	200	200
	其他	50	50	100	100
镍		60	70	100	190
锌		200	200	250	300
二噁英		1×10^{-5}(参照 GB 36600—2018 中表 2 标准(第一类用地筛选值))			

a 重金属和类金属砷均按元素总量计；
b 对于水旱轮作地，采用其中较严格的风险筛选值

(5) 声环境质量标准

为贯彻《中华人民共和国环境噪声污染防治法》，防治噪声污染，保障城乡居民正常生活、工作和学习的声环境质量，制定《声环境质量标准》(GB 3096—2008)。该标准是对《城市区域环境噪声标准》(GB 3096—93)和《城市区域环境噪声测量方法》(GB/T 14623—93)的修订。标准规定了五类声环境功能区的环境噪声限值及测量方法，适用于声环境质量评价与管理。

按区域的使用功能特点和环境质量要求，声环境功能区分为以下五种类型：

0 类声环境功能区：指康复疗养区等特别需要安静的区域。

1 类声环境功能区：指以居民住宅、医疗卫生、文化教育、科研设计、行政办公为主要功能，需要保持安静的区域。

2 类声环境功能区：指以商业金融、集市贸易为主要功能，或者居住、商业、工业混杂，需要维护住宅安静的区域。

3 类声环境功能区：指以工业生产、仓储物流为主要功能，需要防止工业噪声对周围环境产生严重影响的区域。

4 类声环境功能区：指交通干线两侧一定距离之内，需要防止交通噪声对周围环境产生严重影响的区域，包括 4a 类和 4b 类两种类型。4a 类为高速公路、

一级公路、二级公路、城市快速路、城市主干路、城市次干路、城市轨道交通（地面段）、内河航道两侧区域；4b类为铁路干线两侧区域。

环境噪声执行《声环境质量标准》(GB 3096—2008)2类标准，具体标准值见表4-7。

表4-7　环境噪声限值　　单位：dB(A)

声环境功能区类别		时段	
		昼间	夜间
0类		50	40
1类		55	45
2类		60	50
3类		65	55
4类	4a类	70	55
	4b类	70	60

2. 排放标准

根据生活垃圾焚烧项目产生污染物的种类，使用的排放标准主要有以下几种类型：

(1) 环境空气污染物排放标准

焚烧炉技术要求及烟囱高度要求执行《生活垃圾焚烧污染控制标准》(GB 18485—2014)，见表4-8、表4-9。恶臭污染物排放执行《恶臭污染物排放标准》(GB 14554—93)，其中厂界执行恶臭污染物厂界标准值中新改扩建项目二级标准，见表4-10。粉尘无组织排放执行《大气污染物综合排放标准》(GB 16297—1996)周界外最高点浓度标准(1.0 mg/m^3)。

焚烧炉外排烟气执行《生活垃圾焚烧污染控制标准》(GB 18485—2014)，HF参照执行欧盟对生活垃圾焚烧烟气污染物排放标准(EU2010/75/EC)，具体标准值详见表4-11。

表4-8　焚烧炉的技术性能指标

序号	项目	指标	备注
1	炉膛内焚烧温度	≥850 ℃	检验方法符合GB 18485—2014规定要求
2	炉膛内烟气停留时间	≥2秒	
3	焚烧炉渣热灼减率	≤5%	

表 4-9　焚烧炉烟囱高度要求

焚烧处理能力(t/d)	烟囱最低允许高度(m)
≥300	60
<300	45

注:在同一厂区内如同时有多台焚烧炉,则以各焚烧炉焚烧处理能力总和作为评判依据。

表 4-10　颗粒物和恶臭污染物排放标准值

污染物	排气筒高度(m)	厂界无组织(mg/m^3)	标准限值		标准来源
			浓度(mg/m^3)	速率(kg/h)	
NH_3	15	1.5	—	4.9	《恶臭污染物排放标准》(GB 14554—93)
H_2S	15	0.06	—	0.33	
臭气浓度	—	20(无量纲)	—	2 000(无量纲)	
颗粒物	—	1.0	—	—	《大气污染物综合排放标准》(GB 16297—1996)

表 4-11　焚烧炉烟气排放标准

序号	污染物名称	取值时间	单位	限值	标准来源
1	SO_2	24 小时均值	mg/m^3	80	《生活垃圾焚烧污染控制标准》(GB 18485—2014)
		1 小时均值	mg/m^3	100	
2	NO_x	24 小时均值	mg/m^3	250	
		1 小时均值	mg/m^3	300	
3	颗粒物	24 小时均值	mg/m^3	20	
		1 小时均值	mg/m^3	30	
4	HCl	24 小时均值	mg/m^3	50	
		1 小时均值	mg/m^3	60	
5	CO	24 小时均值	mg/m^3	80	
		1 小时均值	mg/m^3	100	
6	Hg	测定均值	mg/m^3	0.05	
7	Cd+Tl	测定均值	mg/m^3	0.1	
8	Pb+Cr 等其他重金属	测定均值	mg/m^3	1.0	
9	二噁英类	测定均值	$ngTEQ/m^3$	0.1	

续表

序号	污染物名称	取值时间	单位	限值	标准来源
10	HF	日均值	mg/m^3	1	EU2010/76/EC
		半小时(100%)	mg/m^3	4	
		半小时(97%)	mg/m^3	2	
注:本表规定各项污染物浓度排放限值,应符合 GB 18485—2014"基准氧含量排放浓度"的有关规定					

(2) 废水排放标准

废水根据其水质情况分为低浓度废水(办公生活污水、除盐水制备设备反冲洗废水、冷却塔集水池排水、一体化净水设备反冲洗废水、化验废水、除盐水制备设备浓水、锅炉定连排水、车间清洁冲洗废水、微波光解酸碱洗废水等)和高浓度废水(垃圾渗滤液、地磅区冲洗废水、引桥冲洗废水、垃圾卸料平台冲洗废水、垃圾车冲洗废水、初期雨水、除臭废水等)。废水排放标准应满足《生活垃圾焚烧污染控制标准》(GB 18485)8.7 相关要求。

(3) 飞灰控制标准

根据《生活垃圾填埋场污染控制标准》(GB 16889—2008),生活垃圾焚烧飞灰经处理后满足下列条件方可进入生活垃圾填埋场填埋处理:①含水率小于30%;②二噁英含量低于 3 μgTEQ/kg;按照 HJ/T 300 制备的浸出液中危害成分浓度低于表 4-12 规定的限值。

表 4-12 浸出液污染物浓度限值 单位:mg/L

污染物项目	浓度限值
汞	0.05
铜	40
锌	100
铅	0.25
镉	0.15
铍	0.02
钡	25
镍	0.5
砷	0.3
总铬	4.5

续表

污染物项目	浓度限值
六价铬	1.5
硒	0.1

（4）噪声排放标准

营运期噪声排放标准执行《工业企业厂界环境噪声排放标准》(GB 12348—2008)，具体标准值见表 4-13。建设阶段施工噪声限值执行《建筑施工场界环境噪声排放标准》(GB 12523—2011)，具体见表 4-14。

表 4-13　工业企业厂界环境噪声排放限值　　单位：dB(A)

厂界外声环境功能区类别	时段	
	昼间	夜间
0	50	40
1	55	45
2	60	50
3	65	55
4	70	55

注：夜间频发噪声的最大声级超过限值的幅度不得高于 10 dB(A)；
夜间偶发噪声的最大声级超过限值的幅度不得高于 15 dB(A)

表 4-14　建筑施工场界环境噪声排放限值　　单位：dB(A)

昼间	夜间
70	55

注：夜间噪声最大声级超过限值的幅度不得高于 15 dB(A)

（5）固体废物贮存标准

危险废物分类执行《国家危险废物名录》；一般工业固废贮存、处置执行《一般工业固体废物贮存和填埋污染控制标准》(GB 18599—2020)；危险废物的贮存执行《危险废物贮存污染控制标准》(GB 18597—2001)。

4.6　规避垃圾焚烧厂邻避效应的方法与措施

邻避效应，是指居民或当地单位因担心邻避设施对身体健康、环境质量和资产价值等带来诸多负面影响，从而激发人们的嫌恶情结，滋生"不要建在我家后院"的心理现象。它能在社会现实中起到一定的积极作用，但如若处置不当，将带来诸多负面影响。

垃圾焚烧厂"邻避效应"产生的根源是居民对垃圾焚烧发电项目的认知水平，对建设垃圾焚烧发电厂对自身的健康、周边的环境及区域发展的影响存在担忧和疑虑。正是由于垃圾焚烧厂问题较多，所以，为了规范垃圾焚烧发电排放监管，降低邻避效应影响，环保部推出了"装、树、联"措施对其进行整治。

规避邻避效应的 4 个要点为：公开焚烧厂的环保方面信息，对于市民的反对是非常有效果的；互相的交流越容易，市民的满足度就越高；进一步对市民进行环境知识教育；为周边市民建设公益服务设施，有利于长久改变市民们对焚烧厂的印象。

国内规避邻避效应的建议可归纳为以下四点：

1. 提高行业技术壁垒

目前，国内的生活垃圾焚烧技术已相当成熟，焚烧和烟气处理技术不比国外差。但是有些地方执行环保政策不规范，导致进入这个行业的门槛过低，大量社会上逐利的资本投入垃圾焚烧项目，同时有些企业在建设过程中不透明、不规范，对社会舆论不关心，对当地居民的合理诉求不尊重，对立情绪加剧，矛盾就激化，容易诱发群体性事件。要让企业严格执行国家环保政策，积极采用先进技术，规范安全措施，自觉保护当地环境，提高行业的门槛是非常必要的。只要政府政策执行到位，企业值得居民信任，技术和规范让居民放心，规避"邻避效应"就有了基础。

2. 提高公众参与度

组织当地居民参观国内高标准的垃圾焚烧发电厂，让居民对垃圾焚烧技术的科学性和安全性有更多了解。居民对垃圾焚烧厂的担心，主要是企业能否严格按照标准运行。为此，可采取建立烟气排放实时监测显示制度，对外全过程公开发布，安排居民参与日常的监管，同时也可以建立环保教育基地，对公众开放，让社会公众来监管等系列措施，消除居民疑虑。

3. 尊重居民合理诉求

尽管垃圾焚烧厂项目执行了非常高的建设标准和环保标准，但是，为了能够让垃圾焚烧厂项目落地，当地居民毕竟做出了牺牲，适当补偿也是弥补居民的必要办法。政府对于当地居民给予一些实质性补贴政策以及实施一定的民生工程，将会对项目落地起到极大的促进作用。

4. 实施友邻建设方案

为周边居民免费开放各类健身休闲设施，丰富当地居民业余生活，并与周边镇村两级政府互动，开展帮扶活动，以看得见的利益回馈周边居民。这种“友邻设施建设方案”会起到预防和缓解“邻避效应”的作用，为项目未来有序和安全地运营奠定基础。

第五章　垃圾焚烧工程建设运营期环境管理要求

5.1　环境保护验收管理

建设项目竣工环境保护验收是指建设项目竣工后，环境保护行政主管部门根据相关标准规定，依据环境保护验收监测或调查结果，并通过现场检查等手段，考核该建设项目是否达到环境保护要求的活动。

国家已发布相关的建设项目竣工环境保护验收技术指南，以排放污染物为主的建设项目，参照《建设项目竣工环境保护验收技术指南 污染影响类》编制验收监测报告；主要对生态造成影响的建设项目，按照《建设项目竣工环境保护验收技术规范 生态影响类》(HJ/T 394—2007)编制验收调查报告；火力发电、石油炼制、水利水电、核与辐射等已发布行业验收技术规范的建设项目，按照该行业验收技术规范编制验收监测报告或者验收调查报告。生活垃圾焚烧行业暂未发布相关行业验收技术规范，且属于污染影响类建设项目，参照《建设项目竣工环境保护验收技术指南 污染影响类》进行环境保护验收管理。该技术指南规定了污染影响类建设项目竣工环境保护验收的总体要求，提出了验收程序、验收自查、验收监测方案和报告编制、验收监测技术的一般要求。

环保验收工作主要包括验收监测工作和后续工作，其中验收监测工作可分为启动、自查、编制验收监测方案、实施监测与检查、编制验收监测报告五个阶段。具体工作程序见图 5-1。

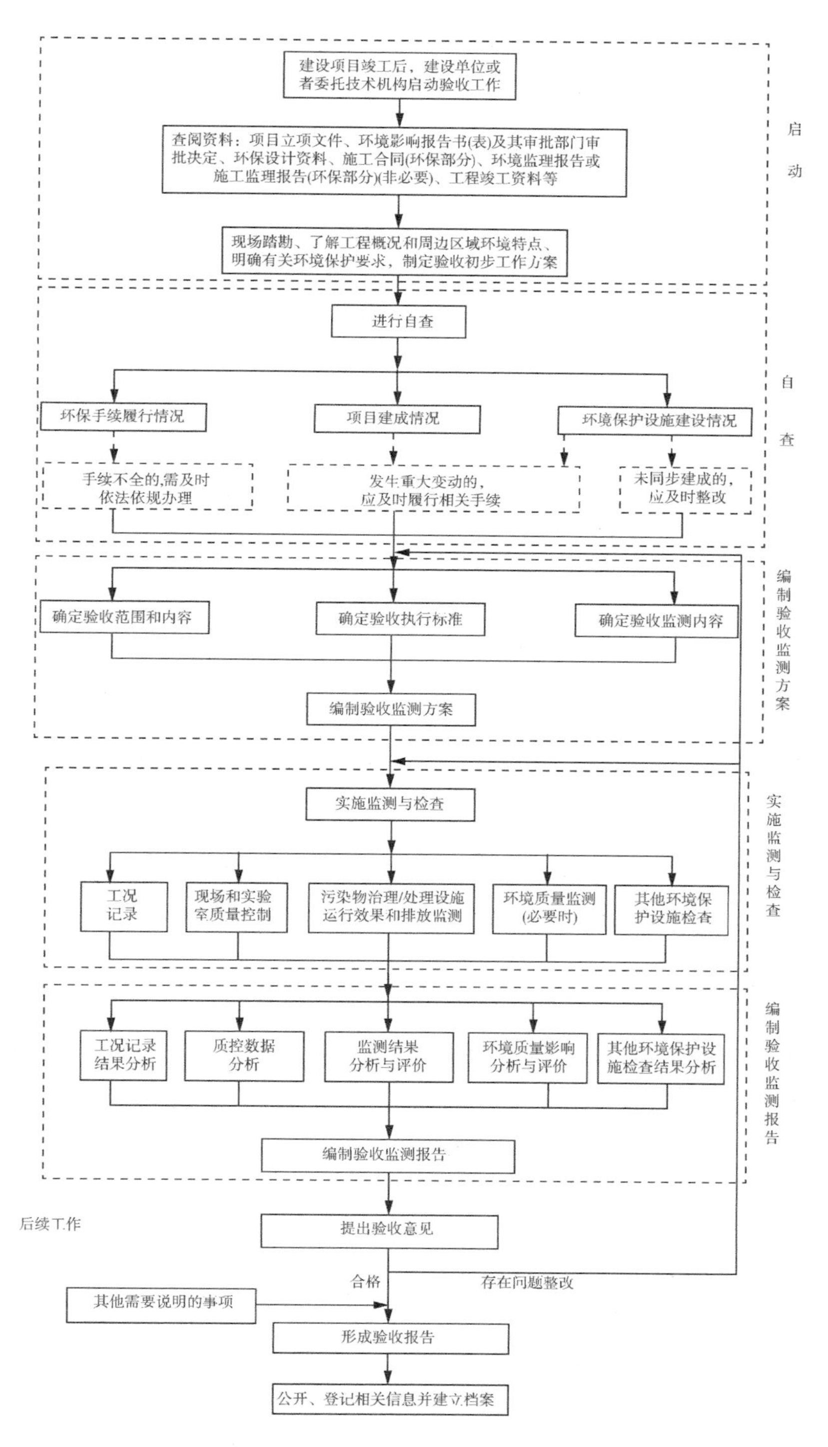
建设项目竣工后，建设单位或者委托技术机构启动验收工作
查阅资料：项目立项文件、环境影响报告书(表)及其审批部门审批决定、环保设计资料、施工合同(环保部分)、环境监理报告或施工监理报告(环保部分)(非必要)、工程竣工资料等
现场踏勘、了解工程概况和周边区域环境特点、明确有关环境保护要求，制定验收初步工作方案
启动
进行自查
环保手续履行情况
项目建成情况
环境保护设施建设情况
手续不全的,需及时依法依规办理
发生重大变动的，应及时履行相关手续
未同步建成的，应及时整改
自查
确定验收范围和内容
确定验收执行标准
确定验收监测内容
编制验收监测方案
编制验收监测方案
实施监测与检查
工况记录
现场和实验室质量控制
污染物治理/处理设施运行效果和排放监测
环境质量监测(必要时)
其他环境保护设施检查
实施监测与检查
工况记录结果分析
质控数据分析
监测结果分析与评价
环境质量影响分析与评价
其他环境保护设施检查结果分析
编制验收监测报告
编制验收监测报告
后续工作
提出验收意见
合格
存在问题整改
其他需要说明的事项
形成验收报告
公开、登记相关信息并建立档案

图 5-1 验收工作程序

5.1.1 验收工作程序

1. 验收自查

(1) 环保手续履行情况

环保手续履行情况主要包括环境影响报告书(表)及其审批部门审批决定,初步设计(环保篇)等文件,国家与地方生态环境部门对项目的督查、整改要求的落实情况,建设过程中的重大变动及相应手续履行情况,是否按排污许可相关管理规定申领了排污许可证,是否按辐射安全许可管理办法申领了辐射安全许可证。

(2) 项目建成情况

对照环境影响报告书(表)及其审批部门审批决定等文件,自查项目建设性质、规模、地点、主要生产工艺、产品及产量、原辅材料消耗,项目主体工程、辅助工程、公用工程、储运工程和依托工程内容及规模等情况。

(3) 环境保护设施建设情况

建设过程:施工合同中是否涵盖环境保护设施的建设内容和要求,是否有环境保护设施建设进度和资金使用内容,项目实际环保投资总额占项目实际总投资额的百分比。

污染物治理/处置设施:按照废气、废水、噪声、固体废物的顺序,逐项自查环境影响报告书(表)及其审批部门审批决定中的污染物治理/处置设施建成情况,如废水处理设施类别、规模、工艺及主要技术参数,排放口数量及位置;废气处理设施类别、处理能力、工艺及主要技术参数、排气筒数量、位置及高度;主要噪声源的防噪降噪设施;辐射防护设施类别及防护能力;固体废物的储运场所及处置设施等。

其他环境保护设施:按照环境风险防范、在线监测和其他设施的顺序,逐项自查环境影响报告书(表)及其审批部门审批决定中的其他环境保护设施建成情况,如装置区围堰、防渗工程、事故池;规范化排污口及监测设施、在线监测装置;"以新带老"改造工程、关停或拆除现有工程(旧机组或装置)、淘汰落后生产装置;生态恢复工程、绿化工程、边坡防护工程等。

整改情况:自查发现未落实环境影响报告书(表)及其审批部门审批决定要求的环境保护设施的,应及时整改。

(4) 重大变动情况

自查发现项目性质、规模、地点、采用的生产工艺或者防治污染、防止生态破坏的措施发生重大变动(重大变动判定见 5.1.3 章节),且未重新报批环境影响报告书(表)或环境影响报告书(表)未经批准的,建设单位应及时依法依规履行相关手续。

2. 验收监测方案与验收监测报告编制

(1) 验收监测方案编制

编制验收监测方案是根据验收自查结果,明确工程实际建设情况和环境保护设施落实情况,在此基础上确定验收工作范围、验收评价标准,明确监测期间工况记录方法,确定验收监测点位、监测因子、监测方法、频次等,确定其他环境保护设施验收检查内容,制定验收监测质量保证和质量控制工作方案。

验收监测方案作为实施验收监测与检查的依据,有助于验收监测与检查工作开展得更加规范、全面和高效。石化、化工、冶炼、印染、造纸、钢铁等重点行业编制环境影响报告书的项目推荐编制验收监测方案。建设单位也可根据建设项目的具体情况,自行决定是否编制验收监测方案。

验收监测方案内容可包括:建设项目概况、验收依据、项目建设情况、环境保护设施、验收执行标准、验收监测内容、现场监测注意事项、其他环保设施检查内容、质量保证和质量控制方案等。

(2) 验收监测报告编制

编制验收监测报告是在实施验收监测与检查后,对监测数据和检查结果进行分析、评价得出结论。结论应明确环境保护设施调试、运行效果,包括污染物排放达标情况、环境保护设施处理效率达到设计指标情况、主要污染物排放总量核算结果与总量指标符合情况,建设项目对周边环境质量的影响情况,其他环保设施落实情况等。

验收监测报告编制应规范、全面,必须如实、客观、准确地反映建设项目对环境影响报告书(表)及审批部门审批决定要求的落实情况。

验收监测报告内容应包括但不限于以下内容:

建设项目概况、验收依据、项目建设情况、环境保护设施、环境影响报告书(表)主要结论与建议及审批部门审批决定、验收执行标准、验收监测内容、质量保证和质量控制、验收监测结果、验收监测结论、建设项目环境保护“三同时”竣工验收登记表等。

编制环境影响报告书的建设项目应编制建设项目竣工环境保护验收监测报告,编制环境影响报告表的建设项目可视情况自行决定编制建设项目竣工环境保护验收监测报告书或报告表。

3. 验收监测技术要求

(1) 工况记录要求

验收监测应当在确保主体工程工况稳定、环境保护设施运行正常的情况下进行，并如实记录监测时的实际工况以及决定或影响工况的关键参数，如实记录能够反映环境保护设施运行状态的主要指标。

(2) 验收执行标准

① 污染物排放标准

建设项目竣工环境保护验收污染物排放标准原则上执行环境影响报告书(表)及其审批部门审批决定所规定的标准。在环境影响报告书(表)审批之后发布或修订的标准对建设项目执行该标准有明确时限要求的，按新发布或修订的标准执行。特别排放限值的实施地域范围、时间，按国务院生态环境主管部门或省级人民政府规定执行。

建设项目排放环境影响报告书(表)及其审批部门审批决定中未包括的污染物，执行相应的现行标准。

对国家和地方标准以及环境影响报告书(表)审批决定中尚无规定的特征污染因子，可按照环境影响报告书(表)和工程《初步设计》(环保篇)等的设计指标进行参照评价。

② 环境质量标准

建设项目竣工环境保护验收期间的环境质量评价执行现行有效的环境质量标准。

③ 环境保护设施处理效率

环境保护设施处理效率按照相关标准、规范、环境影响报告书(表)及其审批部门审批决定的相关要求进行评价，也可参照工程《初步设计》(环保篇)中的要求或设计指标进行评价。

(3) 监测内容

① 环保设施调试运行效果监测

环境保护设施处理效率监测主要包括：各种废水处理设施的处理效率；各种废气处理设施的去除效率；固(液)体废物处理设备的处理效率和综合利用率等；用于处理其他污染物的处理设施的处理效率；辐射防护设施屏蔽能力及效果。

若不具备监测条件，无法进行环保设施处理效率监测的，需在验收监测报告(表)中说明具体情况及原因。

污染物排放监测主要包括：排放到环境中的废水，以及环境影响报告书(表)及其审批部门审批决定中有回用或间接排放要求的废水；排放到环境中的各种废气，包括有组织排放和无组织排放；产生的各种有毒有害固(液)体废物，需要进行危废鉴别的，按照相关危废鉴别技术规范和标准执行；厂界环境噪声；环境影响报告书(表)及其审批部门审批决定、排污许可证规定的总量控制污染物的排放总量；场所辐射水平。

② 环境质量影响监测

环境质量影响监测主要针对环境影响报告书（表）及其审批部门审批决定中关注的环境敏感保护目标的环境质量，包括地表水、地下水和海水、环境空气、声环境、土壤环境、辐射环境质量等的监测。

③ 监测因子确定原则

监测因子确定的原则如下：

环境影响报告书（表）及其审批部门审批决定中确定的污染物；

环境影响报告书（表）及其审批部门审批决定中未涉及，但属于实际生产可能产生的污染物；

环境影响报告书（表）及其审批部门审批决定中未涉及，但现行相关国家或地方污染物排放标准中有规定的污染物；

环境影响报告书（表）及其审批部门审批决定中未涉及，但现行国家总量控制规定的污染物；

其他影响环境质量的污染物，如调试过程中已造成环境污染的污染物，国家或地方生态环境部门提出的、可能影响当地环境质量、需要关注的污染物等。

④ 验收监测频次确定原则

为使验收监测结果全面真实地反映建设项目污染物排放和环境保护设施的运行效果，采样频次应能充分反映污染物排放和环境保护设施的运行情况，因此，监测频次一般按以下原则确定：

a. 对有明显生产周期、污染物稳定排放的建设项目，污染物的采样和监测频次一般为 2～3 个周期，每个周期 3 到多次（不应少于执行标准中规定的次数）。

b. 对无明显生产周期、污染物稳定排放、连续生产的建设项目，废气采样和监测频次一般不少于 2 天、每天不少于 3 个样品；废水采样和监测频次一般不少于 2 天，每天不少于 4 次；厂界噪声监测一般不少于 2 天，每天不少于昼夜各 1 次；场所辐射监测运行和非运行两种状态下每个测点测试数据一般不少于 5 个；固体废物（液）采样一般不少于 2 天，每天不少于 3 个样品，分析每天的混合样，需要进行危废鉴别的，按照相关危废鉴别技术规范和标准执行。

c. 对污染物排放不稳定的建设项目，应适当增加采样频次，以便能够反映污染物排放的实际情况。

d. 对型号、功能相同的多个小型环境保护设施处理效率监测和污染物排放监测，可采用随机抽测方法进行。抽测的原则为：同样设施总数大于 5 个且小于

20个的，随机抽测设施数量比例应不小于同样设施总数量的50%；同样设施总数大于20个的，随机抽测设施数量比例应不小于同样设施总数量的30%。

e. 进行环境质量监测时，地表水和海水环境质量监测一般不少于2天、监测频次按相关监测技术规范并结合项目排放口废水排放规律确定；地下水监测一般不少于2天、每天不少于2次，采样方法按相关技术规范执行；环境空气质量监测一般不少于2天、采样时间按相关标准规范执行；环境噪声监测一般不少于2天、监测量及监测时间按相关标准规范执行；土壤环境质量监测至少布设三个采样点，每个采样点至少采集1个样品，采样点布设和样品采集方法按相关技术规范执行。

f. 对设施处理效率的监测，可选择主要因子并适当减少监测频次，但应考虑处理周期并合理选择处理前、后的采样时间，对于不稳定排放的，应关注最高浓度排放时段。

(4) 质量保证和质量控制要求

验收监测采样方法、监测分析方法、监测质量保证和质量控制要求均按照《排污单位自行监测技术指南 总则》(HJ 819—2017)执行。

5.1.2 验收管理办法

《建设项目竣工环境保护验收暂行办法》于2017年11月20日起施行，是为贯彻落实新修改的《建设项目环境保护管理条例》，规范建设项目竣工后建设单位自主开展环境保护验收的程序和标准而制定，相关要求如下：

建设项目竣工环境保护验收的主要依据包括：

(一) 建设项目环境保护相关法律、法规、规章、标准和规范性文件；

(二) 建设项目竣工环境保护验收技术规范；

(三) 建设项目环境影响报告书(表)及审批部门审批决定。

建设单位是建设项目竣工环境保护验收的责任主体，应当按照本办法规定的程序和标准，组织对配套建设的环境保护设施进行验收，编制验收报告，公开相关信息，接受社会监督，确保建设项目需要配套建设的环境保护设施与主体工程同时投产或者使用，并对验收内容、结论和所公开信息的真实性、准确性和完整性负责，不得在验收过程中弄虚作假。环境保护设施是指防治环境污染和生态破坏以及开展环境监测所需的装置、设备和工程设施等。验收报告分为验收监测(调查)报告、验收意见和其他需要说明的事项等三项内容。

1. 验收的程序和内容

建设项目竣工后，建设单位应当如实查验、监测、记载建设项目环境保护设施的建设和调试情况，编制验收监测(调查)报告。以排放污染物为主的建设项目，参照《建设项目竣工环境保护验收技术指南 污染影响类》编制验收监测报告；主要对生态造成影响的建设项目，按照《建设项目竣工环境保护验收技术规范 生态影响类》(HJ/T 394—2007)编制验收调查报告；火力发电、石油炼制、水利水电、核与辐射等已发布行业验收技术规范的建设项目，按照该行业验收技术规范编制验收监测报告或者验收调查报告。建设单位不具备编制验收监测(调查)报告能力的，可以委托有能力的技术机构编制。建设单位对受委托的技术机构编制的验收监测(调查)报告结论负责。建设单位与受委托的技术机构之间的权利义务关系，以及受委托的技术机构应当承担的责任，可以通过合同形式约定。

需要对建设项目配套建设的环境保护设施进行调试的，建设单位应当确保调试期间污染物排放符合国家和地方有关污染物排放标准和排污许可等相关管理规定。环境保护设施未与主体工程同时建成的，或者应当取得排污许可证但未取得的，建设单位不得对该建设项目环境保护设施进行调试。调试期间，建设单位应当对环境保护设施运行情况和建设项目对环境的影响进行监测。验收监测应当在确保主体工程调试工况稳定、环境保护设施运行正常的情况下进行，并如实记录监测时的实际工况。国家和地方有关污染物排放标准或者行业验收技术规范对工况和生产负荷另有规定的，按其规定执行。建设单位开展验收监测活动，可根据自身条件和能力，利用自有人员、场所和设备自行监测；也可以委托其他有能力的监测机构开展监测。

验收监测(调查)报告编制完成后，建设单位应当根据验收监测(调查)报告结论，逐一检查是否存在下文所列验收不合格的情形，提出验收意见。存在问题的，建设单位应当进行整改，整改完成后方可提出验收意见。验收意见包括工程建设基本情况、工程变动情况、环境保护设施落实情况、环境保护设施调试效果、工程建设对环境的影响、验收结论和后续要求等内容，验收结论应当明确该建设项目环境保护设施是否验收合格。建设项目配套建设的环境保护设施经验收合格后，其主体工程方可投入生产或者使用；未经验收或者验收不合格的，不得投入生产或者使用。

建设项目环境保护设施存在下列情形之一的，建设单位不得提出验收合格的意见：

(一) 未按环境影响报告书(表)及其审批部门审批决定要求建成环境保护设施，或者环境保护设施不能与主体工程同时投产或者使用的；

(二) 污染物排放不符合国家和地方相关标准、环境影响报告书(表)及其审批部门审批决定或者重点污染物排放总量控制指标要求的；

(三) 环境影响报告书(表)经批准后，该建设项目的性质、规模、地点、采用的生产工艺或者防治污染、防止生态破坏的措施发生重大变动，建设单位未重新报批环境影响报告书（表）或者环境影响报告书（表）未经批准的；

（四）建设过程中造成重大环境污染未治理完成，或者造成重大生态破坏未恢复的；

（五）纳入排污许可管理的建设项目，无证排污或者不按证排污的；

（六）分期建设、分期投入生产或者使用依法应当分期验收的建设项目，其分期建设、分期投入生产或者使用的环境保护设施防治环境污染和生态破坏的能力不能满足其相应主体工程需要的；

（七）建设单位因该建设项目违反国家和地方环境保护法律法规受到处罚，被责令改正，尚未改正完成的；

（八）验收报告的基础资料数据明显不实，内容存在重大缺项、遗漏，或者验收结论不明确、不合理的；

（九）其他环境保护法律法规规章等规定不得通过环境保护验收的。

为提高验收的有效性，在提出验收意见的过程中，建设单位可以组织成立验收工作组，采取现场检查、资料查阅、召开验收会议等方式，协助开展验收工作。验收工作组可以由设计单位、施工单位、环境影响报告书（表）编制机构、验收监测（调查）报告编制机构等单位代表以及专业技术专家等组成，代表范围和人数自定。建设单位在"其他需要说明的事项"中应当如实记载环境保护设施设计、施工和验收过程简况、环境影响报告书（表）及其审批部门审批决定中提出的除环境保护设施外的其他环境保护对策措施的实施情况，以及整改工作情况等。相关地方政府或者政府部门承诺负责实施与项目建设配套的防护距离内居民搬迁、功能置换、栖息地保护等环境保护对策措施的，建设单位应当积极配合地方政府或部门在所承诺的时限内完成，并在"其他需要说明的事项"中如实记载前述环境保护对策措施的实施情况。

除按照国家需要保密的情形外，建设单位应当通过其网站或其他便于公众知晓的方式，向社会公开下列信息：

（一）建设项目配套建设的环境保护设施竣工后，公开竣工日期；

（二）对建设项目配套建设的环境保护设施进行调试前，公开调试的起止日期；

（三）验收报告编制完成后 5 个工作日内，公开验收报告，公示的期限不得少于 20 个工作日。

建设单位公开上述信息的同时，应当向所在地县级以上环境保护主管部门报送相关信息，并接受监督检查。

除需要取得排污许可证的水和大气污染防治设施外，其他环境保护设施的验收期限一般不超过3个月；需要对该类环境保护设施进行调试或者整改的，验收期限可以适当延期，但最长不超过12个月。验收期限是指自建设项目环境保护设施竣工之日起至建设单位向社会公开验收报告之日止的时间。验收报告公示期满后5个工作日内，建设单位应当登录全国建设项目竣工环境保护验收信息平台，填报建设项目基本信息、环境保护设施验收情况等相关信息，环境保护主管部门对上述信息予以公开。建设单位应当将验收报告以及其他档案资料存档备查。纳入排污许可管理的建设项目，排污单位应当在项目产生实际污染物排放之前，按照国家排污许可有关管理规定要求，申请排污许可证，不得无证排污或不按证排污。建设项目验收报告中与污染物排放相关的主要内容应当纳入该项目验收完成当年排污许可证执行年报。

2. 监督检查

各级环境保护主管部门应当按照《建设项目环境保护事中事后监督管理办法(试行)》等规定，通过"双随机-公开"抽查制度，强化建设项目环境保护事中事后监督管理。要充分依托建设项目竣工环境保护验收信息平台，采取随机抽取检查对象和随机选派执法检查人员的方式，同时结合重点建设项目定点检查，对建设项目环境保护设施"三同时"落实情况、竣工验收等情况进行监督性检查，监督结果向社会公开。

需要配套建设的环境保护设施未建成、未经验收或者经验收不合格，建设项目已投入生产或者使用的，或者在验收中弄虚作假的，或者建设单位未依法向社会公开验收报告的，县级以上环境保护主管部门应当依照《建设项目环境保护管理条例》的规定予以处罚，并将建设项目有关环境违法信息及时记入诚信档案，及时向社会公开违法者名单。

相关地方政府或者政府部门承诺负责实施的环境保护对策措施未按时完成的，环境保护主管部门可以依照法律法规和有关规定采取约谈、综合督查等方式督促相关政府或者政府部门抓紧实施。

5.1.3　重大变动分析

根据《环境影响评价法》和《建设项目环境保护管理条例》有关规定，建设项目的性质、规模、地点、生产工艺和环境保护措施五个因素中的一项或一项以上发生重大变动，且可能导致环境影响显著变化(特别是不利环境影响加重)的，界定为重大变动。属于重大变动的应当重新报批环境影响评价文件，不属于重大变动的纳入竣工环境保护验收管理。

建设项目在开展竣工环境保护监测(调查)时，建设单位应当向验收监测(调查)单位提供《建设项目变动环境影响分析》,列出建设项目变动内容清单,逐条分析变动内容环境影响,明确建设项目变动环境影响结论。

垃圾焚烧发电项目的重大变动参照《污染影响类建设项目重大变动清单(试行)》进行认定,主要内容如下:

1. 性质

建设项目开发、使用功能发生变化的。

2. 规模

生产、处置或储存能力增大30%及以上的。

生产、处置或储存能力增大,导致废水第一类污染物排放量增加的。

位于环境质量不达标区的建设项目生产、处置或储存能力增大,导致相应污染物排放量增加的(细颗粒物不达标区,相应污染物为二氧化硫、氮氧化物、可吸入颗粒物、挥发性有机物;臭氧不达标区,相应污染物为氮氧化物、挥发性有机物;其他大气、水污染物因子不达标区,相应污染物为超标污染因子);位于达标区的建设项目生产、处置或储存能力增大,导致污染物排放量增加10%及以上的。

3. 地点

重新选址;在原厂址附近调整(包括总平面布置变化)导致环境防护距离范围变化且新增敏感点的。

4. 生产工艺

新增产品品种或生产工艺(含主要生产装置、设备及配套设施)、主要原辅材料、燃料变化,导致以下情形之一:

(1) 新增排放污染物种类的(毒性、挥发性降低的除外);

(2) 位于环境质量不达标区的建设项目相应污染物排放量增加的;

(3) 废水第一类污染物排放量增加的;

(4) 其他污染物排放量增加10%及以上的。

物料运输、装卸、贮存方式变化,导致大气污染物无组织排放量增加10%及以上的。

5. 环境保护措施

废气、废水污染防治措施变化,导致以上所列情形之一(废气无组织排放改为有组织排放、污染防治措施强化或改进的除外)或大气污染物无组织排放量增加10%及以上的。

新增废水直接排放口;废水由间接排放改为直接排放;废水直接排放口位置变化,导致不利环境影响加重的。

新增废气主要排放口(废气无组织排放改为有组织排放的除外);主要排放

口排气筒高度降低10%及以上的。

噪声、土壤或地下水污染防治措施变化，导致不利环境影响加重的。

固体废物利用处置方式由委托外单位利用处置改为自行利用处置的（自行利用处置设施单独开展环境影响评价的除外）；固体废物自行处置方式变化，导致不利环境影响加重的。

事故废水暂存能力或拦截设施变化，导致环境风险防范能力弱化或降低的。

5.2 排污许可证管理要求

控制污染物排放许可制（简称排污许可制）是依法规范企事业单位排污行为的基础性环境管理制度，环境保护部门通过对企事业单位发放排污许可证并依证监管实施排污许可制。为规范排污许可证申请、审核、发放、管理等程序，规范企业事业单位和其他生产经营者排污行为，控制污染物排放，我国制定了一系列规章政策。

2019年10月24日，生态环境部办公厅发布了《排污许可证申请与核发技术规范 生活垃圾焚烧》（HJ 1039—2019），标准规定了生活垃圾焚烧排污单位排污许可证申请与核发的基本情况填报要求、许可排放限值确定、实际排放量核算和合规判定的方法，以及自行监测、环境管理台账与排污许可证执行报告等环境管理要求，提出了生活垃圾焚烧排污单位污染防治可行技术要求。本节主要介绍生活垃圾焚烧排污单位污染防治可行技术要求、环境管理台账记录与排污许可证执行报告编制要求，自行监测相关容在本章5.3节中进行介绍。

5.2.1 污染防治可行技术要求

《排污许可证申请与核发技术规范 生活垃圾焚烧》（HJ 1039—2019）中列出了生活垃圾焚烧厂污染防治可行技术及运行管理要求，可作为生态环境主管部门对排污许可证申请材料审核的参考，对于排污单位采用其所列污染防治可行技术的，或者新建、改建、扩建建设项目排污单位采用环境影响评价审批意见要求的污染治理技术的，有核发权的地方生态环境主管部门可以认为排污单位采用的污染防治设施或者措施有能力达到许可排放浓度要求。对于未采用的，排污单位应在申请时提供相关证明材料（如已有污染物排放监测数据；对于国内外首次采用的污染防治技术，还应当提供中试数据等说明材料），证明可达到与污染防治可行技术相当的处理能力，并加强自行监测、台账记录，评估达标可行性。

1. 可行技术要求

《排污许可证申请与核发技术规范 生活垃圾焚烧》（HJ 1039—2019）中列出

的废气、废水污染防治可行技术如表 5-1、表 5-2 所示。

表 5-1　废气污染防治可行技术参考表

废气产污环节名称	污染物种类	可行技术
焚烧烟气	颗粒物	袋式除尘器、袋式除尘器＋电除尘器
	氮氧化物	SNCR、SNCR＋SCR、SCR
	二氧化硫、氯化氢	半干法＋干法、半干法＋湿法、干法＋湿法、半干法 ＋干法＋湿法、半干法[a]
	汞及其化合物	活性炭喷射＋袋式除尘器
	镉、铊及其化合物	
	锑、砷、铅、铬、钴、铜、锰、镍及其化合物	
	二噁英类	“3T＋E”燃烧控制＋活性炭喷射＋袋式除尘器
	一氧化碳	“3T＋E”燃烧控制
垃圾、污泥运输通道	氨、硫化氢、臭气浓度	密闭＋冲洗/药剂除臭、冲洗[b]、冲洗＋药剂除臭[b]
卸料大厅	氨、硫化氢、臭气浓度	密闭＋负压/冲洗/药剂除臭
预处理车间	氨、硫化氢、臭气浓度、颗粒物	密闭＋药剂除臭、密闭＋负压＋入炉焚烧、密闭＋化学洗涤/生物过滤/活性炭吸附
垃圾库、污泥库	氨、硫化氢、臭气浓度	密闭＋负压＋入炉焚烧
渗滤液处理站	氨、硫化氢、臭气浓度	产臭区域密闭＋入炉焚烧、 产臭区域密闭＋化学洗涤/生物过滤/活性炭吸附
脱硝剂储罐	氨	密闭
炉渣池(库)	颗粒物	密闭＋湿除渣、密闭＋除尘器
燃煤贮存	颗粒物	封闭煤场、防风抑尘网＋洒水抑尘
飞灰、脱酸中和剂、活性炭、水泥贮存	颗粒物	密闭＋袋式除尘器

注:排污单位若同时建有非焚烧处置工程,不同处置工艺共用生产设施的污染防治可行技术按从严原则确定,在满足本标准要求的同时,还应满足相应处置工艺适用的排污许可证申请与核发技术规范要求

[a]适用于采用高品质脱酸剂或高性能雾化器等的改进技术

[b]适用于生活垃圾(污泥)运输车辆具备良好密闭效果和防渗滤液滴漏功能的情况

表 5-2　废水污染防治可行技术参考表

排放方式	废水类别	污染物种类	可行技术
循环回用	垃圾渗滤液、地面冲洗水及初期雨水（卸料大厅、垃圾运输通道、地磅）	色度、化学需氧量、五日生化需氧量、悬浮物、总氮、氨氮、总磷、粪大肠菌群、总汞、总镉、总铬、六价铬、总砷、总铅	预处理＋厌氧＋好氧＋超滤（纳滤）＋反渗透
			浓缩液（浓水）喷入焚烧炉、浓缩液（浓水）干化后送至焚烧炉处置、浓缩液（浓水）用于石灰制浆
	生活污水	pH、悬浮物、化学需氧量、五日生化需氧量、氨氮、总磷、动植物油	与渗滤液合并处理
			一级处理（过滤、沉淀）＋二级处理（生物接触氧化工艺、活性污泥法、A/O、A^2/O、其他）＋消毒
	工业废水（包括化学水处理系统废水、锅炉排污水）	pH、悬浮物、化学需氧量、石油类	pH 调节＋絮凝沉淀（气浮、过滤）
	湿法脱酸废水	pH、悬浮物、化学需氧量、硫化物、氟化物、总汞、总镉、总铬、六价铬、总砷、总铅	中和＋沉淀＋絮凝＋澄清＋超滤＋反渗透
排入城镇污水集中处理站	垃圾渗滤液、地面冲洗水及初期雨水（卸料大厅、垃圾运输通道、地磅）	色度、化学需氧量、五日生化需氧量、悬浮物、总氮、氨氮、总磷、粪大肠菌群、总汞、总镉、总铬、六价铬、总砷、总铅	预处理＋厌氧＋好氧＋超滤（纳滤）
			浓缩液（浓水）喷入焚烧炉、浓缩液（浓水）干化后送至焚烧炉处置、浓缩液（浓水）用于石灰制浆
	生活污水	pH、悬浮物、化学需氧量、五日生化需氧量、氨氮、总磷、动植物油	与渗滤液合并处理
			一级处理（过滤、沉淀、气浮等）
	工业废水（包括化学水处理系统废水、锅炉排污水）	pH、悬浮物、化学需氧量、石油类	pH 调节＋沉淀
直接排放地表水体	垃圾渗滤液、地面冲洗水及初期雨水（卸料大厅、垃圾运输通道、地磅）	色度、化学需氧量、五日生化需氧量、悬浮物、总氮、氨氮、总磷、粪大肠菌群、总汞、总镉、总铬、六价铬、总砷、总铅	预处理＋厌氧＋好氧＋超滤（纳滤）＋反渗透
			浓缩液（浓水）喷入焚烧炉、浓缩液（浓水）干化后送至焚烧炉处置、浓缩液（浓水）用于石灰制浆

续表

排放方式	废水类别	污染物种类	可行技术
直接排放地表水体	生活污水	pH、悬浮物、化学需氧量、五日生化需氧量、氨氮、总磷、动植物油	一级处理(过滤和沉淀)+二级处理(生物接触氧化工艺、活性污泥法、A/O、A^2/O、其他)
			与渗滤液合并处理
	工业废水(包括化学水处理系统废水、锅炉排污水)	pH、悬浮物、化学需氧量、石油类	pH调节+絮凝沉淀(气浮、过滤)
注:在采用本表所列技术基础上,增加其他成熟措施(如超滤、反渗透等)仍视为可行技术			

2. 运行管理要求

《排污许可证申请与核发技术规范 生活垃圾焚烧》(HJ 1039—2019)规定:排污单位应当按照行业适用的法律法规、标准、技术规范和管理规定等要求设计、运行焚烧主体设施和各污染防治设施并进行维护管理,保证设施正常运行,使排放的污染物符合国家或地方相关标准的规定。由于事故或设备维修等原因造成污染防治设施停止运行时,排污单位应立即报告当地生态环境主管部门。

(1) 废气

每台焚烧炉必须单独设置烟气净化系统。排污单位应依法安装污染源自动监控设备,并按照HJ 75—2017、HJ 76—2017等相关标准落实定期比对监测和校准的要求。

焚烧控制条件应满足GB 18485—2014等相关标准要求。

对活性炭、脱酸中和剂、脱硝剂等烟气净化消耗性物资、材料应当实施计量并记入台账。

袋式除尘器应按照HJ 2012—2012等标准规范要求安装压差计,定期进行泄露检测,及时更换袋式除尘器破损滤袋,保证滤袋完整。

严格管控无组织排放,产生无组织废气的环节,应当在密闭空间或设备中进行,废气经收集系统和(或)治理设施处理后排放;如不能密闭,则应采取局部气体收集治理措施、其他有效污染控制措施或环境管理措施。生活垃圾贮存设施和渗滤液收集设施应采取密闭负压措施,并保证其在运行期和停炉期均处于负压状态,停炉期间应收集并经除臭处理;生活垃圾(污泥)运输通道、卸料大厅等区域应加强冲洗;卸料大厅车辆入口通过设置风幕、常闭门等装置,保证密闭效果;全厂恶臭气体应满足GB 18485—2014、GB 14554—93要求后排放。

(2) 废水

产生的废水宜分类收集、分质处理,处理后回用时应满足相应回用水水质标准要求。

应对贮存和作业区的初期雨水进行收集、处理后回用或排放。

规范记录废水处理设施开停、维修巡检、药剂和消耗材料使用、处理前后水质水量监测等数据。

（3）工业固体废物

应建立台账记录固体废物的产生、去向（贮存、利用、处置及委托利用处置）及相应量。

产生的污泥或浓缩液应当在厂内妥善处置。

飞灰、烟气脱硝废钒钛系催化剂、废布袋、废离子交换树脂、废矿物油等危险废物产生、收集、贮存、利用、处置过程应满足危险废物有关法律法规、标准规范要求。危险废物转移过程应当执行《危险废物转移联单管理办法》。焚烧飞灰经处理符合 GB 16889—2008 要求后，可进入生活垃圾填埋场填埋；经处理满足 GB 30485—2013 要求后，可进入水泥窑协同处置。

按 GB 18485—2014 的要求，对焚烧炉渣热灼减率与飞灰固化物开展监测。

（4）土壤及地下水污染预防要求

排污单位应当按 HJ 942—2018 要求采取相应防治措施，防止有毒有害物质渗漏、泄漏造成土壤和地下水污染。

列入设区的市级以上地方人民政府生态环境主管部门制定的土壤污染重点监管单位名录的排污单位，应当履行下列义务并在排污许可证中载明：①严格控制有毒有害物质排放，并按年度向生态环境主管部门报告排放情况；②建立土壤污染隐患排查制度，保证持续有效防止有毒有害物质渗漏、流失、扬散；③制定、实施自行监测方案，并将监测数据报生态环境主管部门。

5.2.2　环境管理台账记录与执行报告编制要求

企业开展环境管理台账记录、编制执行报告目的是自我证明企业的持证排放情况。《排污单位环境管理台账及排污许可证执行报告技术规范 总则（试行）》（HJ 944—2018）及相关技术规范性文件发布后，企业环境管理台账记录要求及执行报告编制规范以规范性文件要求为准。

1. 环境管理台账记录要求

排污单位在申请排污许可证时，应在排污许可平台中明确环境管理台账记录要求。有核发权的地方生态环境主管部门可以依据法律法规、标准规范增加和加严记录要求。排污单位也可自行增加记录要求。环境管理台账分为电子台账和纸质台账两种形式。排污单位可在满足本标准要求的基础上根据实际情况自行制定记录格式，其中记录频次和内容须满足排污许可证环境管理要求。

（1）记录内容

排污单位环境管理台账应真实记录基本信息、主要生产设施运行管理信息和污染防治设施运行管理信息、监测记录信息及其他环境管理信息等。主要生产设施、污染防治设施、排放口编号应与排污许可证副本中规定的编号一致。

① 基本信息

排污单位基本信息包括排污单位名称、生产经营场所地址、行业类别、法定代表人、统一社会信用代码、环境影响评价审批意见文号、排污权交易文件及排污许可证编号等。

② 主要生产设施运行管理信息

至少记录以下内容：

a. 正常工况

运行状态：开始时间、结束时间。

主要产品产量：名称、产量。

生产负荷：实际处理量与设计处理能力之比。

燃料信息：名称、处理（消耗）量、成分分析数据等。

b. 非正常工况

起止时间、污染物排放情况、事件原因、应对措施、是否报告等。

③ 污染防治设施运行管理信息

包括废气、废水污染防治设施、工业固体废物产生及处置的运行管理信息，至少记录以下内容：

a. 正常状况

有组织废气防治设施：开始时间、结束时间、是否正常运行、污染物排放情况、排口温度等信息。

无组织废气控制措施：无组织控制措施运行、检查、维护及时间等信息的记录。

废水治理设施：开始时间、结束时间、是否正常运行、污染物排放情况等信息。

工业固体废物产生及处置：工业固体废物产生环节、处置去向等。

b. 非正常状况：起止时间、污染物排放情况、事件原因、应对措施、是否报告等。

④ 监测记录信息

将在本章5.3节中详细介绍。

⑤ 其他环境管理信息

法律法规、标准规范确定的其他信息，排污单位自主记录的环境管理信息。

（2）记录频次

① 基本信息

对于未发生变化的基本信息，按年记录，1次/年；对于发生变化的基本信息，在发生变化时记录1次。

② 主要生产设施运行管理信息

a. 正常工况

运行状态：一般按日或班次记录，1次/日或班次。

生产负荷：一般按日或班次记录，1次/日或班次。

产品产量：连续生产的，按日记录，1次/日。非连续生产的，按照生产周期记录，1次/周期；周期小于1天，按日记录，1次/日。

燃、辅料：处理量（消耗量）一般按日或班次记录，1次/日或班次。燃料成分分析按照检测批次记录，1次/批。

b. 非正常工况

按照工况期记录，1次/工况期。

③ 污染防治设施运行管理信息

a. 正常状况：按日或班次记录，1次/日或班次。

b. 非正常状况：按照非正常状况期记录，1次/非正常状况期。

④ 监测记录信息

将在本章5.3节中详细介绍。

⑤ 其他环境管理信息

依据法律法规、标准规范或实际生产运行规律等确定其他记录频次。

（3）记录存储及保存

① 纸质存储

纸质台账应存放于保护袋、卷夹或保护盒等保存媒介中，专人保存于专门的档案保存地点，并由相关人员签字。档案保存应采取防光、防热、防潮、防细菌及防污染等措施。纸质类档案如有破损应及时修补，并留存备查。

② 电子化存储

电子台账保存于专门存储设备中，并保留备份数据。存储设备由专人负责管理，定期进行维护。电子台账根据地方生态环境主管部门管理要求定期上传。

2. 执行报告编制要求

执行报告编制要求参照《排污单位环境管理台账及排污许可证执行报告技术规范 总则（试行）》（HJ 944—2018）中相关规定。

(1) 报告分类

按报告周期分为年度执行报告、季度执行报告和月度执行报告。

(2) 编制流程

包括资料收集与分析、编制、质量控制、提交四个阶段。如图 5-2 所示。

第一阶段(资料收集与分析阶段):收集排污许可证及申请材料、历史排污许可证执行报告、环境管理台账等相关资料,全面梳理排污单位在报告周期内的执行情况。

第二阶段(编制阶段):针对排污许可证执行情况,汇总梳理依证排污的依据,分析违证排污的情形及原因,提出整改计划,在全国排污许可证管理信息平台填报相关内容。

第三阶段(质量控制阶段):开展报告质量审核,确保执行报告内容真实、有效,并经排污单位技术负责人签字确认。

第四阶段(提交阶段):排污单位在全国排污许可证管理信息平台提交电子版执行报告,同时向有排污许可证核发权的环境保护主管部门提交通过平台印制的经排污单位法定代表人或实际负责人签字并加盖公章的书面执行报告。电子版执行报告与书面执行报告应保持一致。

(3) 编制内容

排污单位应对提交的排污许可证执行报告中各项内容和数据的真实性、有效性负责,并自愿承担相应法律责任;应自觉接受环境保护主管部门监管和社会公众监督,如提交的内容和数据与实际情况不符,应积极配合调查,并依法接受处罚。排污单位应对上述要求作出承诺,并将承诺书纳入执行报告中。

① 年度执行报告

年度执行报告包括排污单位基本情况、污染防治设施运行情况、自行监测执行情况、环境管理台账执行情况、实际排放情况及合规判定分析、信息公开情况、排污单位内部环境管理体系建设与运行情况、其他排污许可证规定的内容执行情况、其他需要说明的问题、结论、附图附件等。对于排污单位信息有变化和违证排污等情形,应分析与排污许可证内容的差异,并说明原因。

a. 排污单位基本情况

说明排污许可证执行情况,包括排污单位基本信息、产排污节点、污染物及污染防治设施、环境管理要求等。

按照生产单元或主要工艺,分析排污单位的生产状况,说明平均生产负荷、原辅料及燃料使用等情况;说明取水及排水情况;对于报告期内有污染防治投资的,还应说明防治设施建成运行时间、计划总投资、报告周期内累计完成投资等。

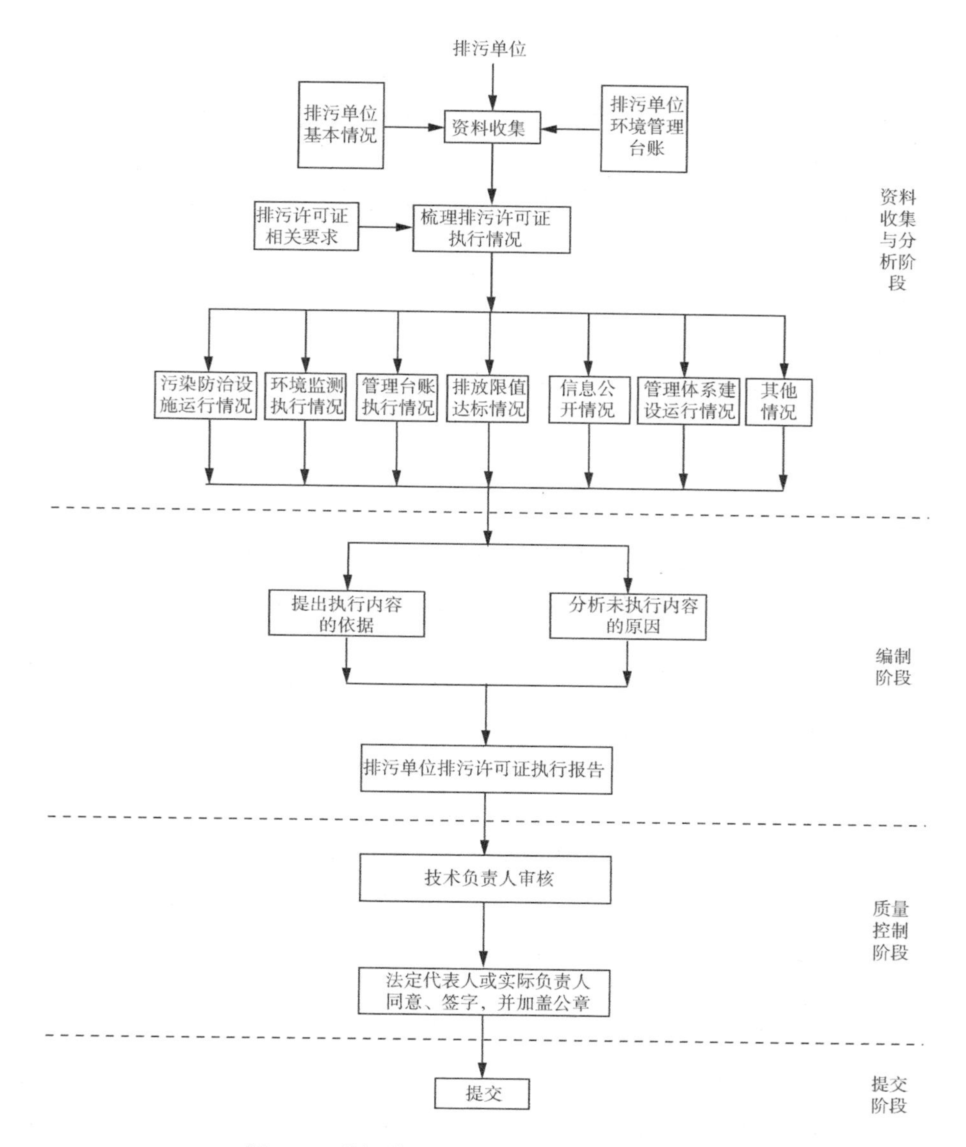

图 5-2　排污许可证年度执行报告编制流程图

说明排放口规范性整改情况(如有)。

新(改、扩)建项目环境影响评价及其批复、竣工环境保护验收等情况。

其他需要说明的情况,包括排污许可证变更情况,以及执行过程中遇到的困难、问题等。

b. 污染防治设施运行情况

正常情况说明。分别说明有组织废气、无组织废气、废水等污染防治设施的处理效率、药剂添加、催化剂更换、固废产生、副产物产生、运行费用等情况，以及防治设施运行维护情况。

异常情况说明。排污单位拆除、停运污染防治设施，应说明实施拆除、停运的原因，起止日期等情况，并提供环境保护主管部门同意文件；因故障等紧急情况停运污染防治设施，或污染防治设施运行异常的，排污单位应说明故障原因、废水废气等污染物排放情况、报告提交情况及采取的应急措施。

如发生污染事故，排污单位应说明发生事故次数、事故等级、事故发生时采取的措施、污染物排放、处理情况等信息。

c. 自行监测执行情况

说明自行监测要求执行情况，并附监测布点图。

对于自动监测，说明是否满足 HJ 75—2017、HJ 76—2017、HJ/T 353—2007、HJ/T 354—2007、HJ/T 355—2007、HJ/T 356—2007、HJ/T 373—2007、HJ 477—2009 等相关规范要求。说明自动监测系统发生故障时，向环境保护主管部门提交补充监测和事故分析报告的情况。

对于手工监测，说明是否满足 GB/T 16157—1996、HJ/T 55—2000、HJ/T 91—2002、HJ/T 373—2007、HJ/T 397—2007 等相关标准与规范要求。

对于非正常工况，说明废气有效监测数据数量、监测结果等。

对于特殊时段，说明废气有效监测数据数量、监测结果等。

对于有周边环境质量监测要求的，说明监测点位、指标、时间、频次、有效监测数据数量、监测结果等内容，并附监测布点图。

对于未开展自行监测、自行监测方案与排污许可证要求不符、监测数据无效等情形，说明原因及措施。

d. 环境管理台账执行情况

说明是否按排污许可证要求记录环境管理台账的情况。

e. 实际排放情况及合规判定分析

以自行监测数据为基础，说明各排放口的实际排放浓度范围、有效数据数量等内容。

按照《排污许可证申请与核发技术规范 总则》，核算排污单位实际排放量，给出计算方法、所用的参数依据来源和计算过程，并与许可排放量进行对比分析。

对于非正常工况，说明发生的原因、次数、起止时间、防治措施等。

对于特殊时段，说明各污染物的排放浓度及达标情况等。

对于废气污染物超标排放，应逐时说明；对于废水污染物超标排放，应逐日说明;说明内容包括排放口、污染物、超标时段、实际排放浓度、超标原因等,以及向环境保护主管部门报告及接受处罚的情况。

说明实际排放量与生产负荷之间的关系。

f. 信息公开情况

说明信息公开的方式、内容、频率及时间节点等信息。

g. 排污单位内部环境管理体系建设与运行情况

说明环境管理机构及人员设置情况、环境管理制度建立情况、排污单位环境保护规划、环保措施整改计划等。

说明环境管理体系的实施、相关责任的落实情况。

h. 其他排污许可证规定的内容执行情况

说明排污许可证中规定的其他内容执行情况。

i. 其他需要说明的问题

对于违证排污的情况,提出相应整改计划。

j. 结论

总结排污单位在报告周期内排污许可证执行情况,说明执行过程中存在的问题,以及下一步需进行整改的内容。

k. 附图附件

附图包括自行监测布点图等。执行报告附图应清晰、要点明确。

附件包括污染物实际排放量计算过程、非正常工况证明材料,以及支持排污许可证执行报告的其他材料。

② 季度/月度执行报告

季度/月度执行报告至少包括污染物实际排放浓度和排放量、合规判定分析、超标排放或污染防治设施异常情况说明等内容。其中,季度执行报告还应包括各月度生产小时数、主要产品及其产量、主要原料及其消耗量、新水用量及废水排放量、主要污染物排放量等信息。

(4) 报告周期

排污单位按照排污许可证规定的时间提交执行报告,应每年提交一次排污许可证年度执行报告;同时,还应依据法律法规、标准等文件的要求,提交季度执行报告或月度执行报告。

① 年度执行报告

对于持证时间超过三个月的年度,报告周期为当年全年(自然年);对于持证时间不足三个月的年度,当年可不提交年度执行报告,排污许可证执行情况纳入下一年度执行报告。

② 季度执行报告

对于持证时间超过一个月的季度，报告周期为当季全季（自然季度）；对于持证时间不足一个月的季度，该报告周期内可不提交季度执行报告，排污许可证执行情况纳入下一季度执行报告。

③ 月度执行报告

对于持证时间超过十日的月份，报告周期为当月全月（自然月）；对于持证时间不足十日的月份，该报告周期内可不提交月度执行报告，排污许可证执行情况纳入下一月度执行报告。

5.3 排污单位自行监测要求

重点排污单位开展排污状况自行监测是法定的责任和义务。《环境保护法》第四十二条明确提出“重点排污单位应当按照国家有关规定和监测规范安装使用监测设备，保证监测设备正常运行，保存原始监测记录”；第五十五条要求“重点排污单位应当如实向社会公开其主要污染物的名称、排放方式、排放浓度和总量、超标排放情况，以及防治污染设施的建设和运行情况，接受社会监督”。

自行监测是排污单位为掌握本单位的污染物排放状况及其对周边环境质量的影响等情况，按照相关法律法规和技术规范组织开展的环境检测活动，是落实排污单位主体责任的重要举措，也是支撑排污许可证后监管的重要载体。加强对排污单位自行监测的检查，是保障监测数据科学性、代表性、有效性，确保其应用于排放监管、总量核算和环保税申报等各项管理活动的重要基础。

城市生活垃圾焚烧企业应按照《排污单位自行监测技术指南 总则》（HJ 819—2017）管理要求开展自行监测工作。另外，生态环境部于2021年11月13日发布《排污单位自行监测技术指南 固体废物焚烧》（HJ 1205—2021），企业也可参照相关管理要求规范自行监测工作。

5.3.1 自行监测的一般要求

自行监测的一般要求主要包括制定监测方案、设置和维护监测设施、开展自行监测、做好监测质量保证与质量控制以及记录和保存监测数据等五个方面。

1. 制定监测方案

排污单位应查清所有污染源，确定主要污染源及主要监测指标，制定监测方案。监测方案内容包括：单位基本情况、监测点位及示意图、监测指标、执行标准及其限值、监测频次、采样和样品保存方法、监测分析方法和仪器、质量保证与质量控制等。

新建排污单位应当在投入生产或使用并产生实际排污行为之前完成自行监测方案的编制及相关准备工作。

2. 设置和维护监测设施

排污单位应按照规定设置满足开展监测所需要的监测设施。废水排放口，废气(采样)监测平台、监测断面和监测孔的设置应符合监测规范要求。监测平台应便于开展监测活动，应能保证监测人员的安全。

废水排放量大于 100 t/d 的，应安装自动测流设施并开展流量自动监测。

3. 开展自行监测

排污单位应按照最新的监测方案开展监测活动，可根据自身条件和能力，利用自有人员、场所和设备自行监测；也可委托其他有资质的检(监)测机构代其开展自行监测。

持有排污许可证的企业自行监测年度报告内容可以在排污许可证年度执行报告中体现。

4. 做好监测质量保证与质量控制

排污单位应建立自行监测质量管理制度，按照相关技术规范要求做好监测质量保证与质量控制。

5. 记录和保存监测数据

排污单位应做好与监测相关的数据记录，按照规定进行保存，并依据相关法规向社会公开监测结果。

5.3.2　监测方案制定

参照《排污单位自行监测技术指南 固体废物焚烧》(HJ 1205—2021)，根据废气、废水、固体废物排放以及噪声等各个方面进行监测方案的制定。

1. 废水排放监测

(1) 监测点位

排污单位均应在废水总排放口和雨水排放口设置监测点位，生活污水单独排入水体的应在生活污水排放口设置监测点位。排放 GB 8979—1996 中第一类污染物的，还应在相应车间或车间处理设施排放口设置监测点位。

(2) 监测指标及监测频次

排污单位废水排放监测点位、监测指标及最低监测频次按照表 5-3 执行。

表 5-3　废水排放监测点位、监测指标及最低监测频次

监测点位	监测指标	监测频次		备注
		直接排放	间接排放	
废水总排放口	流量、pH、化学需氧量、氨氮	自动监测		适用于所有排污单位
	总磷	月(自动监测[a])	季(自动监测[a])	
	总氮	月(日/自动监测[b])	季度(日/自动监测[b])	
	色度、悬浮物、五日生化需氧量、溶解性总固体(全盐量)	季度	半年	仅适用于生活垃圾焚烧排污单位
	粪大肠菌群数	季度	半年	
渗滤液处理系统出口	总汞、总镉、总铬、六价铬、总砷、总铅	月	季度	适用于所有排污单位
	磷酸盐、硫化物、氰化物、硫酸盐、氯化物、石油类、总镍、总铜、总锰	月	季度	仅适用于危险废物焚烧排污单位
处理车间废水排放口	总汞、总镉、总铬、六价铬、总砷、总铅、总镍、总银	月	季度	仅适用于危险废物焚烧排污单位
生活污水排放口	流量、pH、化学需氧量、氨氮、总磷、总氮、悬浮物、五日生化需氧量、动植物油	季度	—	适用于所有排污单位
雨水排放口	pH、化学需氧量、悬浮物	日[c]		适用于所有排污单位
	总汞、总镉、总铬、六价铬、总砷、总铅			适用于危险废物焚烧排污单位

注 1:设区的市级及以上生态环境主管部门明确要求安装自动监测设备的污染物指标,须采取自动监测;

注 2:监测结果超标的,应增加相应指标的监测频次;

注 3:废水回用排污单位回用水每半年开展一次监测,环境影响评价文件及批复有要求的,从严执行;监测点位及监测指标按环境影响评价文件及批复执行

注:a 水环境质量中总磷实施总量控制区域,总磷须采取自动监测;

b 水环境质量中总氮实施总量控制区域,总氮最低监测频次按日执行,待自动监测技术规范发布后,须采取自动监测;

c 雨水排放口有流动水排放时按日监测,如监测一年无异常情况,可放宽至每季度开展一次监测

2. 废气排放监测

(1) 有组织废气排放

排污单位有组织废气排放监测点位、监测指标及最低监测频次按照表5-4执行。

表5-4　有组织废气排放监测点位、监测指标及最低监测频次

排污单位类型	监测点位	监测指标	监测频次
生活垃圾焚烧排污单位	焚烧炉	炉膛内焚烧温度	自动监测
	焚烧炉排气筒	流量、颗粒物、氮氧化物、二氧化硫、氯化氢、一氧化碳	自动监测
		二噁英类	半年(季[a])
		汞及其化合物,镉、铊及其化合物,锑、砷、铅、铬、钴、铜、锰、镍及其化合物	月
	贮存预处理车间排气筒	颗粒物、硫化氢、氨、臭气浓度[b]	季度
	渗滤液处理站排气筒	硫化氢、氨、臭气浓度[b]	季度
	脱硫剂储仓排气筒	颗粒物	年
	水泥仓排气筒	颗粒物	年
	活性炭原料仓排气筒	颗粒物	年

注:废气监测须按照相应监测分析方法、技术规范同步监测废气排放参数

注:a 如出现超标,则加密至每季度监测一次,连续4个季度稳定达标后,可恢复每半年监测一次;排放标准或地方环境管理有更高要求的,从其规定;

b 根据环境影响评价文件及其批复以及原辅用料、生产工艺等,确定是否监测其他臭气污染物

(2) 无组织废气排放

固体废物焚烧排污单位无组织废气排放监测点位设置应遵循HJ 819—2017中的原则,其排放监测点位、监测指标及最低监测频次按照表5-5执行。

表5-5　无组织废气排放监测点位、监测指标及最低监测频次

排污单位类型	监测点位	监测指标	监测频次
生活垃圾焚烧排污单位	厂界	硫化氢、氨、臭气浓度[a]、颗粒物、挥发性有机物、其他特征污染物	季度

注1:若周边有环境敏感点或监测结果超标的,应适当增加监测频次;

注2:无组织废气监测须同步监测气象参数

注:a 根据环境影响评价文件及其批复以及原辅用料、生产工艺等,确定是否监测其他臭气污染物

3. 固体废物监测

固体废物焚烧排污单位固体废物监测点位、监测指标及最低监测频次按照表5-6执行。

表5-6 固体废物监测点位、监测指标及最低监测频次

监测点位	监测指标	监测频次	备注
飞灰固化物[a]	含水率、浸出液[b]	月	—
	二噁英类	半年	进入生活垃圾填埋场处置须监测
焚烧炉渣	热灼减率[c]	月	—

注:a 飞灰采取外委处置的生活垃圾焚烧排污单位,可不对飞灰固化物开展自行监测;
b 根据环境影响评价文件及批复以及飞灰最终去向,确定具体浸出液污染物项目;
c 应按焚烧炉分别开展监测

4. 厂界环境噪声监测

厂界环境噪声监测点位设置应遵循HJ 819—2017中的原则,应主要考虑风机、水泵、破碎机、锅炉排汽、空气压缩机、出渣机、真空泵、曝气设备等强噪声设备在厂区内的分布情况。厂界环境噪声监测点位和监测频次按照表5-7执行。

表5-7 厂界噪声监测点位、监测指标及最低监测频次

监测点位	监测指标	监测频次	备注
企业厂界四周	等效连续A声级	季度	适用于所有排污单位

5. 周边环境质量影响监测

环境影响评价文件及其批复或其他环境管理政策有明确要求的,按要求执行。无明确要求的,排污单位可根据实际情况对周边水、土壤、环境空气质量开展监测。对于废水直接排入地表水、海水的排污单位,可按照《环境影响评价技术导则 地表水环境》(HJ 2.3—2018)、《地表水和污水监测技术规范》(HJ/T 91—2002)、《近岸海域环境监测技术规范》(HJ 442—2008)及受纳水体环境管理要求设置监测断面和监测点位;开展环境空气、地下水、土壤监测的排污单位,可按照《环境影响评价技术导则 大气环境》(HJ 2.2—2018)、《环境影响评价技术导则 地下水环境》(HJ 610—2016)、《地下水环境监测技术规范》(HJ 164—2020)、《土壤环境监测技术规范》(HJ/T 166—2004)及环境空气、地下水、土壤环境管理要求设置监测点位。监测指标及最低监测频次按照表5-8执行。

表 5-8　周边环境质量影响监测指标及最低监测频次

目标环境		监测指标	监测频次	备注
环境空气		氨、硫化氢、臭气浓度[a]、二噁英类、其他特征污染物[b]	年	适用于所有排污单位
地表水		pH、悬浮物、化学需氧量、五日生化需氧量、总磷、溶解氧、氨氮、氯化物、氟化物、硫酸盐、石油类、铜、铅、锌、砷、铬、镉、汞、镍、粪大肠菌群等	年	适用于废水直接排入地表水的排污单位
海水		pH、化学需氧量、五日生化需氧量、溶解氧、活性磷酸盐、无机氮、动植物油等	年	适用于废水直接排入海水的排污单位
地下水		pH、总硬度、溶解性总固体、高锰酸盐指数、氨氮、硝酸盐、亚硝酸盐、硫酸盐、氯化物、挥发性酚类、氰化物、砷、汞、六价铬、铅、氟化物、镉、铁、锰、镍、铜、锌、粪大肠菌群、其他特征污染物[b]	年	适用于设填埋场的排污单位
土壤	建设用地	镉、汞、砷、铅、铬(六价)、铜、镍、二噁英类、其他特征污染物[b]	年	适用于所有排污单位
	农用地	pH、镉、汞、砷、铅、铬、铜、镍、锌、二噁英类、其他特征污染物[b]	年	适用于所有排污单位
敏感点噪声		等效连续 A 声级	年	适用于所有排污单位

注:监测须按照相应监测分析方法、技术规范同步监测相关参数

注:a 根据环境影响评价文件及其批复以及原辅用料、生产工艺等,确定是否监测其他臭气污染物;
b 见 GB 3095—2012、HJ 2.2—2018、GB 15618—2018 和 GB 36600—2018 所列污染物,根据排放标准及处置固体废物种类等实际生产情况,确定具体污染物项目

6. 其他要求

除表 5-3 至表 5-8 中的污染物指标外,以下污染物指标也应纳入监测指标范围,并参照表 5-3 至表 5-8 和《排污单位自行监测技术指南 总则》(HJ 819—2017)确定监测频次。

(1) 排污许可证、所执行的污染物排放(控制)标准、环境影响评价文件及其批复[仅限 2015 年 1 月 1 日(含)后取得环境影响评价批复的排污单位]、相关环境管理规定明确要求的污染物指标。

(2) 排污单位根据生产过程的原辅用料、生产工艺、中间及最终产品类型、

监测结果确定实际排放的，在国家有毒有害物名录中或优先控制污染物相关名录中的污染物指标，或其他有毒污染物指标。

各指标的监测频次在满足本标准的基础上，可根据 HJ 819—2017 中监测频次的确定原则提高监测频次。

采样方法、监测分析方法、监测质量保证与质量控制等按照 HJ 819—2017 执行。

排气筒中大气污染物监测期间，焚烧炉系统应处于正常的运行状态，生产负荷和运行状况应与日常生产负荷一致。

监测方案的编写、变更按照 HJ 819—2017 执行。

5.3.3 监测质量保证与质量控制

排污单位应建立并实施质量保证与控制措施方案，以保证自行监测数据的质量。

1. 建立质量体系

排污单位应根据本单位自行监测的工作需求，设置监测机构，梳理监测方案制定、样品采集、样品分析、监测结果报出、样品留存、相关记录的保存等监测的各个环节，为保证监测工作质量应制定的工作流程、管理措施与监督措施，建立自行监测质量体系。

质量体系应包括对以下内容的具体描述：监测机构、人员、出具监测数据所需仪器设备、监测辅助设施和实验室环境、监测方法技术能力验证，监测活动质量控制与质量保证等。

委托其他有资质的检（监）测机构代其开展自行监测的，排污单位不用建立监测质量体系，但应对检（监）测机构的资质进行确认。

2. 监测机构

监测机构应具有与监测任务相适应的技术人员、仪器设备和实验室环境，明确监测人员和管理人员的职责、权限和相互关系，有适当的措施和程序保证监测结果准确可靠。

3. 监测人员

应配备数量充足、技术水平满足工作要求的技术人员，规范监测人员录用、培训教育和能力确认/考核等活动，建立人员档案，并对监测人员实施监督和管理，规避人员因素对监测数据正确性和可靠性的影响。

4. 监测设施和环境

根据仪器使用说明书、监测方法和规范等的要求，配备必要的如除湿机、空调、干湿度温度计等辅助设施，以使监测工作场所条件得到有效控制。

5. 监测仪器设备和实验试剂

应配备数量充足、技术指标符合相关监测方法要求的各类监测仪器设备、标准物质和实验试剂。

监测仪器性能应符合相应方法标准或技术规范要求，根据仪器性能实施自校准或者检定/校准、运行和维护、定期检查。

标准物质、试剂、耗材的购买和使用情况应建立台账予以记录。

6. 监测方法技术能力验证

应组织监测人员按照其所承担监测指标的方法步骤开展实验活动，测试方法的检出浓度、校准(工作)曲线的相关性、精密度和准确度等指标，实验结果满足方法相应的规定以后，方可确认该人员实际操作技能满足工作需求，能够承担测试工作。

7. 监测质量控制

编制监测工作质量控制计划，选择与监测活动类型和工作量相适应的质控方法，包括使用标准物质、采用空白试验、平行样测定、加标回收率测定等，定期进行质控数据分析。

8. 监测质量保证

按照监测方法和技术规范的要求开展监测活动，若存在相关标准规定不明确但又影响监测数据质量的活动，可编写《作业指导书》予以明确。

编制工作流程等相关技术规定，规定任务下达和实施，分析用仪器设备购买、验收、维护和维修，监测结果的审核签发、监测结果录入发布等工作的责任人和完成时限，确保监测各环节无缝衔接。

设计记录表格，对监测过程的关键信息予以记录并存档。

定期对自行监测工作开展的时效性、自行监测数据的代表性和准确性、管理部门检查结论和公众对自行监测数据的反馈等情况进行评估，识别自行监测存在的问题，及时采取纠正措施。管理部门执法监测与排污单位自行监测数据不一致的，以管理部门执法监测结果为准，作为判断污染物排放是否达标、自动监测设施是否正常运行的依据。

5.3.4　信息记录和报告

1. 信息记录

(1) 手工监测的记录

采样记录：采样日期、采样时间、采样点位、混合取样的样品数量、采样器名称、采样人姓名等。

样品保存和交接：样品保存方式、样品传输交接记录。

样品分析记录：分析日期、样品处理方式、分析方法、质控措施、分析结果、分析人姓名等。

质控记录：质控结果报告单。

（2）自动监测运维记录

包括自动监测系统运行状况、系统辅助设备运行状况、系统校准、校验工作等；仪器说明书及相关标准规范中规定的其他检查项目；校准、维护保养、维修记录等。

（3）生产和污染治理设施运行状况

记录监测期间企业及各主要生产设施（至少涵盖废气主要污染源相关生产设施）运行状况（包括停机、启动情况）、产品产量、主要原辅料使用量、取水量、主要燃料消耗量、燃料主要成分、污染治理设施主要运行状态参数、污染治理主要药剂消耗情况等。日常生产中上述信息也需整理成台账保存备查。

（4）固体废物（危险废物）产生与处理状况

记录监测期间各类固体废物和危险废物的产生量、综合利用量、处置量、贮存量、倾倒丢弃量，危险废物还应详细记录其具体去向。

2. 信息报告

排污单位应编写自行监测年度报告，年度报告至少应包含以下内容：

监测方案的调整变化情况及变更原因；

企业及各主要生产设施（至少涵盖废气主要污染源相关生产设施）全年运行天数，各监测点、各监测指标全年监测次数、超标情况、浓度分布情况；

按要求开展的周边环境质量影响状况监测结果；

自行监测开展的其他情况说明；

排污单位实现达标排放所采取的主要措施。

3. 应急报告

监测结果出现超标的，排污单位应加密监测，并检查超标原因。短期内无法实现稳定达标排放的，应向环境保护主管部门提交事故分析报告，说明事故发生的原因，采取减轻或防止污染的措施，以及今后的预防及改进措施等；若因发生事故或者其他突发事件，排放的污水可能危及城镇排水与污水处理设施安全运行的，应当立即采取措施消除危害，并及时向城镇排水主管部门和环境保护主管部门等有关部门报告。

4. 信息公开

排污单位自行监测信息公开内容及方式按照《企业事业单位环境信息公开

办法》(环境保护部令 第 31 号)及《国家重点监控企业自行监测及信息公开办法(试行)》(环发〔2013〕81 号)执行。非重点排污单位的信息公开要求由地方环境保护主管部门确定。

5.4　应急管理要求

工程建设项目因面临高度不确定的内外部因素,导致在工程建设过程中极易发生突发事件,工程建设项目突发事件往往会给社会、企业造成不同程度的人员伤亡和经济损失。因此,在突发事件发生后如何在最短的时间内运用最低的成本控制事故,减少人员伤亡、经济损失的应急管理显得尤为重要。本节针对《企业突发环境事件风险评估指南(试行)》、《突发环境事件应急管理办法》以及《江苏省生态环境厅突发环境事件应急预案》进行解读,以阐明生活垃圾焚烧工程中所涉及的应急管理要求。

5.4.1　《企业突发环境事件风险评估指南(试行)》

为贯彻落实《突发事件应急预案管理办法》(国办发〔2013〕101 号),2014 年 4 月 3 日,环境保护部办公厅印发《企业突发环境事件风险评估指南(试行)》(环办〔2014〕34 号),要求各相关单位结合各地实际,参照执行。以下为该指南的主要内容:

1. 环境风险评估的一般要求

有下列情形之一的,企业应当及时划定或重新划定本企业环境风险等级,编制或修订本企业的环境风险评估报告:

(1) 未划定环境风险等级或划定环境风险等级已满三年的;

(2) 涉及环境风险物质的种类或数量、生产工艺过程与环境风险防范措施或周边可能受影响的环境风险受体发生变化,导致企业环境风险等级变化的;

(3) 发生突发环境事件并造成环境污染的;

(4) 有关企业环境风险评估标准或规范性文件发生变化的。

企业可以自行编制环境风险评估报告,也可以委托相关专业技术服务机构编制。新、改、扩建相关项目的环境影响评价报告中的环境风险评价内容,可作为所属企业编制环境风险评估报告的重要内容。

2. 环境风险评估的程序

企业环境风险评估,按照资料准备与环境风险识别、可能发生突发环境事件及其后果分析、现有环境风险防控和环境应急管理差距分析、制定完善环境风险防控和应急措施的实施计划、划定突发环境事件风险等级五个步骤实施。

3. 环境风险评估的内容

在收集相关资料的基础上，开展环境风险识别。环境风险识别对象包括：企业基本信息；周边环境风险受体；涉及环境风险物质和数量；生产工艺；安全生产管理；环境风险单元及现有环境风险防控与应急措施；现有应急资源等。

企业基本信息应列表说明下列内容：

(1) 单位名称、组织机构代码、法定代表人、单位所在地、中心经度、中心纬度、所属行业类别、建厂年月、最新改扩建年月、主要联系方式、企业规模、厂区面积、从业人数等（如为子公司，还需列明上级公司名称和所属集团公司名称）；

(2) 地形、地貌（如在泄洪区、河边、坡地）、气候类型、年风向玫瑰图、历史上曾经发生过的极端天气情况和自然灾害情况（如地震、台风、泥石流、洪水等）；

(3) 环境功能区划情况以及最近一年地表水、地下水、大气、土壤环境质量现状。

现有应急资源，是指第一时间可以使用的企业内部应急物资、应急装备和应急救援队伍情况，以及企业外部可以请求援助的应急资源，包括与其他组织或单位签订应急救援协议或互救协议情况等。应急物资主要包括处理、消解和吸收污染物（泄漏物）的各种絮凝剂、吸附剂、中和剂、解毒剂、氧化还原剂等；应急装备主要包括个人防护装备、应急监测能力、应急通信系统、电源（包括应急电源）、照明等。按应急物资、装备和救援队伍，分别列表说明下列内容：名称、类型（指物资、装备或队伍）、数量（或人数）、有效期（指物资）、外部供应单位名称、外部供应单位联系人、外部供应单位联系电话等。

收集国内外同类企业突发环境事件资料应列表说明下列内容：年份日期、地点、装置规模、引发原因、物料泄漏量、影响范围、采取的应急措施、事件损失、事件对环境及人造成的影响等。

提出所有可能发生突发环境事件情景：

(1) 火灾、爆炸、泄漏等生产安全事故及可能引起的次生、衍生厂外环境污染及人员伤亡事故（例如，因生产安全事故导致有毒有害气体扩散出厂界，消防水、物料泄漏物及反应生成物，从雨水排口、清净下水排口、污水排口、厂门或围墙排出厂界，污染环境等）；

(2) 环境风险防控设施失灵或非正常操作（如雨水阀门不能正常关闭，化工行业火炬意外灭火）；

(3) 非正常工况（如开、停车等）；

（4）污染治理设施非正常运行；

（5）违法排污；

（6）停电、断水、停气等；

（7）通信或运输系统故障；

（8）各种自然灾害、极端天气或不利气象条件；

（9）其他可能的情景。

对可能造成地表水、地下水和土壤污染的，分析环境风险物质从释放源头（环境风险单元），经厂界内到厂界外，最终影响到环境风险受体的可能性、释放条件、排放途径，涉及环境风险与应急措施的关键环节，需要应急物资、应急装备和应急救援队伍情况。对于可能造成大气污染的，依据风向、风速等分析环境风险物质少量泄漏和大量泄漏情况下，白天和夜间可能影响的范围，包括事故发生点周边的紧急隔离距离、事故发生地下风向人员防护距离。

4. 现有环境风险防控与应急措施差距分析

环境风险管理制度：

（1）环境风险防控和应急措施制度是否建立，环境风险防控重点岗位的责任人或责任机构是否明确，定期巡检和维护责任制度是否落实；

（2）环评及批复文件的各项环境风险防控和应急措施要求是否落实；

（3）是否经常对职工开展环境风险和环境应急管理宣传和培训；

（4）是否建立突发环境事件信息报告制度，并有效执行。

环境风险防控与应急措施：

（1）是否在废气排放口、废水、雨水和清洁下水排放口对可能排出的环境风险物质，按照物质特性、危害，设置监视、控制措施，分析每项措施的管理规定、岗位职责落实情况和措施的有效性；

（2）是否采取防止事故排水、污染物等扩散、排出厂界的措施，包括截流措施、事故排水收集措施、清净下水系统防控措施、雨水系统防控措施、生产废水处理系统防控措施等，分析每项措施的管理规定、岗位职责落实情况和措施的有效性；

（3）涉及毒性气体的，是否设置毒性气体泄漏紧急处置装置，是否已布置生产区域或厂界毒性气体泄漏监控预警系统，是否有提醒周边公众紧急疏散的措施和手段等，分析每项措施的管理规定、岗位责任落实情况和措施的有效性。

环境应急资源：

（1）是否配备必要的应急物资和应急装备（包括应急监测）；

（2）是否已设置专职或兼职人员组成的应急救援队伍；

（3）是否与其他组织或单位签订应急救援协议或互救协议（包括应急物资、应急装备和救援队伍等情况）。

针对上述排查的每一项差距和隐患，根据其危害性、紧迫性和治理时间的长短，提出需要完成整改的期限，分别按短期（3个月以内）、中期（3～6个月）和长期（6个月以上）列表说明需要整改的项目内容，包括：整改涉及的环境风险单元，环境风险物质，目前存在的问题（环境风险管理制度、环境风险防控与应急措施、应急资源），可能影响的环境风险受体。

5. 完善环境风险防控与应急措施的实施计划

针对需要整改的短期、中期和长期项目，分别制定完善环境风险防控和应急措施的实施计划。实施计划应明确环境风险管理制度、环境风险防控措施、环境应急能力建设等内容，逐项制定加强环境风险防控措施和应急管理的目标、责任人及完成时限。每完成一次实施计划，都应将计划完成情况登记建档备查。对于因外部因素致使企业不能排除或完善的情况，如环境风险受体的距离和防护等问题，应及时向所在地县级以上人民政府及其有关部门报告，并配合采取措施消除隐患。

6. 划定企业环境风险等级

完成短期、中期或长期的实施计划后，应及时修订突发环境事件应急预案，并按照附录A划定或重新划定企业环境风险等级，并记录等级划定过程，包括：

（1）计算所涉及环境风险物质数量与其临界量比值（Q）；

（2）逐项计算工艺过程与环境风险控制水平值（M），确定工艺过程与环境风险控制水平；

（3）判断企业周边环境风险受体是否符合环评及批复文件的卫生或大气防护距离要求，确定环境风险受体类型（E）；

（4）确定企业环境风险等级，按要求表征级别。

企业突发环境事件风险等级划分方法详见《企业突发环境事件风险评估指南（试行）》附录A。

5.4.2 《突发环境事件应急管理办法》

为加强和规范环境应急管理工作，环境保护部出台了一系列文件，基本涵盖了环境应急管理的全过程。新修订的《环境保护法》用完整独立的“第四十七条”共四款，对环境应急管理工作进行了全面、系统的规定，明确要求各级政府及其有关部门和企业事业单位，要做好突发环境事件的风险控制、应急准备、应急处置和事后恢复等工作。《突发事件应对法》对突发事件预防、应急准备、监测与预警、应急处置与救援、事后恢复与重建等环节作了全面、综合、基础性的规定。

《突发环境事件应急管理办法》(以下简称《办法》)于2015年3月19日由环境保护部部务会审议通过，以环境保护部令第34号印发公布，自2015年6月5日起施行。《办法》进一步明确环保部门和企业事业单位在突发环境事件应急管理工作中的职责定位，从风险控制、应急准备、应急处置和事后恢复等4个环节构建全过程突发环境事件应急管理体系，规范工作内容，理顺工作机制，并根据突发事件应急管理的特点和需求，设置了信息公开专章，充分发挥舆论宣传和媒体监督作用。

《突发环境事件应急管理办法》的主要内容如下：

第一章总则。主要规定了适用范围和管理体制。

各级环境保护主管部门和企业事业单位组织开展的突发环境事件风险控制、应急准备、应急处置、事后恢复等工作，适用本办法。

本办法所称突发环境事件，是指由于污染物排放或者自然灾害、生产安全事故等因素，导致污染物或者放射性物质等有毒有害物质进入大气、水体、土壤等环境介质，突然造成或者可能造成环境质量下降，危及公众身体健康和财产安全，或者造成生态环境破坏，或者造成重大社会影响，需要采取紧急措施予以应对的事件。

突发环境事件按照事件严重程度，分为特别重大、重大、较大和一般四级。

突发环境事件应急管理工作坚持预防为主、预防与应急相结合的原则。

突发环境事件应对，应当在县级以上地方人民政府的统一领导下，建立分类管理、分级负责、属地管理为主的应急管理体制。

县级以上环境保护主管部门应当在本级人民政府的统一领导下，对突发环境事件应急管理日常工作实施监督管理，指导、协助、督促下级人民政府及其有关部门做好突发环境事件应对工作。

县级以上地方环境保护主管部门应当按照本级人民政府的要求，会同有关部门建立健全突发环境事件应急联动机制，加强突发环境事件应急管理。

相邻区域地方环境保护主管部门应当开展跨行政区域的突发环境事件应急合作，共同防范、互通信息，协力应对突发环境事件。

企业事业单位应当按照相关法律法规和标准规范的要求，履行下列义务：

（一）开展突发环境事件风险评估；

（二）完善突发环境事件风险防控措施；

（三）排查治理环境安全隐患；

（四）制定突发环境事件应急预案并备案、演练；

（五）加强环境应急能力保障建设。

发生或者可能发生突发环境事件时，企业事业单位应当依法进行处理，并对所造成的损害承担责任。

环境保护主管部门和企业事业单位应当加强突发环境事件应急管理的宣传和教育，鼓励公众参与，增强防范和应对突发环境事件的知识和意识。

第二章风险控制。一是规定了企业事业单位突发环境事件风险评估、风险防控措施以及隐患排查治理的要求。二是规定了环境保护主管部门区域环境风险评估以及对环境风险防范和隐患排查的监督管理责任。

企业事业单位应当按照国务院环境保护主管部门的有关规定开展突发环境事件风险评估，确定环境风险防范和环境安全隐患排查治理措施。

企业事业单位应当按照环境保护主管部门的有关要求和技术规范，完善突发环境事件风险防控措施。

前款所指的突发环境事件风险防控措施，应当包括有效防止泄漏物质、消防水、污染雨水等扩散至外环境的收集、导流、拦截、降污等措施。

企业事业单位应当按照有关规定建立健全环境安全隐患排查治理制度，建立隐患排查治理档案，及时发现并消除环境安全隐患。

对于发现后能够立即治理的环境安全隐患，企业事业单位应当立即采取措施，消除环境安全隐患。对于情况复杂、短期内难以完成治理，可能产生较大环境危害的环境安全隐患，应当制定隐患治理方案，落实整改措施、责任、资金、时限和现场应急预案，及时消除隐患。

县级以上地方环境保护主管部门应当按照本级人民政府的统一要求，开展本行政区域突发环境事件风险评估工作，分析可能发生的突发环境事件，提高区域环境风险防范能力。

县级以上地方环境保护主管部门应当对企业事业单位环境风险防范和环境安全隐患排查治理工作进行抽查或者突击检查，将存在重大环境安全隐患且整治不力的企业信息纳入社会诚信档案，并可以通报行业主管部门、投资主管部门、证券监督管理机构以及有关金融机构。

第三章应急准备。一是规定了企业事业单位、环境保护主管部门应急预案的管理要求。二是规定了环境污染预警机制、突发环境事件信息收集系统、应急值守制度等。三是规定了企业事业单位环境应急培训、环境应急队伍、能力建设以及环境应急物资保障。

企业事业单位应当按照国务院环境保护主管部门的规定，在开展突发环境事件风险评估和应急资源调查的基础上制定突发环境事件应急预案，并按照分类分级管理的原则，报县级以上环境保护主管部门备案。

县级以上地方环境保护主管部门应当根据本级人民政府突发环境事件专项应急预案，制定本部门的应急预案，报本级人民政府和上级环境保护主管部门备案。

突发环境事件应急预案制定单位应当定期开展应急演练，撰写演练评估报告，分析存在问题，并根据演练情况及时修改完善应急预案。

环境污染可能影响公众健康和环境安全时，县级以上地方环境保护主管部门可以建议本级人民政府依法及时公布环境污染公共监测预警信息，启动应急措施。

县级以上地方环境保护主管部门应当建立本行政区域突发环境事件信息收集系统，通过“12369”环保举报热线、新闻媒体等多种途径收集突发环境事件信息，并加强跨区域、跨部门突发环境事件信息交流与合作。

县级以上地方环境保护主管部门应当建立健全环境应急值守制度，确定应急值守负责人和应急联络员并报上级环境保护主管部门。

企业事业单位应当将突发环境事件应急培训纳入单位工作计划，对从业人员定期进行突发环境事件应急知识和技能培训，并建立培训档案，如实记录培训的时间、内容、参加人员等信息。

县级以上环境保护主管部门应当定期对从事突发环境事件应急管理工作的人员进行培训。

省级环境保护主管部门以及具备条件的市、县级环境保护主管部门应当设立环境应急专家库。

县级以上地方环境保护主管部门和企业事业单位应当加强环境应急处置救援能力建设。

县级以上地方环境保护主管部门应当加强环境应急能力标准化建设，配备应急监测仪器设备和装备，提高重点流域区域水、大气突发环境事件预警能力。

县级以上地方环境保护主管部门可以根据本行政区域的实际情况，建立环境应急物资储备信息库，有条件的地区可以设立环境应急物资储备库。

企业事业单位应当储备必要的环境应急装备和物资，并建立完善相关管理制度。

第四章应急处置。主要明确了企业事业单位和环境保护主管部门的响应职责。一是规定了企业的先期处置和协助处置责任。二是规定了环境保护主管部门在应急响应时的信息报告、跨区域通报、排查污染源、应急监测、提出处置建议等职责。三是规定了应急终止的条件。

企业事业单位造成或者可能造成突发环境事件时，应当立即启动突发环境事件应急预案，采取切断或者控制污染源以及其他防止危害扩大的必要措施，及时通报可能受到危害的单位和居民，并向事发地县级以上环境保护主管部门报告，接受调查处理。

应急处置期间，企业事业单位应当服从统一指挥，全面、准确地提供本单位与应急处置相关的技术资料，协助维护应急现场秩序，保护与突发环境事件相关的各项证据。

获知突发环境事件信息后，事件发生地县级以上地方环境保护主管部门应当按照《突发环境事件信息报告办法》规定的时限、程序和要求，向同级人民政府和上级环境保护主管部门报告。

突发环境事件已经或者可能涉及相邻行政区域的，事件发生地环境保护主管部门应当及时通报相邻区域同级环境保护主管部门，并向本级人民政府提出向相邻区域人民政府通报的建议。

获知突发环境事件信息后，县级以上地方环境保护主管部门应当立即组织排查污染源，初步查明事件发生的时间、地点、原因、污染物质及数量、周边环境敏感区等情况。

获知突发环境事件信息后，县级以上地方环境保护主管部门应当按照《突发环境事件应急监测技术规范》开展应急监测，及时向本级人民政府和上级环境保护主管部门报告监测结果。

应急处置期间，事发地县级以上地方环境保护主管部门应当组织开展事件信息的分析、评估，提出应急处置方案和建议报本级人民政府。

突发环境事件的威胁和危害得到控制或者消除后，事发地县级以上地方环境保护主管部门应当根据本级人民政府的统一部署，停止应急处置措施。

第五章事后恢复。规定了总结及持续改进、损害评估、事后调查、恢复计划等职责。

应急处置工作结束后，县级以上地方环境保护主管部门应当及时总结、评估应急处置工作情况，提出改进措施，并向上级环境保护主管部门报告。

县级以上地方环境保护主管部门应当在本级人民政府的统一部署下，组织开展突发环境事件环境影响和损失等评估工作，并依法向有关人民政府报告。

县级以上环境保护主管部门应当按照有关规定开展事件调查，查清突发环境事件原因，确认事件性质，认定事件责任，提出整改措施和处理意见。

县级以上地方环境保护主管部门应当在本级人民政府的统一领导下，参与制定环境恢复工作方案，推动环境恢复工作。

第六章信息公开。规定了企业事业单位相关信息公开、应急状态时信息发布、环保部门相关信息公开。

企业事业单位应当按照有关规定，采取便于公众知晓和查询的方式公开本单位环境风险防范工作开展情况、突发环境事件应急预案及演练情况、突发环境事件发生及处置情况，以及落实整改要求情况等环境信息。

突发环境事件发生后，县级以上地方环境保护主管部门应当认真研判事件影响和等级，及时向本级人民政府提出信息发布建议。履行统一领导职责或者组织处置突发事件的人民政府，应当按照有关规定统一、准确、及时发布有关突发事件事态发展和应急处置工作的信息。

县级以上环境保护主管部门应当在职责范围内向社会公开有关突发环境事件应急管理的规定和要求，以及突发环境事件应急预案及演练情况等环境信息。

县级以上地方环境保护主管部门应当对本行政区域内突发环境事件进行汇总分析，定期向社会公开突发环境事件的数量、级别，以及事件发生的时间、地点、应急处置概况等信息。

第七章罚则。规定了污染责任人相关处罚规定。

第八章附则。主要明确《办法》的解释权和实施日期。

《办法》的主要特点一是从全过程角度系统规范突发环境事件应急管理工作。近年来，在各级政府、环保部门以及有关方面的共同努力下，突发环境事件应急管理工作有了长足的进步，但是仍然存在不系统、不规范的问题。《办法》在总结各地环境应急管理实践经验的基础上，以新《环境保护法》"第四十七条"为依据，从事前、事中、事后全面系统地规范突发环境事件应急管理工作，从根本上解决突发环境事件应急管理"管什么"和"怎么管"的问题。

二是构建了突发环境事件应急管理基本制度。《办法》围绕环保部门和企业事业单位两个主体，构建了八项基本制度，分别是风险评估制度、隐患排查制度、应急预案制度、预警管理制度、应急保障制度、应急处置制度、损害评估制度、调查处理制度。这八项基本制度组成了突发环境事件应急管理工作的核心内容。

三是突出了企业事业单位的环境安全主体责任。企业事业单位应对本单位的环境安全承担主体责任，具体体现在日常管理和事件应对两个层次十项具体责任。在日常管理方面，企业事业单位应当开展突发环境事件风险评估、健全突发环境事件风险防控措施、排查治理环境安全隐患、制定突发环境事件应急预案并备案、演练、加强环境应急能力保障建设；在事件应对方面，企业事业单位应立即采取有效措施处理，及时通报可能受到危害的单位和居民，并向所在地环境保护主管部门报告、接受调查处理以及对所造成的损害依法承担责任。

四是明确了突发环境事件应急管理优先保障顺序。《办法》明确了突发环境事件应急管理的目的是预防和减少突发环境事件的发生及危害，规范相关工作，保障人民群众生命安全、环境安全和财产安全。《办法》将突发环境事件应急管理优先保障顺序确定为“生命安全”“环境安全”“财产安全”，突出强调了环境作为公共资源的特殊性和重要性，这也是《办法》的一大创新点。

五是依据部门规章的权限新设了部分罚则。对于发生突发环境事件并造成后果的，相关法律法规已有严格规定，但在风险防控和应急准备阶段，《环境保护法》和《中华人民共和国突发事件应对法》等有相关义务规定，但没有与之对应的责任规定或者规定不明。针对这项情况，《办法》依据部门规章的权限，针对部分情形设立警告及罚款。

5.4.3 《江苏省生态环境厅突发环境事件应急预案》

江苏省是经济大省、工业大省，工业企业众多、管理难度较大，因此，本书以江苏省管理要求为例，对地方的环境应急管理办法进行介绍。

2020 年 5 月 17 日，江苏省生态环境厅正式印发修订后的《江苏省生态环境厅突发环境事件应急预案》，该文件实现了预案的科学性和可操作性，完成了与省级应急预案的有效衔接，有五大亮点：“组织机构及职责”中完善了应急组织体系，调整了环境应急指挥机构的组成和职责；“监控预警”中完善了信息监控和预警措施；“信息报告”中增加了突发环境事件信息快报的要求，对涉及饮用水源地、重金属排放、敏感事件、群体事件等九类情况提出快报要求，并对信息报告内容作了具体规定；“应急响应”中根据事件严重程度和响应级别，明确了分级负责的职责与分工，除Ⅰ、Ⅱ级响应报请省政府启动外，突出了对Ⅲ、Ⅳ级的响应要求，其中Ⅲ级由厅负责同志带队、Ⅳ级由厅应急办负责同志带队迅速出动；针对机构改革和垂改特点，新增了各专员办、驻市环境监察室以及驻市环境监测中心的职责，突出了应急响应迅速有效的要求；突出专家组的作用。Ⅰ级、Ⅱ级响应需经专家研判作出，Ⅲ级或Ⅳ级应急响应由厅应急办组织研判，必要时邀请专家参加。

1. 监控预警

各级生态环境部门负责突发环境事件信息接收、报告、处理、统计分析和预警信息监控。按照早发现、早报告、早处置的原则，开展对环境信息、环境监测数据的综合分析、风险评估工作。加强对大气环境、水环境、危险化学品、危险废物、生物物种安全、全省风险源以及与突发环境事件有关的公共事件的信息监控。各级生态环境部门要加强与公安、消防等部门的联动，协调同级有关部门及时通报可能导致突发环境事件的信息，督促企业事业单位和其他生产经营者立即报告可能发生的突发环境事件信息。

按照突发环境事件严重性、紧急程度和可能影响的范围，突发环境事件的预警分为四级。预警级别由高到低，依次为红色、橙色、黄色和蓝色。预警级别的具体划分标准，按照生态环境部的规定执行。

对可以预警的突发环境事件，厅应急办组织专家会商研判后，提出预警发布初步建议，经厅应急领导小组批准后，向省政府提出红色、橙色预警发布建议。同时应采取下列措施：

(1) 向厅应急领导小组成员单位发出指令，做好参加应急响应工作的准备；

(2) 督促指导当地政府开展应急准备，及时调度事态进展情况；

(3) 协调应急所需物资和装备，指导帮助当地政府做好应急保障工作。

当可能发生或发生较大及以下突发环境事件时，设区市生态环境部门向本级政府提出相应预警发布建议。

根据事件事态发展，各级生态环境部门做好事件预警的调整、解除、建议工作，报本级人民政府批准后发布。

2. 信息报告

事发地生态环境部门在获知突发环境事件信息后，应当立即进行核实，对突发环境事件的性质和级别做出初步认定，并依照《突发环境事件信息报告办法》规定，上报事件信息。

事发地生态环境部门对突发事件信息应当立即进行快报，重大及以上事件信息，30 分钟内向厅应急办初报，以下事件信息在 2 小时内向厅应急办初报：

(1) 初判为一般及以上突发环境事件的；

(2) 因环境污染可能或已引发大规模群体性事件或重大舆情的；

(3) 可能或已经对居民聚集区、学校、医院等敏感区域和人群造成影响的；

(4) 含有汞、镉、砷、铬、铅、铊、锑、氰化物、黄磷等可溶性剧毒废渣向水体排放的；

(5) 威胁饮用水水源地安全的；

(6) 有毒有害气体泄漏影响人员安全的；

(7) 土壤污染造成大面积农作物、植物等死亡的；

(8) 境外因素导致或可能造成国际影响的境内突发环境事件；

(9) 影响较大的燃爆事件；

(10) 事发地生态环境部门认为有必要报告的。

其他突发环境事件信息，事发地生态环境部门应当在 4 小时内向厅应急办报告。

厅应急办接到报告后，对地方初判为特别重大或者重大突发环境事件的，立即向厅应急领导小组进行汇报，同时组织专家进行研判，经厅应急领导小组批准后，30分钟内报告省政府和生态环境部，并向省政府提出启动Ⅰ级、Ⅱ级应急响应建议；对地方初判为较大或一般突发环境事件的，由厅应急办组织研判，必要时邀请专家，及时向省政府和生态环境部报告，指导市、县(市、区)人民政府启动Ⅲ级或Ⅳ级应急响应。

突发环境事件报告分为快报、初报、续报和处理结果报告，报告中要包含事件处置的研判与是否启动应急响应的建议。快报主要采用电话、微信等方式，内容包括突发环境事件的发生时间、地点、信息来源、事件起因和性质等。初报应当报告突发环境事件的发生时间、地点、信息来源、事件起因和性质、基本过程、主要污染物和数量、环境质量监测数据、人员受害情况、饮用水水源地等环境敏感点受影响情况、事件发展趋势、处置情况、拟采取的措施以及下一步工作建议等初步情况，并提供可能受到突发环境事件影响的环境敏感点的分布示意图。续报应当在初报的基础上，完善初报中未提供信息，按上级生态环境部门规定的时限报告有关处置进展情况。处理结果报告应包括事件概述、处理突发环境事件的措施、过程和结果，突发环境事件潜在或者间接危害以及损失、社会影响、处理后的情况、责任追究等详细情况。

突发环境事件已经或者可能涉及邻省的，厅应急领导小组及时向邻省(市)生态环境部门通报情况，视情况提出请省政府向邻省(市)政府通报的建议。

3. 应急响应

根据突发环境事件发展事态，经专家会商研究，及时向省政府报告并提出启动Ⅰ级、Ⅱ级突发环境事件应急响应的建议。省政府启动Ⅰ级或Ⅱ级响应后，成立省环境应急指挥部，负责统筹协调、现场指挥、应急处置、督促指导等工作。

省环境应急指挥部下设综合协调、应急监测、污染处置、应急保障、医疗救治、新闻宣传、社会维稳、调查评估、应急专家等若干工作组。厅应急领导小组组建由相关处室(局)、直属单位组成的若干工作小组，并通知相关省直部门加入省环境应急指挥部工作组，参与突发环境事件应急处置。

(1) 厅综合协调小组加入省综合协调组

由应急中心牵头，办公室、宣教处等部门参与，配合省环境应急指挥部开展总体协调、工作指导、督办核查、沟通衔接、工作保障、有关会议安排、材料起草、信息汇总报送等工作。

(2) 厅应急监测小组加入省应急监测组

由监测处牵头，省监测中心、各驻市监测中心、设区市环境监测机构等部门参与，负责组织、部署与实施环境应急监测工作，及时向省环境应急指挥部报告监测结果，提出处置建议等，配合省环境应急指挥部统筹协调省应急监测组工作。

（3）厅污染处置小组加入省污染处置组

由相关要素处室、应急中心牵头，省环保集团公司，环科院等部门参与，负责指导地方政府开展污染源排查和切断工作，收集、核实现场应急处置信息等，配合省环境应急指挥部统筹协调省污染处置组工作。

（4）厅调查评估小组加入省调查评估组

由应急中心牵头，监察处、法规科技处、监测处、执法监督局、机关纪委、事发地专员办、环科院等部门参与，负责突发环境事件调查，委托开展环境污染损害评估，核实事件造成的损失情况等，配合省环境应急指挥部统筹协调省调查评估组工作。

（5）厅应急专家小组加入省应急专家组

由应急中心牵头，环科院参与，从环境应急专家库中选取应急专家，为省环境应急指挥部提供决策建议、专业咨询、理论指导和技术支持等，配合省环境应急指挥部统筹协调省应急专家组工作。

（6）其他工作组

根据省环境应急指挥部的要求，厅应急领导小组指派相关部门参加省应急保障组、医疗救治组、新闻宣传组、社会维稳组的相关工作。

设区市人民政府启动Ⅲ级应急响应后，厅应急领导小组根据工作需要和专家意见，派出由厅负责同志任组长，应急中心、执法监督局、事发地专员办、省监测中心和驻市监测中心、宣教中心等部门人员组成的工作组赶赴现场，必要时邀请环境应急专家加入。工作组到达现场后，督促指导地方人民政府开展污染源排查、应急处置、原因分析、应急监测、新闻宣传和舆论引导等工作，及时向厅应急领导小组报告事态发展，统筹协调相邻区域应急监测力量和物资，及时向省政府和生态环境部报告处置进展。

事发地人民政府启动Ⅳ级应急响应后，厅应急办根据工作需要，派出由厅应急办负责同志任组长，应急中心、执法监督局、事发地专员办、省监测中心或驻市监测中心等部门人员组成的工作组赶赴现场，必要时邀请环境应急专家加入。督促指导地方人民政府开展应急处置工作，及时向厅应急领导小组报告处置进展。

突发环境事件发生后，省、市生态环境部门根据工作需要和响应级别，配合相关部门做好转移安置人员、医疗救援、信息发布与舆论引导、维护社会稳定等工作，指导地方人民政府组织开展以下环境应急措施。

涉事企业事业单位或其他生产经营者要立即采取关闭、停产、封堵、围挡、喷淋、转移等措施，切断和控制污染源，防止污染蔓延扩散。提供现场相关信息，如生产工艺、风险物质、风险点位等；做好有毒有害物质和消防废水、废液等的收集、清理和安全处置工作。当涉事企业事业单位或其他生产经营者不明时，由当地生态环境部门组织对污染来源开展调查，查明涉事单位，确定污染物种类和污染范围，切断污染源。

事发地人民政府应组织制订综合治污方案，采用监测和模拟等手段追踪污染气体扩散途径和范围；确定周围环境敏感目标，采取措施减少环境损害；采取拦截、导流、疏浚等形式防止水体污染扩大；采取隔离、吸附、打捞、氧化还原、中和、沉淀、消毒、去污洗消、临时收贮、微生物消解、调水稀释、转移异地处置、临时改造污染处置工艺或临时建设污染处置工程等方法处置污染物。必要时，要求其他排污单位停产、限产、限排，减轻环境污染负荷。

加强大气、水体、土壤等应急监测工作，根据突发环境事件的污染物种类、性质以及当地自然、社会环境状况等，明确相应的应急监测方案及监测方法，确定监测的布点和频次，调配应急监测设备、车辆，及时准确监测，为突发环境事件应急决策提供依据。

当突发环境事件发生时，及时派请环境应急专家迅速对事件信息进行分析、评估，根据事件进展情况，对危害范围、发展趋势作出科学预测。专家组应参加环境事件现场处置、环境应急咨询工作，参与环境污染损害评估，并提供决策建议。指导协助地方政府做好环境应急物资保障和应急救援队伍协调工作。

当事件条件已经排除，污染物质已降至规定限值内，所造成的危害基本消除时，由启动应急响应的人民政府终止应急响应，并向上级人民政府报送突发环境事件处置情况报告。厅应急领导小组在人民政府终止应急响应后终止厅内应急响应。

4. *后期处置*

厅应急领导小组配合生态环境部、省政府开展重大及以上突发环境事件的调查处理，组织较大突发环境事件的调查处理，指导事发地设区市生态环境部门开展一般突发环境事件调查处理。受生态环境部委托调查的重大及以上突发环境事件调查组由厅主要负责同志任组长，厅分管环境应急工作负责同志任副组长；较大突发环境事件调查组由分管环境应急工作负责同志任组长，厅应急办主要负责同志任副组长。环境应急管理、环境监测、环境影响评价管理、环境执法等相关部门负责同志参加调查组。

突发环境事件处置完毕后，由应急中心牵头，就环境应急过程、现场各专业应急救援队伍的行动、应急救援行动的实际效果及产生的社会影响、公众反映等情况开展评估，60 日内形成总结报告或案例分析材料。

厅应急办指导地方生态环境部门在突发环境事件处置过程中，同步开展生态环境损害鉴定评估，制定评估工作方案，并在应急处置工作结束后，组织开展生态环境损害鉴定评估工作，评估结论作为事件调查处理、损害赔偿、环境修复和生态恢复重建的依据。

突发环境事件应急响应终止后，厅应急领导小组指导事发地人民政府根据本地区遭受损失的情况，及时组织制定生态环境恢复工作方案，开展生态环境恢复工作。

5. 应急保障

厅应急领导小组指导事发地人民政府强化环境应急救援队伍能力建设，提升突发环境事件应急监测能力，加强应急监测演练，构建“专常兼备、上下联动”的应急管理体制，建立专业化的突发环境事件应急救援队伍。

省、市生态环境部门制定环境应急物资储备计划，保障应急物资。突发环境事件应急处置和生态修复所需费用由事件责任单位承担。

省、市生态环境部门根据区域或流域环境风险防范需要，加强与相近、相邻地区生态环境主管部门的互动，健全风险防范和应急联动机制；加强多部门的联动机制建设，协同高效处置各类突发环境事件。

6. 预案、演练、培训和奖惩

厅应急办指导设区市生态环境部门编制突发环境事件应急预案，做好与省厅预案的衔接工作，突出预案的科学性、实用性、可操作性。设区市生态环境局突发环境事件应急预案发布后向厅应急办备案。

各级生态环境部门应根据本级人民政府突发环境事件应急预案，采取实战演练和桌面推演、专项演练和综合演练、区域性演练和全局性演练相结合的方法，适时开展突发环境事件应急演练。针对演练存在的问题，及时修订相关预案，全面提升环境应急管理水平。

各级生态环境部门应充分利用电视、报纸、互联网、手册等多形式向公众广泛开展突发环境事件应急法律法规宣传工作，加强对环境应急专业技术人员的日常培训和管理，培养一批训练有素的环境应急处置、执法、监测、宣传等专业人才。

对在突发环境事件应急工作中，有未按规定履行职责，处置措施不得力，工作中玩忽职守，失职、渎职等行为的，按照有关法律和规定处理。对在突发环境事件应急处理工作中反应迅速、措施妥当、贡献突出的先进集体和个人，应当予以表彰。

第六章 工程案例

本章以光大常州某城市生活垃圾焚烧工程为实例，简要介绍城市典型生活垃圾焚烧厂工艺系统和污染处理技术及工艺设备。该工程是国内唯一建在城镇中心区的生活垃圾焚烧发电项目，烟气排放指标全面达到了欧盟 2010 标准，渗滤液也全部达标处理后实现回用，在垃圾处理方面实现了“减量化、资源化、无害化”效益。

图 6-1 光大常州某城市生活垃圾焚烧工程航拍图

6.1 工程简介

该工程是中国光大环境(集团)有限公司采用 BOT 模式投资、建设与运营的常州市市政基础重点工程。公司位于常州市，项目由一期、二期提标改造项目组成，占地面积 75 亩[①]，经营范围包括焚烧处理城市生活垃圾，销售所产生的电

① 1 亩≈666.7 m^2

力、沼气、蒸汽、热水等。

项目一期投资总额为 4.125 6 亿元人民币，建设运营期为 25.5 年，建设规模为日处理生活垃圾 800 吨，年提供上网电量约 8 700 万千瓦时。于 2007 年 6 月 5 日开工建设，2008 年 11 月 1 日并网发电试运行，2008 年 11 月 20 日转入商业运行。生产工艺由比利时吉宝西格斯公司引进，关键设备均系国外引进设备，焚烧炉采用 2 台日处理垃圾 400 吨的具有国际领先水平的西格斯往复式机械炉排炉，配置 2 台蒸发量为 31.05 吨/小时的余热锅炉，1 台 12 兆瓦的汽轮发电机组，控制系统 DCS 采用上海新华控制技术集团科技有限公司的 NetPac 系统。原烟气处理工艺采用“脱硝＋半干法＋干法＋活性炭＋布袋除尘”的处理工艺，烟气排放全部达到欧盟 2010 标准。垃圾渗滤液处理系统采用先进“预处理＋UASB＋A/O＋超滤＋纳滤＋反渗透”工艺，日处理垃圾渗滤液 350 吨，水质达到《污水综合排放标准》一级。

二期提标改造项目投资总额为 1.397 8 亿元人民币，主要实施“超低排放＋厂界开放”提标改造工程。于 2019 年 9 月 28 日开工建设，2020 年 4 月 29 日新增烟气处理系统顺利通过“72＋24 h”试运行，采用新的“SNCR 炉内脱硝＋半干法＋干法＋活性炭吸附＋布袋除尘＋SGH＋SCR＋GGH＋湿法脱酸＋烟气脱白”烟气处理工艺，烟气达到超低排放要求。2020 年 7 月 8 日圆满完成“厂界开放”暨秋白书苑(遥观)启动仪式，正式全面对外开放，由“邻利工厂”变身为面向市民开放的“城市新客厅”。

6.2　垃圾焚烧发电系统

光大常州某城市生活垃圾焚烧工程建设两条日处理能力为 400 吨的垃圾焚烧线，配置一台单机额定发电容量为 12 MW(最大发电能力 15 MW)的凝汽式汽轮发电机组。该工程采用两路 35 kV 专用线路，发电机机端电压 10.5 kV，分别经两台主变压器升压至 35 kV 后接入电力系统变电站，与当地电力系统并网。

整个焚烧发电系统主要由垃圾预处理系统、垃圾焚烧系统、烟气净化系统及相关辅助系统组成。

采用焚烧法来处理城市生活垃圾在世界范围内已有几十年的历史。由于垃圾焚烧工艺技术受各个国家技术力量、经济实力以及各国垃圾特性的影响，产生了各种不同技术和工艺，但其最基本工艺技术组合形式大致是类似的。工艺流程如图 6-2 所示。

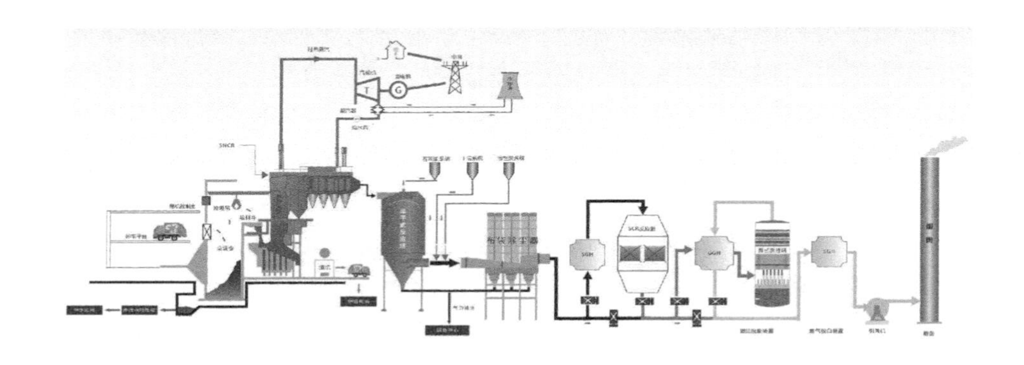

图 6-2 垃圾焚烧生产工艺流程图

6.2.1 垃圾预处理系统

垃圾预处理系统即垃圾运输、接受、存储、供给系统，主要过程为：垃圾车经称重后，进入垃圾卸料台，将垃圾卸入垃圾池；投入垃圾池的生活垃圾，经抓斗充分混合搅拌均质化后，送入垃圾料斗；垃圾料斗的垃圾经推料装置定量地供给焚烧炉内的干燥炉排；被送至干燥炉排的垃圾，干燥着火的同时被送往燃烧炉排进行焚烧。

垃圾运入厂，在车辆积载台称量后，经高架桥到达卸料平台，将垃圾投入密闭的垃圾坑储存；平台设置清洗设施，清洗水从排水沟流向排水槽。在平台的出入口设置气幕机，防止平台的异味散发。

坑内垃圾通过储留和抓斗搅拌混合，使待焚烧垃圾尽量除去渗滤液和调整均匀，提高垃圾的燃烧热值。渗滤液从倾斜的坑地汇集流入地下垃圾渗滤液槽，进渗滤液处理系统。

(1) 卸料台和卸料门

卸料台为室内高位布置，标高 10 m。卸料台进/出大门公用，设电动门及气幕机，以防止卸料区臭气外逸。卸料平台长 60.8 m，有效宽约 33 m，有足够的空间，确保车辆安全且顺畅地运行。

垃圾池共设 8 个卸料门，采用密闭式构造，以防止垃圾池内的粉尘、臭气扩散及苍蝇飞虫进入卸料台。

(2) 垃圾池

垃圾存储在垃圾池内，垃圾池净长约 46 m，净宽约 22.5 m，池底标高 −5 m，可储存垃圾约 15 525 m^3，约 7 天的垃圾焚烧量。垃圾池为钢筋混凝土结构，上方空间设有抽气系统，以控制臭味和甲烷气体的积聚，并使垃圾池保持微负压，所抽出的空气作为焚烧炉的一次燃烧空气。

（3）吊车和抓斗

在垃圾池的上方设置两台起重量 12.5 t、抓斗容量 8 m^3 的全自动液压抓斗起重机，用于垃圾的喂料、堆垛、移料和混料。

为便于汽车卸料作业，保证焚烧炉的正常运行，吊车采用全自动控制。

电动桥式吊车配有称重设备，并把重量读数传送到起重机控制室，当抓斗位于进料斗的上方时，对抓斗所抓垃圾进行称重。每次读数包括垃圾净重、进料位置和时间，每个进料斗配有各自的计数器。

6.2.2　垃圾焚烧系统

1. 焚烧炉

该工程选用国外进口的机械炉排焚烧炉，该炉排为阶梯式，是一种针对亚洲地区低热值、高水分生活垃圾而研制开发的技术，并且经过数十年的考验，在国内被广泛应用。

燃烧室由一部分空冷墙砖构造的主燃烧室和砖构造的二次燃烧室组成，并与自然循环式余热锅炉成为一体，形成自立式结构。

为防止炉墙表面由于燃烧温度高而产生结焦，焚烧炉侧墙的一部分设计成空冷墙构造，以有效降低炉墙表面温度抑制结焦。

采用不在焚烧炉排区域设置水冷壁，而在燃烧室上部敷设水冷壁的构造，无水冷壁的吸收热，以维持无助燃时炉内的温度。

燃烧室上部的水冷墙部分，其侧壁、前壁、炉顶部分为膜式结构(Membrane)，可防止空气的泄漏，并减少散热损失。

有关焚烧炉设计的总体思想：在完全燃烧的前提下有效控制和减少 NO_x、CO，防止二噁英类等有害物质的产生。二次空气，以 CO 完全燃烧为目的，采用将空气送入二次燃烧室入口，依燃烧状态于最佳位置送入。

焚烧炉运行参数见表 6-1。

表 6-1　焚烧炉运行参数

序号	设计内容		设计参数
1	处理能力	设计处理能力	500 t/d
		最大处理能力	550 t/d
2	垃圾设计低位热值		7 500 kJ/kg

续表

序号	设计内容	设计参数
3	垃圾低位热值适应范围	4 500～9 500 kJ/kg
4	炉排型式	全连续燃烧式炉排
5	运行负荷范围	60%～110%
6	年运行小时	≥8 000 小时
7	焚烧炉数量	2 台
8	全厂年处理能力	365 万 t
12	炉渣热灼减率	≤3%
13	焚烧烟气温度	≥850 ℃(停留时间＞2 s)

焚烧炉的燃烧部分由以下主要单元构成：

(1) 给料装置

进料斗位于焚烧炉的入口处，垃圾进入料斗后通过溜槽进入炉内给料平台，经给料炉排推入焚烧炉。垃圾料斗的形状能使垃圾顺畅滑行到给料炉排给料平台，以防止架桥发生。为了保证垃圾能靠自重顺利下落，并能维持炉膛的负压，溜槽有一定倾角和高度。此外，为防止溜槽堵塞，从进口到出口的尺寸逐渐增大，呈倒喇叭状，以利于垃圾的下落。溜槽采用双层结构，在外侧设有水套，在溜槽着火时限制溜槽温度的升高，同时可防止垃圾温度升高时与溜槽发生粘贴。溜槽内设置挡板，在垃圾焚烧炉启停炉时，对焚烧炉起到密封作用，以防止炉火反窜到给料斗内燃烧，同时可以作为解除垃圾架桥装置。为了监视进料斗中垃圾的料位情况，在每个进料斗的上方安装一个摄像头，以利于垃圾吊车操作人员进行监控。此外，料斗上装有喷淋灭火装置。

给料炉排位于溜槽的底部，保证定量、均匀地将垃圾送到焚烧炉排上。每台给料炉排装有四个液压推料机，垃圾通过给料炉排推入焚烧炉中。推料机构为液压驱动，由液压站提供动力。

(2) 炉排

炉排面由独立的多个炉瓦连接而成，炉排片上下重叠，一排固定，另一排运动，通过调整驱动机构，使炉排片交替运动，从而使垃圾得到充分的搅拌和翻滚，达到完全燃烧的目的，垃圾通过自身重力和炉排的推动力向前行进，直至排入渣斗。

炉排分为干燥段、燃烧段和燃烬段三部分，燃烧空气从炉排下方通过炉排之间的空隙进入炉膛内，起到助燃和清洁炉排的作用。

焚烧炉炉排主要参数见表6-2。

表6-2　焚烧炉炉排主要参数

项目	参数
炉排长度	10.08 m
炉排宽度	7.08 m
倾斜角度	21.1°
炉排面积	76.5 m^2
炉排热负荷(MCR)	380 kW/m^2
最大炉排热负荷	413 kW/m^2
炉排机械负荷(MCR)	245 kg/m^2
最大炉排机械负荷	269.5 kg/m^2
1～4段炉排平移炉排行程	240 mm
第5段炉排平移炉排行程	110、240 mm
翻动炉排的转角	25°

(3) 余热锅炉

垃圾焚烧产生的热能通过余热锅炉产生蒸汽，蒸汽通过汽轮发电机组变成电能。

余热锅炉最重要的特点是：高效、灵活、良好的适应性和可维护性。由于垃圾热值范围变化较大，良好的适应性格外重要，尽可能产生稳定的蒸汽，汽轮发电机组才能安全、稳定地工作。

余热锅炉是Tail-end型式，它由三个垂直辐射通道和一个水平对流区域组成。

2. 燃烧空气系统及脱臭装置

垃圾在炉内燃烧，必须有过量的燃烧空气进入炉内助燃。燃烧空气系统主要由一次风机、二次风机、炉墙冷却风机、密封风机和蒸汽空气加热器等设备组成。

一次空气来自垃圾坑的上部，由空气抽气装置把垃圾坑内的空气抽出，抽出的臭空气经一次风机送至蒸汽空气预热器，蒸汽空气预热器经过两级蒸汽把空气加热后，从焚烧炉的底部送入焚烧炉炉排的空气分配装置，通过炉排进入炉内供垃圾燃烧以及对炉排进行冷却。每台焚烧炉设有5台一次风机，风机由变频器控制。

二次风取自于焚烧间，每台焚烧炉配置1台二次风机，风机由变频器控制。

二次风的喷嘴布置在二次燃烧室的前后墙，喷嘴的数量、位置由计算机模拟程序(CFD)决定，以保证燃烧室烟气产生湍流，使有害气体充分分解和可燃气体完全燃烧，有效降低烟气中 CO 等污染物的含量。

炉墙冷却空气来自周围的环境空气，每台焚烧炉配置 1 台侧墙冷却风机。炉墙冷却空气的主要作用是：冷却燃烧室高温侧墙，这样可避免低熔点物质黏结炉墙上，降低炉墙耐火材料的操作温度，延长使用寿命，减少外侧墙的热损失。

另外，考虑到安全方面的因素，为防止垃圾池内可燃气体聚集，垃圾池内设置可燃气体检测装置。当可燃气体检测超标时，或者锅炉停运检修，垃圾池需要通风排味时，即自动开启风机将臭气经处理后送至高空大气，从而保证焚烧厂内的空气质量。

6.2.3 烟气净化系统

焚烧烟气组分来源分析如下：

(1) 酸性组分

HCl：垃圾中主要含氯有机物焚烧热分解产生，如 PVC 塑料、含氯消毒或漂白的废弃垃圾。

HF：来自含氟碳化合物的燃烧，如氟塑料废弃物、含氟涂料等。

SO_2：一部分来自垃圾中硫化物的热分解和氧化，另一部分来自开炉升温或停炉缓慢降温时的辅助燃料(轻柴油)燃烧。

NO_x：主要来自含氮化合物的热分解和氧化燃烧，少量由空气成分中氮的热力燃烧产生(1 100 ℃以下)。氮氧化物中以 NO 为主，约占 90%以上，其他 NO_2 等组分比例小于 10%。

CO：一部分来自垃圾碳化物的热分解，另一部分来自不完全燃烧，垃圾燃烧效率越高，排气 CO 含量就越少。

(2) 烟尘和粉尘

垃圾中的灰分和无机物组分在燃烧时产生灰尘，部分随烟气流排出焚烧炉。此外，烟气净化中喷入的石灰、活性炭粉末，在烟气高温干燥下形成粉尘。

(3) 重金属

烟气中重金属一般由垃圾所含金属化合物或其盐类热分解产生，这些垃圾包括混杂的涂料、油墨、电池、灯管、含汞制品、电子线路板等。其中挥发性金属有汞、铅、锑、砷、铜、镓、锌等，非挥发性金属有铝、铁、钡、钙、镁、钾、硅、钛等，挥发性金属部分吸附于飞灰排出，非挥发性金属则主要存在于炉渣中。

（4）二噁英类物质

二噁英类化合物是指那些能与芳香烃受体 Ah－R 结合并能导致一系列生物化学效应的一大类化合物的总称。主要包括 75 种多氯代二苯并-对-二噁英（PCDDs）和 135 种多氯代二苯并呋喃（PCDFs）。其中，PCDDs 和 PCDFs 统称为二噁英。此外还包括多氯联苯（PCBs）和氯代二苯醚等。目前已知所有二噁英类化合物中，毒性最为明显的是 7 种 PCDDs，10 种 PCDFs 和 12 种 PCBs，其中以 2，3，7，8-TCDD 的毒性最大。

在燃烧过程中由含氯前体物生成二噁英，前体物包括聚氯乙烯、氯代苯、五氯苯酚等，在燃烧中前体物分子通过重排、自由基缩合、脱氯或其他分子反应等过程会生成二噁英，这部分二噁英在高温燃烧条件下大部分也会被分解。

当因燃烧不充分而在烟气中产生过多的未燃尽物质，并遇适量的触媒物质（主要为重金属，特别是铜等）及 300～500 ℃的温度环境，那么在高温燃烧中已经分解的二噁英将会重新生成。

光大常州某城市生活垃圾焚烧工程采用“脱硝＋脱酸＋活性炭吸附＋袋式除尘器＋SGH＋SCR＋GGH＋湿法脱酸＋脱白 SGH”的烟气净化系统，进一步降低 SO_2、NO_x、颗粒物的排放浓度，实现超低排放，确保了烟气排放指标全部优于欧盟 2010 标准的同时，冬季也不会出现白的水蒸气，满足了常州市现代化发展对环境保护的需要。详细内容在本章 6.3.1 节进行介绍。

焚烧炉的烟气经余热锅炉进入烟气净化主系统，烟气中含有大量的烟尘和高浓度的有害成分在此进行净化处理，将其中绝大部分烟尘和有害物质去除。净化后的烟气中烟尘和有害成分降低到极低的水平，符合允许的环境排放浓度后，通过 80 m 高的烟囱排入大气。

6.2.4　辅助系统

辅助系统主要包括灰渣系统、燃料系统、烟气监测、大屏幕公示及与政府通信接口、汽轮发电系统等。

1. 灰渣系统

光大常州某城市生活垃圾焚烧工程灰渣系统主要包括炉渣及飞灰两大部分。

（1）炉渣处理

焚烧炉的渣、余热锅炉的粗灰一同落入刮板捞渣机的水槽中冷却，捞出后排至炉渣输送机，炉渣输送机设置两条，一用一备可以自动进行切换，炉渣经过炉渣输送机输送至振动式输送机上，由输送机将炉渣送到炉渣处理场进行处理；炉渣中的金属经振动筛分选后被除铁器吸出，通过金属输送机将废铁排至金属储箱贮存后外运处理，炉渣则通过输送机运送附近的渣处理场进行处理。

(2) 飞灰处理

本系统主要承担反应塔和除尘器排放出来的飞灰输送到灰仓，并配合装车外运。

①飞灰输送

每台反应塔锥体下设一条链式输送机，将飞灰输出。每台袋式除尘器下设 2 条链式输送机，将飞灰输出。

链式输送机连接到 1# 链式输送机，再经 2# 链式输送机、斗式提升机、3# 链式输送机、4# 链式输送机，将飞灰送到两个灰仓储存。考虑到焚烧厂运行的稳定性，所有的公用输送设备均按一用一备设置，两者之间可自动进行切换。

②飞灰储存

飞灰储存于灰仓，灰仓附设：料位检测计、安全阀、仓顶除尘器、称重装置、气力破拱喷嘴、温度计、人孔等。

灰仓下部有回转卸灰阀、螺旋加湿机及柔性接口(供装车外运)。

螺旋加湿机的作用是防止放灰和运输过程中灰的飞扬。

③保温和拌热

为了防止飞灰和反应物在输送或储存过程中因温度降低产生黏结，导致系统不能正常运行，同时也因安全生产的要求，需要对飞灰系统采取保温和拌热措施。

需要保温的有：反应塔、袋式除尘器、烟管道、灰输送系统、灰仓及其下部放灰管。

需要拌热的有：反应塔、袋式除尘器、灰输送系统、灰仓及其下部放灰管。拌热装置采用电拌热并有温控器进行控制。

2. 燃料系统

辅助燃料油是为垃圾焚烧炉启动点火过程中提供所需的热量并在操作过程中维持炉内最低温度 850 ℃的需要而设置的。

焚烧炉每年连续运行在 8 000 小时以上，故启动和点火及维护炉内最低温度 850 ℃所用的辅助燃料油是有限的。正常运行期间垃圾的热值已能自燃并能保持在 850 ℃以上，此时辅助燃油系统均处于停运状态。

燃料系统由储油罐、过滤器、输油泵、喷嘴及自动点火系统、火焰监查系统、灭火报警及重新启动等部分组成。可以在控制室实行自动操作，也可以在现场手动操作。

3. 烟气监测、大屏幕公示及与政府通信接口

在线的烟气连续监测仪表用于测定烟气中有害物排放浓度，安装位置在烟囱上 20 m 标高处，每条处理线一套，共二套，测定内容有：粉尘、HCl、SO_2、HF、CO、CO_2、O_2、NO_x，测定数据输送到控制室屏幕显示屏上并可打印出实际数据。其在线数据可以通过预留通信接口，允许政府相关职能部门在线监督管理。

另外，考虑到焚烧厂的特殊性，在厂区大门口设置一块大屏幕的显示器，显示器上同步显示在线烟气监测仪监测到的数据，进一步加强和提高企业自身责任心，接受社会各界的监督。

4. 汽轮发电系统

光大常州某城市生活垃圾焚烧工程根据垃圾焚烧炉余热锅炉的蒸汽量，结合我国汽轮机产品的常规系列，选用 1 台额定功率 12 MW 汽轮机组，配额定功率 15 MW 发电机。

5. 汽—水流程

两台焚烧炉余热锅炉产生的过热蒸汽进入两台同等容量的凝汽式汽轮机推动发电机产生电能。过热蒸汽做完功以后，通过凝汽器凝结成水，经凝结水泵、汽封加热器后进入除氧器，除氧后的水进入给水泵供余热锅炉循环使用。整个汽—水系统由主蒸汽系统、回热抽汽系统、旁路系统、主凝结水系统、减温水系统、疏放水系统等组成。

6.3　污染控制措施

项目产生的污染物主要有以垃圾渗滤液为主的废水污染物，含二氧化硫、氮氧化物、二噁英和重金属的大气污染物，以焚烧灰渣和水处理污泥为主的固体废物以及噪声。废气采用“脱硝＋脱酸＋活性炭吸附＋袋式除尘器＋SGH＋SCR＋GGH＋湿法脱酸＋脱白 SGH”的烟气净化系统，净化后的烟气中烟尘和有害成分降低到极低的水平，符合允许的环境排放浓度后，通过 80 m 高的烟囱排入大气。垃圾渗滤液处理系统采用先进“预处理＋UASB＋A/O＋超滤＋纳滤＋反渗透”工艺，水质达到《污水综合排放标准》一级 A 排放标准，且全部中水回用，主要作为厂区里绿化灌溉用水、生产设备用水。焚烧灰渣由专门设备收集后外送处理，水处理污泥送入垃圾焚烧炉进行焚烧处理。噪声主要采用消音、减振措施。

6.3.1 废水污染物

垃圾焚烧厂运行中产生的废水，根据其来源及污染物特性，可分为有机污水和无机污水两类。有机污水主要来源为垃圾渗滤液、卸料平台、车道等冲洗水和全厂生活污水；无机污水主要来源为设备排污水和锅炉脱盐水站酸碱中和废水、间接冷却废水。具体废水污染物产生情况见表 6-3。

表 6-3 废水污染物产生情况

废水名称	废水产生量(t/a)	主要污染物
垃圾渗滤液	40 800	pH
		COD
		BOD_5
		SS
		NH_3-N
		TP
道路冲洗、垃圾平台冲洗	8 160	pH
		COD
		BOD_5
		SS
		NH_3-N
		TP
炉渣储存池废水	340	COD
		BOD_5
		SS
生活污水	12 240	COD
		BOD_5
		SS
		NH_3-N
		TP

垃圾渗滤液处理站的处理结合垃圾/飞灰渗滤液的污水性质、渗滤液处理目前国内外较先进的技术、已运行的成功经验及回用水有关标准，设计采用“预处理＋UASB＋A/O＋超滤＋纳滤＋反渗透”处理工艺，工艺流程见图 6-3。

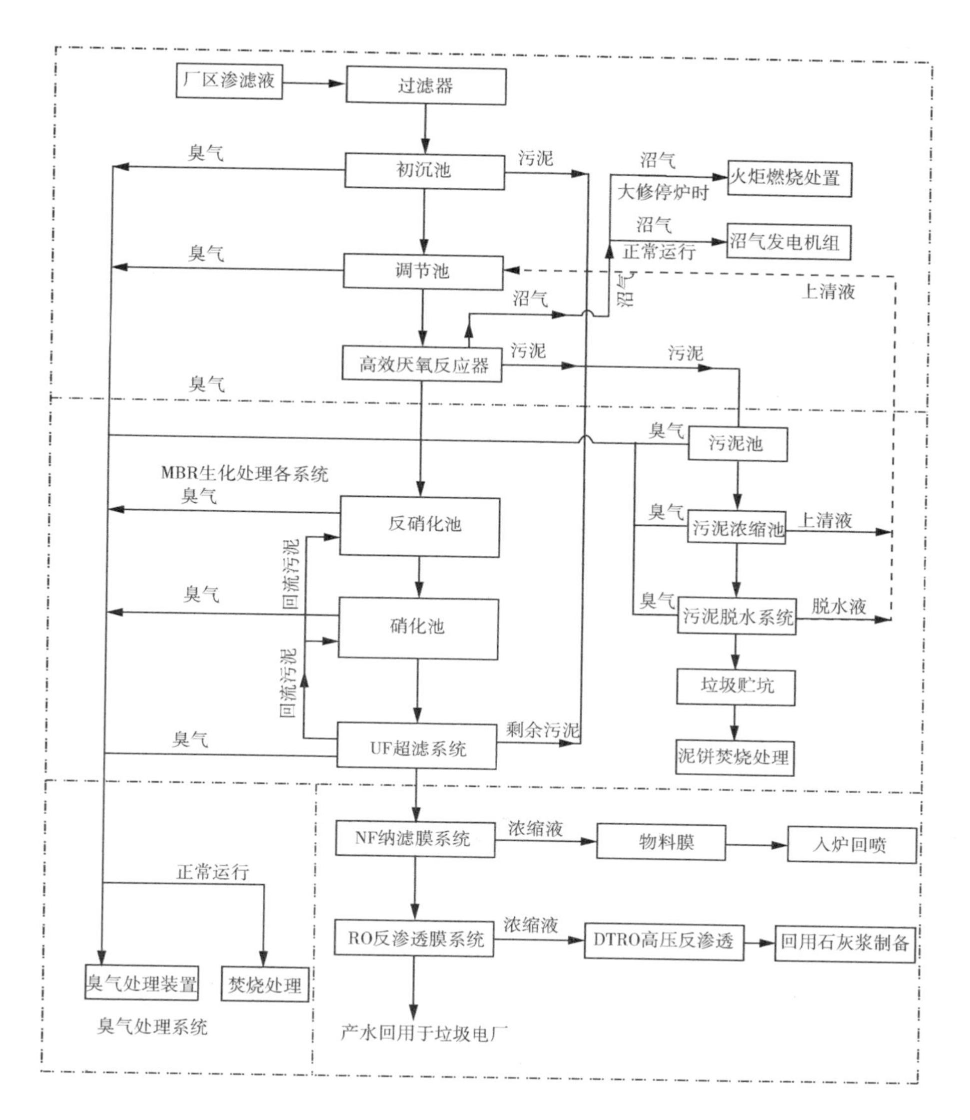

图 6-3　渗滤液处理站高浓度废水处理工艺流程

1. 预处理系统

垃圾卸料平台、垃圾车冲洗废水进入垃圾贮坑，垃圾贮坑中渗出垃圾渗滤液经导流引出沟流出，通过粗格栅去除渗滤液中的大颗粒悬浮物及漂浮物后进入渗滤液收集池。

收集池渗滤液经渗滤液输送泵输送进入篮式过滤器，进一步去除渗滤液中的颗粒悬浮物及漂浮物后进入初沉池，经沉淀处理，去除大部分的 SS 及部分不溶性有机物。

初沉池出水进入调节池，进行调节均质。在调节池中，进行水量调节，同时调节池中设置潜水搅拌设备，实现均质均量，并且渗滤液中的有机物颗粒在调节池中发生水解作用，提高了废水的生化性。

2. 厌氧处理系统

调节池中渗滤液均质均量后经厌氧进泵提升进入厌氧反应器，进行厌氧发酵处理，通过厌氧菌的作用，打开高分子物质的链节或苯环，将大分子难降解有机物分解成较易生物降解的小分子有机物质，并最终转化为甲烷、二氧化碳和水。

3. MBR生化处理系统（A/O＋超滤）

经厌氧反应器处理的渗滤液出水，自流依次进入缺氧/好氧（A/O）生化脱氮处理系统。在缺氧/好氧（A/O）系统中，渗滤液在硝化池（O段）好氧的条件下，硝化菌将氨氮氧化成硝态氮。硝化池中处理的渗滤液经大回流量回流反硝化池，与渗滤液进入原液混合，在反硝化池（A段）缺氧的条件下，反硝化菌将硝态还原成氮气脱出。在缺氧、好氧状态交替处理，达到去除大部分的有机物及脱氮目的。

经A/O处理后出水进入外置式管式超滤膜进一步去除大分子COD、悬浮物等污染物。

4. 膜深度处理系统（纳滤（NF）＋反渗透（RO））

MBR超滤膜系统处理出水进入NF纳滤膜系统去除大部分二价离子和分子量在200～1 000的有机物，去除Ca、Mg离子等硬度成分、异味、色度、农药、合成洗涤剂，可溶性有机物、氨氮、总氮等。处理出水经RO膜系统深度处理，进一步去除水中COD、氨氮，一价离子、重金属离子等。处理后出水水质标准应达到和优于《城市污水再生利用 工业用水水质》（GB/T 19923－2005）标准中工艺与产品用水后全部回用。

5. 浓缩液处理系统

NF纳滤系统和RO反渗透系统产生的浓缩液，分别储存在浓缩液储池。NF浓水经物料膜减量处理，物料膜产水回至RO系统前端，浓液回喷入炉；RO反渗透系统浓缩液收集后经DTRO高压膜进一步浓缩处理后，产水回至RO系统前端，DTRO膜浓缩液收集后回用于石灰浆制备用水。

6. 污泥处理系统

渗滤液经过初沉池沉淀后，产生大量无机污泥，无机污泥经渣浆泵排入污泥储池，厌氧系统和好氧系统在生物降解过程中产生大量活性污泥，经污泥泵排入污泥储池收集，经污泥储池后的污泥经污泥螺杆泵输送至污泥脱水机脱水处理后，污泥含水率降至75%～80%，脱水后污泥入炉焚烧，避免产生二次污染。

7. 臭气处理系统

垃圾渗滤液本身具有较强烈的恶臭气味，臭气产生源主要分为污水处理系统和污泥处理系统。污水处理系统中的臭气源主要分布在调节池、沉淀池、污泥浓缩池、污泥脱水间、反硝化池等。污泥处理系统中的臭气来源主要分布在污泥浓缩池、污泥脱水和污泥堆放、外运过程。若不进行处理则会对周边的大气环境和人群造成不良影响。本工程采用的除臭方法是将预处理系统、污泥处理系统均采用封闭式设计，通过引风机将臭气收集后送至垃圾贮坑，再通过引风机入炉燃烧处理。

该处理系统日处理垃圾渗滤液350吨，处理后的水质达到《污水综合排放标准》一级A排放标准，且全部中水回用，主要作为厂区里绿化灌溉用水、生产设备用水。

6.3.2　大气污染物

废气为垃圾焚烧炉产生的烟气，烟气中所含污染物种类较多，主要为酸性废气（SO_2、HCl、HF等）、烟尘、NO_x、CO、重金属（Hg、Cd、Pb等）以及二噁英等。光大环境所建的生活垃圾焚烧发电厂已全部采用“脱硝＋脱酸＋活性炭吸附＋袋式除尘器＋SGH＋SCR＋GGH＋湿法脱酸＋脱白SGH”的烟气净化系统，进一步降低SO_2、NO_x、颗粒物的排放浓度，实现超低排放，确保了烟气排放指标全部优于欧盟2010标准的同时，冬季也不会出现白的水蒸气，满足了常州市现代化发展对环境保护的需要。

1. 二噁英类污染物控制工艺

城市生活垃圾中含有数量不少的塑料、橡胶、合成纤维类的高分子材料，普遍存在含氯的物质，这为二噁英的产生提供了先决条件。因此生活垃圾焚烧处理过程中，如选择的工艺技术不当，操作不当，有可能造成大气、水源和土壤的污染，本项目的污染控制设备采用“半干法＋活性炭喷射＋布袋”搭配的方式，从减少炉内形成、避免炉外低温再合成两方面入手减少二噁英的产生。首先，焚烧炉燃烧室保持足够的燃烧温度及气体停留时间，确保废气中具有适当的氧含量，达到分解破坏垃圾内含有的二噁英类的目的；其次，避免二噁英类炉外再合成现象。

二噁英类是具有高沸点及低蒸气压的化合物，因此，当烟气温度较低时，二噁英类气体较容易转化为细颗粒，由此可得出在较低的气相温度条件下，布袋除尘器可更有效地脱除二噁英类。

焚烧炉在保持燃烧条件不变的情况下，烟气温度从200 ℃降低至150 ℃后，在布袋除尘器出口处的二噁英类浓度进一步降低，在200 ℃操作温度下，出口处浓度范围在0.23～0.29 ngTEQ/m^3，而在150 ℃操作温度下，出口处浓度可降低至0.01ngTEQ/m^3左右，相比200 ℃操作温度条件下有极大地降低。目前我国环发〔2008〕82号文件规定的二噁英排放标准为0.1 ngTEQ/m^3，欧洲标准为0.1 ngTEQ/m^3，可见二噁英类的排放浓度低于国家排放标准的要求。

该项目控制二噁英生成的措施主要包括：

①对垃圾贮坑进行优化设计及加强运行管理以提高进炉垃圾的热值，从而保证垃圾在炉内的正常稳定燃烧，具体措施有：

增大垃圾贮坑的容积，有效容积按7天以上垃圾贮存量设计，从而保证垃圾中水分的充分淅出；

设有完善的渗滤液导排及收集系统，使垃圾坑内的渗滤液导排顺畅；

通过对垃圾进料的科学管理，如对贮坑内的垃圾进行倒垛、搬运等，从而提高进炉垃圾的热值。

通过以上措施，即使在夏季垃圾水分含量较高的情况下，也能有效提高进炉垃圾热值，确保垃圾在炉内的充分稳定燃烧。

②在炉排设计中，加长炉排干燥段，严格控制炉排的机械负荷，同时选用最适宜于低热值垃圾燃烧的炉型，并对炉膛的设计有针对性地进行优化，以增强炉内热辐射，从而保证进炉垃圾的干燥和充分燃烧，确保炉膛温度在850 ℃以上。

③垃圾焚烧设置了蒸汽空气预热器，可将助燃的空气温度提高；同时炉膛和第一通道的下半部敷设了绝热材料，并配以独特的前后拱和二次风组织进行扰动助燃，使燃烧的烟气与助燃空气充分混合，以保证烟气在大于850 ℃的温度下停留时间超过2秒，可使二噁英大量分解。

④焚烧炉单独设置1套柴油燃油辅助燃烧系统，辅助燃烧系统由贮油箱、过滤器、油泵、喷嘴及自动点火、火焰监查、灭火报警及重新启动等设备组成。由于焚烧炉每年可连续运行时间在8 000 h以上，因此，辅助燃油系统正常状态下基本处于停运状态。但在极少数情况下，垃圾热值过低导致炉膛内温度不能达到850 ℃以上时，辅助燃烧器自动投运。

⑤根据国外焚烧厂的实践经验，CO和元素碳浓度与二噁英浓度有一定的相关性，烟气中CO和元素碳的浓度是衡量垃圾是否充分燃烧的重要指标之一，CO和元素碳浓度越低说明燃烧越充分。工艺中通过调整空气流量、速度和注入位置，减少CO和元素碳浓度，以减少二噁英的浓度。

⑥通过良好的燃烧控制，使炉膛或进入余热锅炉前的烟道内，烟气温度不低于 850 ℃，烟气在炉膛及二次燃烧室内的停留时间不少于 2 s，O_2浓度不少于 6%，并合理控制助燃空气的风量、温度和注入位置，即“三 T”控制法。根据国外垃圾焚烧厂的实践资料表明，在上述条件下，可使垃圾中的原生二噁英绝大部分得以分解。

⑦尽量缩短烟气在处理和排放过程中处于 300～500 ℃区域的时间，运行过程中应通过自动控制系统，确保炉温和烟气停留时间在正常设计要求范围内，确保二噁英类的有效控制。控制余热锅炉排烟温度不超过 200 ℃，烟气除尘采用袋滤器，以便减少二噁英的再合成。

⑧该项目设置先进、完善和可靠的全套自动控制系统，使焚烧和烟气净化系统得以良好运行。二噁英是高沸点物质，在布袋除尘器附近烟气（温度 150～180 ℃）中二噁英为细小颗粒，当烟气穿过布袋除尘器，二噁英便得到过滤并逐渐积聚在粉层上，这样二噁英就得以从烟气中去除。本项目采用半干式中和塔冷却废气，控制布袋除尘器入口温度为 160 ℃，使有害有机污染物凝结于飞灰上，布袋除尘器在集尘的同时也把这些有机物去除。同时在进入滤袋式除尘器的烟道上设置活性炭喷射装置，活性炭（规格为 100 μm 以下）通过压缩空气送入反应塔，进一步吸附二噁英。有关数据表明：喷活性炭可以对焚烧后烟气中的二噁英类进行有效脱除，去除效率可达到 98%以上。

2. 重金属污染物控制工艺

对二噁英类和重金属的净化主要采用活性炭喷射技术，布袋除尘技术有捕捉颗粒物和增加反应时间的作用；另外，控制烟气排放温度对减少二噁英类的重合成以及使重金属由气态变成便于捕捉的液态和固态也非常重要。活性炭喷射系统是控制垃圾焚烧炉烟气中的重金属及二噁英类最有效的净化技术，该系统示意图见图 6-4。活性炭喷入喷雾反应脱酸塔出口烟道中，通过文丘里烟管与烟气充分混和，在烟气流向下游的布袋除尘器过程中，活性炭吸附烟气中的重金属（如 Hg）及二噁英类。吸附了污染物的活性炭在布袋除尘器中被布袋拦截，从烟气中分离出来，没有吸附污染物的活性炭在布袋形成滤饼的过程中继续吸附烟气残留的重金属及二噁英类，保证烟气达标排放。

活性炭喷射系统包括活性炭仓、缓冲料斗、活性炭计量螺旋输送机、文丘里喷嘴、管道和阀门等。活性炭粉由密封罐车运入厂内，利用罐车上的空压机泵入活性炭仓。活性炭仓设有高、低料位监测、仓顶布袋除尘器、真空和压力释放阀、料斗流化装置和人孔等附属设备。系统主要利用压缩空气将活性炭粉喷入反应塔出口烟道。采用煤质活性炭，粒度（220 目）占 90% 以上，碘吸附值大于700 mg/g。

在活性炭仓内被压实的活性炭粉落入缓冲料斗，从料仓底部的喂料器通过鼓风机形成的气流由文丘里喷射器吹入烟气，重新变成松散状态并均匀分配到每条烟气净化处理线。活性炭喷入计量在 0.4～1.0 kg/t 垃圾(喷射速率约 100～200 mg/Nm^3)，能满足 0.1 ngTEQ/Nm^3 的二噁英排放限值要求。为准确控制活性炭的用量，在活性炭料仓加装失重秤，对活性炭喷射量进行计量，并附带自动控制系统。为增加活性炭粉末同烟气中要吸附的污染物的接触时间，活性炭喷入点比较接近反应塔出口烟道。

焚烧烟气在经过半干法反应塔后，向烟道内喷入活性炭与废气接触，废气中的重金属被活性炭颗粒吸附后，进入高效的布袋除尘器，吸附了重金属的活性炭被袋式除尘器拦截而有效去除重金属，采用活性炭喷射＋袋式除尘器处理工艺对重金属 Hg、Pb、Cd 的去除效率达到 90％以上。

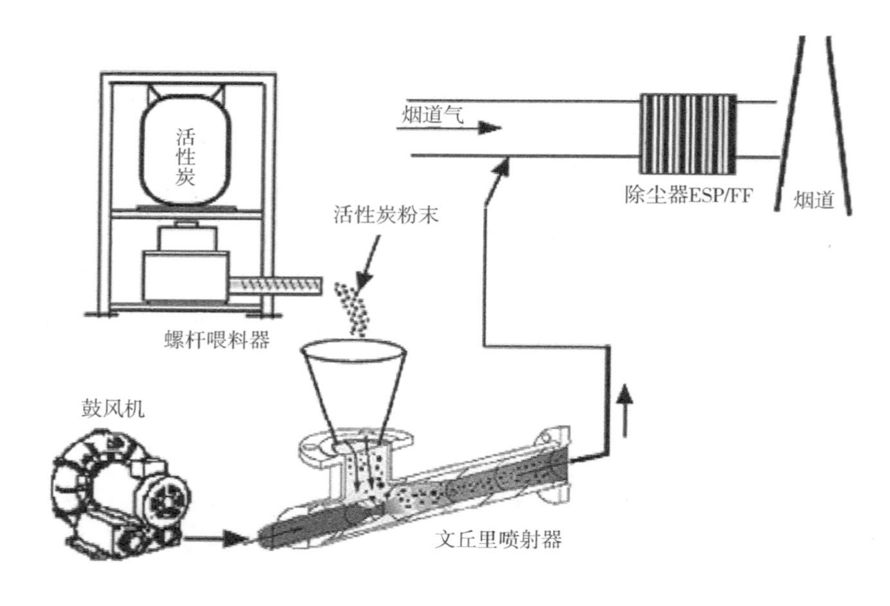

图 6-4　活性炭喷射系统示意图

3. 酸性气体治理措施

该垃圾焚烧工程采用“半干法脱酸＋干法脱酸＋湿法脱酸”组合式脱酸工艺，该工艺组合较“干法＋半干法”“干法＋湿法”两种脱酸工艺能够更大限度地减少酸性气体、固体颗粒物以及重金属的排放，在国内甚至国外都已是最为领先的脱酸工艺水平。本项目采用的脱酸方式虽然占地面积大，但脱酸效率高，且通过湿式洗涤的方式，对于固体颗粒物、重金属等都有较为显著的去除效果。

干法满足以下要求：

在中和剂喷入口的上游设置烟气降温设施；

中和剂采用氧化钙，其品质和用量应满足系统安全稳定运行的要求；

有准确的中和剂进料计量装置；

中和剂的喷嘴设计和喷入口位置的确定，保证了中和剂与烟气的充分混合。

湿法满足以下要求：

脱酸设备应与除尘设备相匹配；

脱酸设备的设计应使烟气与碱液有足够的接触面积与接触时间；

脱酸设备应具有防腐蚀和防磨损性能；

应采取措施避免处理后烟气在后续管路和设备中结露；

应配备可靠的废水处理设施。

4. 颗粒物(烟尘)治理措施

垃圾焚烧烟气具有高温、高湿、腐蚀性等特点，因此袋式除尘器滤料的选择非常重要。本工程采用袋式除尘器净化焚烧烟气，滤布采用聚四氟乙烯薄膜滤料(PTFE)。

薄膜式过滤袋利用薄膜表面，以均匀微细的孔径，取代传统的一次尘饼，去除粉尘的效率非常高。由于薄膜本身的低表面摩擦系数、疏水性及耐温、抗化学特性，使过滤材料拥有极佳的捕集效果。

PTFE 具有耐高温、耐腐蚀、耐氧化、强度高、耐磨损的特点，有出色的过滤效率，运行温度为 260～280 ℃。除尘器的进口烟气浓度约 6 353 mg/Nm^3，出口烟尘浓度≤10 mg/Nm^3。采用压缩空气脉冲清灰，压缩空气由空压站提供。除尘效率达 99.85%以上，有良好的阻燃性、绝缘性、隔热性和光稳定性，且摩擦系数低、黏附性小易于清灰，是国内外垃圾焚烧炉袋式除尘器常用滤料。

5. NO_x 治理措施

(1) 常用 NO_x 治理措施

① 炉内低氮燃烧

垃圾焚烧厂氮氧化物的形成主要与垃圾中氮氧化物和燃烧温度有关，即垃圾中含氮物质(主要指含氮的有机化合物)通过燃烧氧化而成，空气中的氮在高温条件下与氧反应生成氮氧化物。这一复杂过程主要与燃烧时局部的氧含量、温度和氮含量有关。

通过优化燃烧和后燃烧工艺，来减少氮氧化物的产生：

降低焚烧区域的温度。一般研究认为，在 1 400 ℃以上，空气中的 N_2 即与 O_2 反应生成 NO_x。通过控制焚烧区域的最高温度低于 1 400 ℃，并且减少“局部过度燃烧”的情况发生，即可控制这部分 NO_x 的生成。由于垃圾中某些高热值燃料（如塑料、皮革等）集中在某一区域燃烧造成该区域的局部温度可能超过 1 400 ℃，从而增加 NO_x 的生成量，一般在垃圾贮坑中将垃圾分剁堆放，使垃圾在发酵过程中混合均匀就可避免此类情形发生。

降低 O_2 浓度。通过调节助燃空气分布方式，降低高温区 O_2 浓度，从而有效减少 N_2 和 O_2 的高温反应，是一种非常经济有效的方式。

创造反应条件使 NO_x 还原为 N_2。

以上三类控制技术，在垃圾焚烧系统中具体实现时有以下几种形式：

低空气比。降低焚烧炉的空气过剩系数，使得 O_2 的量足以满足固废焚烧需要但不足以生成大量的 NO_x 和 CO。已有研究成果表明：在过剩空气比为 1.2 时，焚烧炉烟气中 NO_x 含量只有过剩空气比为 2.0 时 NO_x 含量的 1/4～1/5。

调整助燃空气布气孔位置。将部分助燃空气由炉排下方供风转移到炉排上方供风，使得离开主反应区后未被焚毁的污染物与由炉排上方供应的空气混合后继续反应。

分阶段燃烧。通过设置燃料和助燃空气的入口，实现垃圾分阶段焚烧的目的，其作用与降低 O_2 浓度相同，逐步焚毁离开前面反应区时未被焚毁的污染物。

烟气循环。将烟气循环回到高温焚烧区域，稀释空气中的 O_2 浓度，降低焚烧温度。

气体再燃烧。在焚烧系统的后燃烧区引入燃料气体燃烧，生成各种类型的 CH 自由基，使得在主燃烧区生成的 NO_x 在后燃烧区被还原为 N_2 分子。

② 选择性非催化还原法（SNCR）

SNCR 是一种不使用催化剂，在 700～1 100 ℃温度范围内还原 NO_x 的方法。最常使用的药品为氨和尿素。由于该法受锅炉结构尺寸影响很大，多用作低氮燃烧技术的补充处理手段。其工程造价低、布置简易、占地面积小，适合老厂改造，新厂可以根据锅炉设计配合使用。SNCR 系统工艺流程见图 6-5。

光大常州垃圾焚烧工程设置一套 SNCR（选择性非催化还原法）脱硝装置，通过在锅炉第一通道喷射氨水溶液进行化学反应去除氮氧化物，将 NO_x 还原成 N_2，没有反应完全的 NH_3 与烟气中的 HCl 反应生成 NH_4Cl。可以将烟气中 NO_x 含量降到 200 mg/Nm^3 以下。采用 SNCR 法的脱氮效率为 30%～50%。

SNCR 法是向烟气中喷还原剂氨水（NH_3）溶液，在高温（800～1 100 ℃）区域，通过氨水分解产生的氨自由基与 NO_x 反应，使其还原成 N_2、H_2O 和 CO_2，达到脱除 NO_x 的目的。其反应原理为：

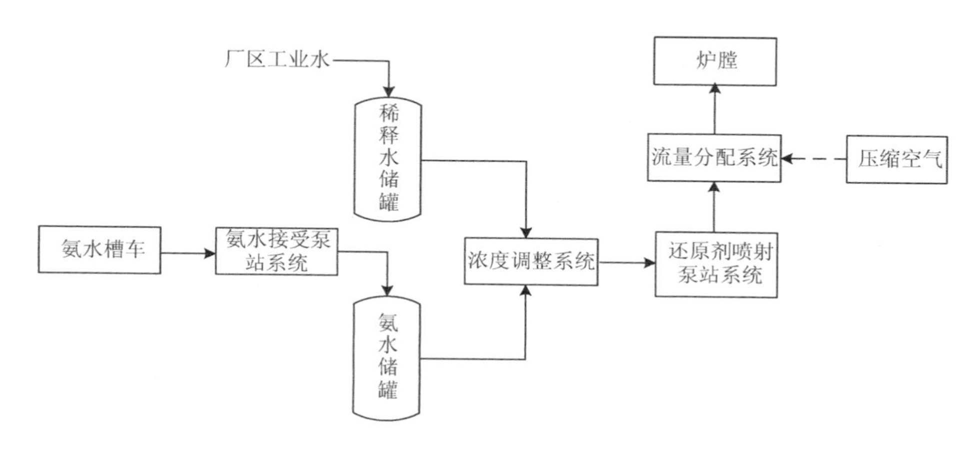

图 6-5　SNCR 系统工艺流程图

$$4NO + 4NH_3 + O_2 \rightarrow 4N_2 + 6H_2O$$

SNCR 系统烟气脱硝过程由四个基本过程完成：还原剂接收和储存；还原剂的计量输出、与水混合稀释；在焚烧炉合适位置喷入稀释后的还原剂；还原剂与烟气混合进行脱硝反应。SNCR 脱硝系统参数见表 6-4。

表 6-4　SNCR 脱硝系统参数

还原剂	18%氨水溶液
最佳反应温度	850～950 ℃
出口 NO_x 浓度设计值	160 mg/Nm³（干基，11%O_2）
氨的逃逸率	≤8 mg/Nm³
装置可用率	≥98%
服务寿命	30 年
厂用气	压力 0.6 MPa～0.8 MPa，排汽含尘粒度 0.1 um，压力露点≤－40℃
仪用气	压力 0.6 MPa～0.8 MPa，排汽含尘粒度 0.1 um，压力露点≤－40℃

SNCR 系统主要包括氨水接收和存储系统、加压给料系统、雾化喷射系统和自动控制系统。氨水由专业的运输车运输入厂，通过加注泵将 18%浓度的氨水注入氨水储罐中。运行时，氨水首先由增压泵从罐中抽出，经过混合分配单元分配至各个焚烧炉，再由高压气体通过喷枪喷入炉内。每台焚烧炉设计一套喷射系统，每套喷射系统由数支喷枪组成，喷枪采用 304 不锈钢材料制造，由喷枪本体、喷嘴座、雾化头、喷嘴罩四部分组成，每支喷枪配

有气动推进器,实现自动推进和推出喷枪的动作。本项目选用气力式压缩空气作为雾化介质。气力式雾化是通过具有一定动能的高速气体冲击液体,从而达到一定雾化效果的方式。

SNCR 控制系统分为手动和自动两种运行模式。在自动运行时,能自动控制溶液罐的液位、自动控制泵出口的压力、自动控制雾化空气压力、自动调节溶液流量、自动检测锅炉尾部烟道的 NO_x 的含量,当大于设定的 NO_x 含量值时,自动开启脱硝系统。控制系统能够完成脱硝装置内所有的测量、监视、操作、自动控制、报警及保护和联锁、记录等功能。控制系统具有实时趋势查询、历史趋势查询、报表查询等功能。

③ 选择性催化还原法(SCR)

SCR 是一种炉后脱硝方法。选择性催化还原(SCR)是指在 O_2 和非均相催化剂存在条件下,用还原剂 NH_3 将烟气中的 NO 还原为无害的 N_2 和水的工艺。烟气中 O_2 的存在能促进反应,是反应系统中不可缺少的部分。

SCR 脱硝的还原剂主要是氨,氨水由蒸发器蒸发后喷入系统中,在催化剂的作用下,氨气将烟气中的 NO 还原为 N_2 和水。其化学反应方程式为:

$$4NH_3 + 4NO + O_2 \longrightarrow 4N_2 + 6H_2O$$

$$4NH_3 + 2NO_2 + O_2 \longrightarrow 3N_2 + 6H_2O$$

脱硝反应塔设有多层催化剂,每层之间间隔 3~3.5 m,烟气从脱硝反应塔上部进入,与喷入的氨水混合,流速控制在 7 m/s 左右,在催化剂的作用下发生反应,脱氮效率约 90%。脱氮后的烟气再进入下道处理工序。

在脱硝反应塔内设置专用催化剂的作用下,烟气中的二噁英与 O_2 可以发生反应生成水、二氧化碳和 HCl。

采用此工艺可去除超过 90%二噁英,同时由于反应温度在 160 ℃,也避免了二噁英的再合成,因此采用 SCR 脱氮装置后,NO_x 浓度可确保降低到 80 mg/Nm^3 以下。

④ 烟气再循环

垃圾焚烧炉内的 NO_x 主要成分为燃料型和热力型 NO_x,其中燃料型 NO_x 主要由垃圾中 N 元素与空气中的 O_2 在高温下燃烧反应生成;热力型 NO_x 由过量的 O_2 及 O 根与 N_2 反应生成,温度和氧浓度是反应的关键因素。温度为1 000 ℃时,NO_x 的浓度值接近于零,温度为 1 300 ℃时,NO_x 的浓度值为 100 ppm,温度为1500 ℃时,NO_x 的浓度值为 200 ppm,机械炉排炉垃圾焚烧炉炉膛温度为800~1 000 ℃,因此,热力型 NO_x 不是垃圾焚烧系统中 NO_x 生成的主要原因。

燃料型 NO_x 是垃圾焚烧尾气中 NO_x 生成的主要方式，在燃烧过程中，通过空气分级燃烧法、烟气分级燃烧法和烟气再循环等技术，控制燃料型 NO_x 的生成。因此，本项目在低氧过量空气系数设计下，通过将引风机后部的烟气经由再循环风机(可与二次风机共用)及管道送入焚烧炉内，增加烟气再循环后焚烧炉的设计过量空气系数由 1.5 降至 1.3，烟气再循环量可占烟气量的 20%，增强焚烧炉可燃气体组分 CO 等与 O_2 的混合燃烧，从而保证焚烧炉的燃烧效率。同时引入再循环烟气能够降低焚烧炉喉口位置的氧量，从引风机后抽取低温、低氧(温度 140～150 ℃，氧气含量 6%～9%)的烟气，通过加有保温的烟气管道，与二次风机相连接，通过二次风机的运行将再循环烟气通过原二次风喷口鼓入炉膛。遏制热力型 NO_x 的生成和与焚烧炉结焦，并且低氧的烟气也更加有利于 SNCR 炉内脱硝系统的运行。

通过将燃烧产生的烟气重新引入燃烧区域，实现对燃烧温度和氧化物浓度的控制，从而实现降低氮氧化物的排放和节约能源的效果。烟气再循环技术降低了火焰区域的最高温度，降低火焰就可以降低 NO_x 的形成。同时烟气再循环降低了氧和氮的浓度，同样起到降低 NO_x 的作用。烟气再循环技术中高温烟气对氧化剂和燃料起到预热的作用，有明显节能效果。烟气再循环可实现对燃烧温度、氧浓度的控制，改善燃烧室温度场、流场等，从而达到降低排放和提高燃烧效率的目的。

烟气再循环的本质是通过将处理后的烟气作为二次风重新引入燃烧区域，降低了氮和氧的浓度。通过烟气再循环技术可实现高温空气燃烧、稀薄燃烧、富氧燃烧和柔和燃烧等燃烧方式，从而达到降低排放、提高燃烧效率的目的。

6. 恶臭防治

垃圾运输过程中防止垃圾渗滤液滴漏措施主要有：①垃圾运输车必须是全密闭自动卸载车辆，具有防臭味扩散、防遗洒、防渗滤液滴漏功能；②垃圾运输车辆在本区收集作业完成后，首先将车上污水收集箱中的渗滤液经垃圾中转站的污水管网排入集中污水处理设施处理，在关闭防滴漏装置的放水阀后方可启运。对垃圾运输车辆的防渗滤液滴漏设施进行日常监督检查，定期更换橡胶密封条，更换破损部件；③环卫部门加强日常道路监督检查，严禁垃圾运输车在运输途中出现垃圾飞扬、洒落和垃圾渗滤液的滴漏现象。对垃圾运输经过的道路增加保洁人员和班次，加大清扫、保洁力度，增加冲洗、洒水频率。

垃圾焚烧厂区恶臭主要来源于垃圾储坑、渗滤液收集池、垃圾卸料大厅和渗滤液处理站等。光大环保能源(常州)有限公司对垃圾储坑、垃圾卸料大厅等主要臭气污染源采取了下列控制措施：

(1) 垃圾坑恶臭控制及除臭工艺

抽风。利用焚烧炉一次风机抽取垃圾储坑、渗滤液收集池、垃圾卸料大厅内的空气,作为焚烧炉的助燃空气。所抽取的空气先经过过滤除尘,再经预热器加热后送入炉膛,恶臭物质在燃烧过程中被分解氧化而去除。

快速关断门。垃圾卸料大厅出入口设置快速关断门。建设封闭式引桥,采用两道快关门,密封控制,保障卸料平台负压。

对卸料大厅及垃圾储坑进行隔离。进卸料大厅的大门上带有空气幕帘;为将臭气及灰尘封闭在垃圾储坑区域,在卸料大厅与垃圾储坑之间设置若干可迅速启闭的卸料门,平时保持其密闭以将臭气封闭在储坑内。垃圾储坑上方保持一定的负压。垃圾卸料大厅设置半自动开启门,平时保持 1～2 个门开启,以利于垃圾池进新风,同时使卸料大厅保持负压状态,防止臭气外逸;卸料大厅定期喷洒除臭液。

加强垃圾储坑的操作管理。规范垃圾储坑的操作管理,利用抓斗对垃圾不停进行搅拌翻动,不仅可使进炉垃圾热值均匀,且可避免垃圾的厌氧发酵,减少恶臭的发生。运行阶段,主要通过加强管理来对臭气进行控制,如尽量减少全厂停产频率、一次抽风系统保持正常运转、进厂垃圾车采用封闭式车辆、垃圾贮存池卸料门不用时关闭、使垃圾坑密闭化等。在垃圾池上方抽气作为锅炉燃烧空气,使坑内区域形成负压,以防恶臭外逸。

在垃圾焚烧线停修状态时,垃圾储坑通过屋面风机抽取产生负压,抽取的空气通过活性除臭设备除臭后排入 80 m 烟囱。

垃圾仓设有负压监控设备,垃圾仓微差压变送器安装在垃圾吊配电室,正压测取样点取自垃圾仓内,负压测取样点取自室外,差压变送器信号输出至垃圾吊控制室压力显示屏显示,同时输出信号至 DCS 系统,负压信号在 CRT 页面上显示,便于操作人员调整。一般情况下,垃圾仓负压控制在 −20～−30 Pa。

当焚烧炉正常运行时可保持垃圾坑负压状态,坑内臭气不会向外逸散影响周围环境,抽入焚烧炉的垃圾坑恶臭气体经焚烧后臭物质彻底分解,因此是一种既经济、净化效果又好的除臭工艺。

(2) 渗滤液处理恶臭控制措施

渗滤液收集间及通廊设置机械进风和机械排风系统,排风引至垃圾坑统一处理,收集间内保持负压,渗滤液收集池内壁加 HDPE 膜防止臭气外溢。污水处理站中调节池、污泥池、污泥脱水区域等恶臭源采用密闭措施,采用机械送排风措施,使其保持负压防止臭气外溢,收集的臭气通过风管排至垃圾坑统一处理。

（3）飞灰暂存车间恶臭控制措施

养护暂存期间飞灰螯合物可能挥发出一定氨气，其主要来自焚烧线脱硝还原剂氨水和飞灰螯合药剂成分，因此飞灰暂存间需进行通风换气，消除氨味。为控制废气排放对周边环境的影响，项目在飞灰暂存库内设置废气负压收集系统，厂房顶部布设多条废气收集管道和收集口，废气收集后汇合至总管道排入垃圾坑，作为焚烧炉一次风高温燃烧处理，经焚烧炉烟气净化系统处理后排入大气，能够满足国家排放要求。

6.3.3　固体废物

垃圾焚烧厂固体废物主要包括炉渣、飞灰、水处理污泥。炉渣为一般工业固体废物，飞灰为危险废物，反应塔下产物废渣须按相关危险废物鉴别标准、方法规定鉴别确定。不同固体废物产生及处置状况见表 6-5。

表 6-5　固体废物产生及处置状况

废物名称	处置方法
炉渣	作为填埋场覆盖材料或制砖、铺路
反应塔下废渣	鉴别是否属于危险废物：若为危险废物与灰一并处理，一般废物与渣一并处理
飞灰	危险废物，厂外飞灰处置场安全填埋
水处理污泥	回焚烧炉焚烧处理
河水净化污泥	卫生填埋
非金属	外售综合利用

焚烧炉的渣、余热锅炉的粗灰一同落入刮板捞渣机的水槽中冷却，捞出后排至灰渣输送机，灰渣经过灰渣输送机输送至振动式输送机上，由输送机将渣送到渣处理场进行处理。炉渣的主要成分是不定型玻璃基质、石英、方解石等，检测安全无毒可用于制作道板砖、围墙砖、路基材料等建筑用砖，也可用于垃圾填埋时的覆盖土。渣中的金属经振动筛分选后被除铁器吸出，通过金属输送机将废铁排至金属储箱贮存后外运处理。

飞灰处理系统主要负责将反应塔和除尘器排放出来的飞灰输送到灰仓，并外运。

每台反应塔锥体下设一条链式输送机，将飞灰输出。每台袋式除尘器下设 2 条链式输送机，将飞灰输出。飞灰暂储存于灰仓，仓顶设置除尘器。并设置螺旋加湿机，防止放灰和运输过程中灰的飞扬。飞灰属于危险废物，因此需要将其送厂外专门的飞灰填埋厂填埋处理。

来自余热锅炉的烟气与喷入反应塔的 $Ca(OH)_2$ 液滴接触，发生中和反应生成固态的盐类，部分落到反应塔底部。由于目前难以确定其性质，企业拟对其进行危险性鉴别，如属于危险废物，将并入灰渣一并处理，否则将同炉渣一并处理。

项目废水处理将产生一定的污泥，由于污泥主要来源于垃圾渗滤水的处理，其成分复杂，有毒物质含量较高，建设单位拟送入垃圾焚烧炉焚烧处理。

6.3.4 噪声

该工程噪声主要由风机、冷凝器、汽轮发电机、水泵、排气（安全阀）、蒸汽泄漏等引起，采取了如下治理措施来保证厂界噪声达标排放：

（1）对锅炉排气管道控制阀、安全阀选用低噪声型设备，安装排气消音器，对阀与消音器间的管路做减振处理。

（2）对风机做隔音箱，安装消音器。

（3）对各种泵类采取减振措施，做防音围封。

（4）汽轮发电机组以玻璃纤维做隔音，安装防音室，采取减振措施，在空气进出口处安装消音器。

（5）汽轮机房、锅炉房等选用隔声、消音性能好的建筑材料。

（6）加强管理、机械设备的维护，经常进行噪声水平测试，消除隐患。

（7）合理布局，采取绿化隔离降噪措施。

6.4 工程亮点

该城市生活垃圾焚烧工程始终以安全文明生产为基础，以稳定运行、达标排放为根本，优化运行管理，发扬光大精神，争创环保名牌，打造出以下亮点。

1. 减量化、无害化、资源化

采用先进垃圾处理工艺，烟气达到超低排放标准；炉渣用于制作建筑用砖、填埋场的覆盖土等，实现了资源循环利用；飞灰采用“螯合固化”技术，减少环境污染；渗滤液处理水质达到一级 A 排放标准且全部中水回用、实用性强；利用热电联产，提高全厂热效率。

不断优化运行管理，运行效率不断提高，吨垃圾发电高达 480 度以上，可满足常州市 1 户居民（三口之家）4 个月的生活用电量。截至 2020 年 11 月 16 日，累计处理生活垃圾超过 425.97 万 t，累计处理渗滤液 101.52 万 t，累计发电超过 12.53 亿度，上网电量 10.2 亿度。

2. 无厂界、全开放、超低排放

根据国家生态文明建设的时代要求，结合技术创新和行业发展，以及环境部、住建部等正在推进的环保设施向公众开放活动，光大环境与常州市政府深度合作，针对常州垃圾发电厂实施“超低排放 厂界开放”双提升工程，让光大常州某城市生活垃圾焚烧工程作为中国第一个建在居民社区里的垃圾发电厂之后，继续发挥行业引领作用，提升成为超低排放的垃圾发电厂，中国第一个没有围墙的垃圾发电厂，中国第一个建有便民惠民设施的垃圾发电厂，成为中国环保设施向公众开放典型中的典型。

超低排放：在原烟气净化工艺基础上新增净化环节，形成新的“SNCR＋半干法脱酸＋干法脱酸＋活性炭吸附＋袋式除尘器＋SGH＋SCR＋GGH＋湿法脱酸＋烟气脱白 SGH”烟气净化工艺，达到超低排放标准。

厂界开放：拆去现有围墙、开放厂区空间，打造集景观绿化、环保生态体验、功能设施共享为一体的互动交流平台。结合厂前区域景观布局，设置了环保科普馆和秋白书苑（遥观）图书馆。休闲娱乐区设有健身广场、篮球场、儿童游乐场、厂区开放式街心花园，为周边居民提供了一个健身、旅游、学习的休闲好去处。漫步厂区，健身广场可供亲子游玩；篮球场可以运动健身；环保科普馆作为秋白书苑（遥观）的特色馆中馆，是生态环保主题活动最适宜的教育基地，整个展馆设计以“人·科技与自然”为主题，未来感、科技感极强，以高科技电子屏展示及视频互动形式科普环保知识，实现产学游合一。图书馆为常州市经开区首家、常州市第 4 家“秋白书苑”，由常州市图书馆、遥观镇人民政府、光大环保能源（常州）有限公司、昕光文化四方合作共建，秉承“政府主导、部门联动、社会参与”的原则，丰富、独特的阅读服务惠及周边大批民众。书苑总面积约 1 000 平方米，分上下两层，一层设有成人阅读区、少儿阅读区、低幼阅读区、文创展示区和休闲区；二层设有休闲阅读区和咖啡厅，藏书量约为 3 万余册，与常州市图书馆通借通还、互联互通。

项目建成投产至 2020 年 11 月 20 日累计接待国内外参观考察人员超过79 257 人。

3. 化“邻避”为“邻利”

光大常州某城市生活垃圾焚烧工程处于居民区、商业区、工业区和旅游景区四区交汇处，与周边十万居民和谐为邻，是光大环境与常州城市管理一张靓丽名片、全国垃圾发电行业的标竿企业。值得一提的是，该厂区北面是一条宽阔主干道——中吴大道，距离厂区 300 多米。中吴大道是常州的城市东西大动脉，在厂区周边不足 1 000 米范围，是星罗棋布的居民社区；厂区周边有三座公园围绕，多年来实现了垃圾发电厂与周边密集小区和谐共存、和谐发展的目标。运行十多年来，常州垃圾发电厂与与周边村镇、社区、学校互动采取“走出去、请进来”的方法——居民“请进来”，开诚布公、眼见为实；企业“走出去”，互动交融、和谐邻里。通过不定期组织公司附近居民参观厂区，进行沟通交流，让百姓了解垃圾焚烧发电厂，消除周边居民对垃圾发电厂的疑虑，增强周边居民对垃圾发电项目的信任感；积极参与周边社区（村镇）居民选举、社区建设等活动，资助剑湖村委、钱家村委改善社区公共设施；走进河苑社区举办“美丽中国 我是行动者”世界环境日活动，在活动现场，设立多个展板宣传环保知识，倡导提高环保意识，建设绿色家园；走进各大院校，积极开展科普宣传实践活动，如演讲比赛、专题讲座、环保作品、书画评比等活动，宣传“绿色、低碳、生态、环保”生活理念，与遥观镇剑湖村委、宋剑湖小学联合主办“阳光驿站”暑期活动，增强小学生爱国和环保意识。

第七章　展望

生活垃圾焚烧作为我国现阶段及未来生活垃圾的主要处理手段，是实现“无害化、资源化、减量化”的重要路径之一。但当前，城镇生活垃圾分类和处理设施还存在处理能力不足、区域发展不平衡、存量填埋设施环境风险隐患大、管理体制机制不健全等问题，特别是“二噁英”环境污染引起的“邻避效应”已成为公众关注的焦点。

新时期，是国家推进碳达峰、碳中和工作的关键节点，减污与降碳协同治理成为生态环境保护的工作核心。生活垃圾焚烧处理是重要的市政工程，也是重大的民生工程；生活垃圾焚烧处理要建立互动式良性信息沟通机制，吸取破解“邻避效应”创新经验，以处理设施工艺设备共用、资源能源共享、环境污染共治、责任风险共担等方式，降低“邻避效应”和社会稳定风险。

推动实施生态环境高水平保护，加快推动从末端治理向源头治理转变，实现减污降碳协同治理。在源头控制实施垃圾分类，推进“无废城市”建设；垃圾焚烧在源头控制的同时，也必须有高水平的环境管理“保驾护航”，生活垃圾焚烧处理全过程规范化环境管理显得尤为重点，特别是强化信息公开，推动垃圾焚烧高效清洁运行，是对公众关注问题积极的回应，是生活垃圾焚烧行业高质量发展的重要举措。

参考文献

[1] 武心智.浅谈城市生活垃圾的产生与处理[J].四川水泥,2018(9):114.

[2] 李韵.城市生活垃圾成分和产量的统计分析[J].中国国际财经(中英文),2017(7):239.

[3] 王琛,李晴,李历欣.城市生活垃圾产生的影响因素及未来趋势预测——基于省际分区研究[J].北京理工大学学报(社会科学版),2020,22(1):49-56.

[4] 张宇翔.城市生活垃圾产量预测及MBT减容技术研究[D].浙江理工大学,2019.

[5] 陈倩倩.宁波市不同区分类垃圾理化特性与温室气体排放特征研究[D].浙江大学,2018.

[6] 皇甫慧慧,李红艳.城市生活垃圾产生量的影响因素分析[J].科技与管理,2018,20(4):44-49.

[7] 姜丽兰.江苏省城市生活垃圾产生量的影响因素分析[J].环境卫生工程,2017,25(1):48-50.

[8] 崔铁宁,王丽娜.城市生活垃圾排放量与经济增长关系的区域差异分析[J].统计与决策,2018,34(20):126-129.

[9] 陈玲玲.城市生活垃圾的处理方法及应用[J].环境与发展,2020,32(4):86-87.

[10] 宗凯,孙建业.城市生活垃圾的现状分析与对策探讨[J].辽宁城乡环境科技,2000(1):6-8+14.

[11] 冷成保,肖波,杨家宽,等.国内外城市生活垃圾(MSW)现状[J].北方环境,2001(1):27-29.

[12] 颜丽辉,吴银彪.城市生活垃圾处理带来的二次污染问题[J].中国环保产业,2003(4):15-16.

[13] 杨慧龙.生活垃圾现状及处理方法[J].科技创新与应用,2014(16):118.

[14] 郭鹏飞,张金流.我国城市生活垃圾处理技术现状及展望[J].安徽农业科

学,2013,41(25):10560-10562.
[15] 刘军,巩小丽,蔡琳琳,等. 垃圾填埋场恶臭污染产生原因与防治措施的研究进展[J]. 环境与发展,2019,31(12):56-57.
[16] 李颖,许少华,周晶. 北京市城市生活垃圾收运系统研究[J]. 中国人口·资源与环境,2011,21(S1):136-139.
[17] 张海波. 城市生活垃圾社区收运系统评价研究[D]. 西南交通大学,2017.
[18] 刚杰. 城市生活垃圾收运系统评价研究[D]. 华中科技大学,2009.
[19] 刘伟,秦侠,王芳芳. 城市生活垃圾收运系统优化综述[J]. 安全与环境学报,2009,9(5):91-94.
[20] 陈美珠,蒋敏,韦彩嫩. 广州市生活垃圾转运系统优化研究[J]. 环境卫生工程,2019,27(6):61-63.
[21] 任春兵. 简谈城市生活垃圾收运系统[J]. 中国科技投资,2016(21):319.
[22] 刘东. 垃圾收运系统规划设计的分析[J]. 环境卫生工程,2003(2):94-97.
[23] 宋金成. 生活垃圾收运系统建设现状及发展趋势[J]. 绿色科技,2017(6):106-107.
[24] 贾娜. 我国城市生活垃圾收运系统的研究[D]. 大连海事大学,2014.
[25] 秦侠,刘伟,王芳芳. 我国生活垃圾收运系统的现状及优化[C]//中国环境科学学会. 中国环境科学学会 2009 年学术年会论文集(第二卷). 北京:北京航空航天大学出版社,2009:519-522.
[26] 王娟. 生活垃圾无害化资源化的处理方法及装置[J]. 化工管理,2020(20):42-43.
[27] 刘玉德,杨雅瑜,侯亚茹,等. 我国城市生活垃圾处理现状及处理方法概述[J]. 粮油加工(电子版),2015(7):65-67.
[28] 陆明东. 国内外生活垃圾处理技术现状与发展趋势[J]. 大众科技,2013,15(6):83-85+17.
[29] 罗楠. 上海生活垃圾分类治理模式探索[J]. 城乡建设,2019(8):16-19.
[30] 吴瀚文,王金花. 城市生活垃圾分类现状和对策[J]. 绿色科技,2017(20):78-80+84.
[31] 王菁. 浅谈我国城市生活垃圾分类的核心问题[J]. 经营管理者,2016(24):369.
[32] 寒江. 践行垃圾分类 培养生活好习惯[J]. 青春期健康,2020(12):10-13.
[33] 上海市生活垃圾管理条例[J]. 上海预防医学,2019,31(8):669+673.
[34] 北京市生活垃圾管理条例[N]. 北京日报,2019-12-18(005).

[35] 王维平. 新版《北京市生活垃圾管理条例》五个特征[N]. 北京日报,2020-05-01(008).
[36] 翟峰.《北京市生活垃圾管理条例》解读[J]. 中华环境,2019(12):52-54.
[37] 范婧楠. 我国城市生活垃圾分类管理的法律制度研究[D]. 甘肃政法学院,2018.
[38] 杨旭东. 城市生活垃圾分类管理立法研究[D]. 内蒙古大学,2020.
[39] 王越. 生活垃圾热解气化技术应用现状及发展前景[J]. 科技创新导报,2019,16(35):84-85.
[40] 袁国安. 生活垃圾热解气化技术应用现状与展望[J]. 环境与可持续发展,2019,44(4):66-69.
[41] 徐善宝,陕永杰,王丽君,等. 我国村镇生活垃圾热解气化技术的研究应用现状、问题与对策[C]//中国环境科学学会. 2017 中国环境科学学会科学与技术年会论文集(第二卷). 2017:1620-1625.
[42] 余友德,张习强. 城市生活垃圾采用热解气化技术与直接焚烧技术比较[J]. 电力勘测设计,2004(4):58-62.
[43] 安森. 城市生活垃圾热解处理工艺研究[J]. 环境与可持续发展,2018,43(3):153-155.
[44] 袁浩然,鲁涛,熊祖鸿,等. 城市生活垃圾热解气化技术研究进展[J]. 化工进展,2012,31(2):421-427.
[45] 方少曼,李娟,文琛. 城市生活垃圾热解气化研究进展[J]. 绿色科技,2011(7):90-93.
[46] 郝彦龙,侯成林,付丽霞,等. 生活垃圾无害化处理工程设计实例[J]. 环境工程,2020,38(2):135-139.
[47] 王毅琪,赵玉柱,刘佳. 城市生活垃圾综合处理工艺及发展趋势探讨[J]. 环境卫生工程,2014,22(1):8-10.
[48] 谭万春,王云波. 城市垃圾的综合处理与能源回收[J]. 长沙理工大学学报(社会科学版),2006,21(2):44-46.
[49] 张丽霞. 鞍山市城市垃圾焚烧厂选址关注的问题探讨[J]. 能源与节能,2012(1):48-50.
[50] 李国刚,齐文启. 城市垃圾及其它有害废物的焚烧处理技术现状与展望[J]. 中国环境监测,1996(1):41-44.
[51] 张柱,熊珊. 城市生活垃圾焚烧处理技术分析[J]. 广州化工,2014,42(17):145-146+159.

[52] 武建业. 城市生活垃圾焚烧处理技术综述[J]. 甘肃科技,2020,36(5):22-26.

[53] 韦轩. 城市生活垃圾焚烧发电厂选址优化管窥[J]. 低碳世界,2017(23):116-117.

[54] 宋志伟,吕一波,梁洋,等. 国内外城市生活垃圾焚烧技术的发展现状[J]. 环境卫生工程,2007(1):21-24.

[55] 魏刚,王晓梅,张媛. 国内外垃圾焚烧发电项目最新进展[J]. 天津化工,2004(6):36-38.

[56] 刘思明. 垃圾的无害化处理和焚烧设备[J]. 发电设备,2008(2):156-158.

[57] 苑小帅. 垃圾焚烧发电厂厂址选择研究[J]. 百科论坛电子杂志,2019,(16):440-441.

[58] 符鑫杰,李涛,班允鹏,等. 垃圾焚烧技术发展综述[J]. 中国环保产业,2018(8):56-59.

[59] 曾怀宇. 论机械技术在垃圾焚烧设备中的作用[J]. 低碳世界,2020,10(3):215-216.

[60] 荆伟. 某生活垃圾焚烧发电厂焚烧炉安装技术[J]. 安装,2018(12):31-32+43.

[61] 陶丽娟,王国庆,别如山. 生活垃圾焚烧处理及二次污染物控制[J]. 锅炉技术,2004(4):76-80.

[62] 王亥. 生活垃圾焚烧的重要性及二次污染的控制工艺[J]. 黑龙江科技信息,2003(11):94.

[63] 林进略. 生活垃圾焚烧及其二次污染控制技术分析[C]//中国动力工程学会环境技术与装备专业委员会. 城市垃圾焚烧发电论文集. 2005:109-123.

[64] 贾学斌,刘冬梅,赵志伟. 我国城市生活垃圾焚烧处理方法及设备的现状与展望[J]. 哈尔滨商业大学学报(自然科学版),2002(2):197-200+204.

[65] 张磊,孙琪琛,刘宁,等. 中国城市生活垃圾焚烧处理分析[J]. 环境与发展,2018,30(6):32-33+36.

[66] 刘广湘,聂洪强,张文玉. 城市垃圾发电焚烧设备的现状与展望[J]. 建筑工程技术与设计,2020(17):4568.

[67] 周路索. 谈生活垃圾焚烧发电厂技术改造实例[J]. 城市建设理论研究,2016(6):2262.

[68] 孙纪康,王苑颖. 垃圾焚烧发电厂废水“零排放”实例[J]. 中国资源综合利用,2019,37(9):169-176+180.

[69] 李诗媛,别如山.城市生活垃圾焚烧过程中二次污染物的生产与控制.环境污染治理技术与设备,2003,4(3):63-67.
[70] 杨柳,耿晓丽.城市生活垃圾焚烧厂渗滤液特点及处理现状[J].中国沼气,2014,32(4):24-28+47.
[71] 徐艳萍,黄力华,崔方娜.国内城市生活垃圾焚烧技术应用现状与进展 [J].广东化工,2015,42(12):140-141+134.
[72] 毛庚仁,张涌新,文雯,等.我国城市生活垃圾处理现状及焚烧法的可行性分析[J].城市发展研究 ,2010,17(9):12-16.